# 走进乡土中国深处

## ——科技小院暑期行

“科技小院行”大学生暑期联合社会实践项目组　主编

U0823253

中国农业大学出版社
·北京·

## 内容简介

本书以调研报告、总结报告及主题征文的形式，按照“知院”“识院”“悟院”3 个层次，图文并茂地记录了大学生们从课堂到乡村、从理论到实践的思想升华的心路历程。共有来自 14 所农林高校的 25 位教师、200 名学生组成的 23 支小队在本次暑期社会实践活动中奔赴全国各地的科技小院，围绕乡村产业、乡村治理、乡村规划、志愿服务、科技支农等内容，开展实地调研、农事操作、文化下乡、农业科普等形式的社会实践活动。

“科技小院行”暑期社会实践活动具有重要意义，搭建了课堂学习与乡村实践紧密结合的平台，使学生在实践中深刻领会习近平总书记回信精神，厚植爱农情怀，练就兴农本领，坚定了学生在乡村振兴大舞台上建功立业的信心和决心！

**图书在版编目(CIP)数据**

走进乡土中国深处：科技小院暑期行/“科技小院行”大学生暑期联合社会实践项目组主编. --北京：中国农业大学出版社，2024. 11. --ISBN 978-7-5655-3324-2

Ⅰ. S

中国国家版本馆 CIP 数据核字第 2024FW0503 号

**书　名** 走进乡土中国深处——科技小院暑期行
Zoujin Xiangtu Zhongguo Shenchu——Keji Xiaoyuan Shuqixing

**作　者** “科技小院行”大学生暑期联合社会实践项目组　主编

**策划编辑** 童　云　魏　巍　　**责任编辑** 魏　巍　刘彦龙
**封面设计** 李尘工作室
**出版发行** 中国农业大学出版社
**社　址** 北京市海淀区圆明园西路 2 号　　**邮政编码** 100193
**电　话** 发行部 010-62733489，1190　　读者服务部 010-62732336
编辑部 010-62732617，2618　　出　版　部 010-62733440
**网　址** http://www.caupress.cn　　**E-mail** cbsszs@cau.edu.cn
**经　销** 新华书店
**印　刷** 北京溢漾印刷有限公司
**版　次** 2024 年 12 月第 1 版　　2024 年 12 月第 1 次印刷
**规　格** 185 mm×260 mm　16 开本　18.25 印张　405 千字
**定　价** 55.00 元

**图书如有质量问题本社发行部负责调换**

## “科技小院行”大学生暑期联合社会实践项目组成员

**组　长**　中国农业大学　王雯

**副组长**　西北农林科技大学　闫德忠

南京农业大学　全思懋

华中农业大学　吕守华

华南农业大学　周艳华

**项目组成员**（按单位代码及姓氏笔画排序）

中国农业大学：于秋洁、王轩、王雯筱、尹蛟、李思逸、吴梦娇、张伊珂、项小菊、赵元伯

内蒙古农业大学：王利阳、李海港、杨海波、赵巴音那木拉

沈阳农业大学：王彤、刘侯俊、孙鑫、陈志刚、葛新

吉林农业大学：王雪纯、冯国忠、许霄鹤、李刚、高强、靳浩淼

东北农业大学：王昊、许辉、陈帅

南京农业大学：王敏、全思懋、闫相伟、郑冬冬、郭世伟

安徽农业大学：王琼、王智、叶新新、陈晓辉、徐刚、景建元、熊启中

福建农林大学：吴良泉、张锦艳、林婉玲、林惠科、童庆满

青岛农业大学：王甜甜、史越清、李赟、陈延玲、林鑫、孟新翔、殷丽丽

河南农业大学：王岚、叶优良、李国权、陈景红、胡明阳、黄春萌

华中农业大学：从日环、任涛、鲁剑巍

华南农业大学：方秋中、周艳华、蔡泽瀛

云南农业大学：王瑞雪、官怀、姚智

西北农林科技大学：王昱泽、朱陇强、闫德忠

# 前言

2023年五四青年节前夕，习近平总书记给中国农业大学科技小院学生回信，对科技小院学生深入田间地头和村屯农家，在服务乡村振兴中解民生、治学问予以充分肯定。为深入学习贯彻习近平总书记重要回信精神，充分发挥科技小院在涉农高校人才培养中的重要作用，引导更多大学生深入乡村一线，根据团中央《关于开展2023年全国大中专学生志愿者暑期文化科技卫生"三下乡"社会实践活动的通知》有关要求，农林高校资源环境类学院党建研究会、全国高等农林院校共青团工作联盟于2023年6—10月共同开展"科技小院行"暑期社会实践活动。

本次活动得到了来自全国14所农林高校的积极响应，共25位教师、200名学生，组成23支小队奔赴全国各地的科技小院，围绕乡村产业、乡村治理、乡村规划、志愿服务、科技支农等内容，开展了实地调研、农事操作、文化下乡、农业科普等形式的社会实践活动。

实践小队遵循习近平总书记提出的"用脚步丈量祖国大地，用眼睛发现中国精神，用耳朵倾听人民呼声，用内心感应时代脉搏"的殷切希望，通过暑期社会实践，用专业所学助力乡村发展，加深了对"三农"问题的认识，提升了对农业强国建设的理解。本书按照"知院""识院""悟院"三个层次，图文并茂地记录了大学生们从课堂到乡村、从理论到实践的思想升华的心路历程。

"科技小院行"暑期社会实践活动具有重要意义，搭建了课堂学习与乡村实践紧密结合的平台，使学生在实践中深刻领会习近平总书记回信精神，厚植爱农情怀，练就兴农本领，坚定了学生在乡村振兴大舞台上建功立业的信心和决心！

最后对参与本次社会实践活动的高校师生及为本次活动提供帮助和支持的有关单位致以衷心的感谢！

农林高校资源环境类学院党建研究会

2024年6月

# 前言

# 目/录

知院
识院
悟院

# 中国农业大学　北京西邵渠村科技小院

**实 践 学 校**：中国农业大学
**实践小队名称**：Re采绿小分队
**小 队 成 员**：于佳琳、董伊莎、侯钦严、柴应森、叶瑶瑶、谢江雁、孙晓丹、黄思淇、刘岳仪、李沛

西部渠村 新时代文明实践站
中國農業大學
社会实践小分队

皇家御道

## 【知·院】小院简介

2018 年 5 月 17 日，由北京市委统战部、北京市农村工作委员会和中国农业大学联合成立北京密云科技小院(统农 001 号)。该小院坐落于密云区东邵渠镇西邵渠村，是在北京市建立的第一个统农科技小院。

小院旨在通过研究生驻村调研，结合绿色生产、产业升级，打造可持续发展的乡村综合体，聚焦精准扶贫，探索科研与需求相结合的新路径，实现扶贫与扶智、“输血”与“造血”并重，推动乡村产业兴旺、生态宜居、乡风文明、治理有效、生活富裕。

近年来，小院不仅在乡村旅游规划、垃圾分类等方面取得成效，还成功引进并推广水果玉米新品种，显著提升了农产品附加值，增加了村民收入。2023 年，小院进一步扩大冰糖牛奶鲜食玉米种植规模，并尝试多元化种植，探索轮作模式，有效提升了村集体经济效益。同时，依托“东邵御礼”品牌，小院积极推广农产品，助力村民增收。

下一步，西邵渠村科技小院将围绕东邵御礼系列特色农产品进行深耕，加大宣传力度，增加种植面积，打造高附加值的特色农产品，促进村民增收。同时，注重人才培养与党员教育，培养新时代“三农”科技工作者，并在科研与生产中发挥党员模范作用。此外，小院还将积极参与生态环境维护工作，推动垃圾分类与清洁活动，促进乡村全面振兴。在产业、人才、文化、生态、组织等多方面均衡发力，为乡村振兴贡献重要力量。

## 【识·院】科技小院治学问，美丽乡村绘蓝图

“厚植爱农情怀，练就兴农本领”，为深入学习贯彻习近平总书记给中国农业大学科技小院学生重要回信精神，2023 年 8 月 25 日 Re 采绿小分队 10 人前往北京市密云区西邵渠村科技小院进行为期 7 天的调研学习。小队成员在与村支书交流中大致了解了村中情况，就土地所有情况、村中基础设施建设、垃圾分类及宣传、环境卫生奖惩制度、防诈骗宣传、科技小院等有关问题进行了 2 次调研，共获得有效问卷 30 份。小队成员对调研结果进行分析讨论，提出了一些观点与解决办法，以期助力西邵渠村的发展与乡村振兴。

## 一、调研背景

在过去的几年里，乡村振兴战略取得了积极进展。为深入学习习近平总书记回信精神，贯彻落实乡村振兴战略，发挥农林高校在建设美丽乡村中的显著优势，努力为乡村振兴作出贡献，实践小队前往北京市西邵渠村进行为期一周的实践。2023年五四青年节之际，习近平总书记在给中国农业大学科技小院的学生回信中提到：党的二十大对建设农业强国作出部署，希望同学们志存高远、脚踏实地，把课堂学习和乡村实践紧密结合起来，厚植爱农情怀，练就兴农本领，在乡村振兴的大舞台上建功立业，为加快推进农业农村现代化、全面建设社会主义现代化国家贡献青春力量。小队成员深入田间地头和村屯农家，在服务乡村振兴中解民生、治学问。

“三农”和环境问题是调研重点。“三农”工作是全面建设社会主义现代化国家的重中之重。“十四五”时期是我国全面建成小康社会、实现第一个百年奋斗目标之后，乘势而上开启全面建设社会主义现代化国家新征程、向第二个百年奋斗目标进军的第一个五年，“三农”工作重心历史性转向全面推进乡村振兴，加快中国特色农业农村现代化进程。党的二十大在擘画全面建成社会主义现代化强国宏伟蓝图时，对农业农村工作进行了总体部署：未来5年，“三农”工作要全面推进乡村振兴，到2035年基本实现农业现代化，到21世纪中叶建成农业强国。强国必先强农，农强方能国强。没有农业强国就没有整个现代化强国；没有农业农村现代化，社会主义现代化就是不全面的。农业除了保障粮食和重要农产品供给外，其生态涵养、休闲观光、文化传承的功能也在发挥积极作用。努力提升农民获得感、幸福感、安全感，实现农村高质量发展，也离不开农业发展。只有农业强了，农产品供给有保障，物价稳定、人心安定，经济大局才能稳住。拓展现代化发展空间，农业农村是大有可为的广阔天地。

建设美丽乡村是乡村振兴的重要任务，如何从改善村庄环境、整治优化村容村貌、生态治理与规划等方面建成美丽乡村亟待研究。此次调研实践，对如何建设美丽乡村具有重要的现实意义。建设美丽乡村的具体途径包括：利用新模式进行农村垃圾、污水、建筑废弃物等治理，加快乡村生态保护与修复，改善农村面貌；改善农村基础设施、公共服务，加快补短板，进一步提升广大农民群众获得感、幸福感和安全感；通过设计IP形象，打造品牌，加强宣传，吸引资金、技术、人才等各类要素进入农村，促进城乡融合发展，推动乡村特色旅游业发展，形成合力促进乡村振兴。

## 二、调研内容

### （一）调查对象基本情况

#### 1. 数据情况统计

本次共调查30人。在本次调查的对象中，马姓人数最多，占总人数的30%；其次是刘、王、李姓，共占总人数的50%，还有少数人姓石、朴、唐、陈、于（图1）。女性占比较大，占总人数的53%，男性占比47%（图2）。

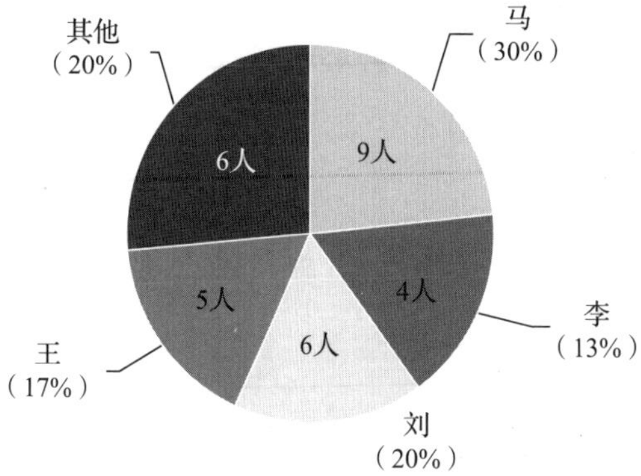


图1　农民姓氏占比

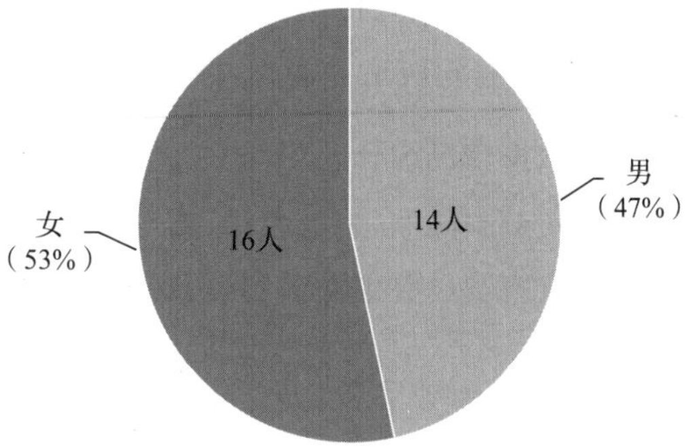


图2　受访人性别统计

本次调查的对象以中老年人居多，50岁及以下的受访对象只有2位，其余调查对象年龄均在50岁以上。其中，71～79岁的老人有6位，80岁及以上的有2位（图3）。

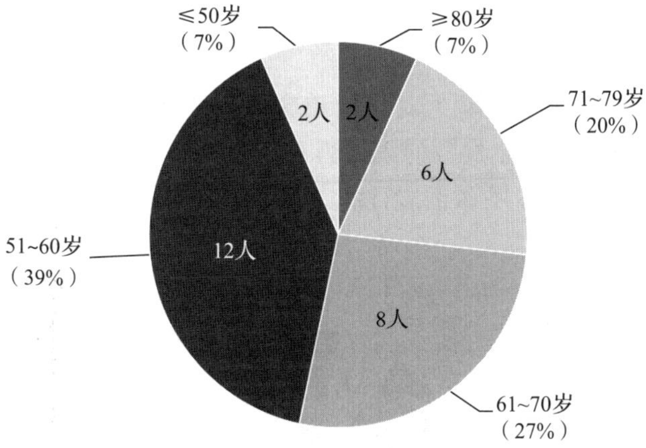


图3　受访人年龄统计

**2. 具体问题分析**

调查结果显示，西邵渠村常住居民中老人居多，这是受快速城镇化进程影响，农村年轻劳动力出现大规模的乡城流动，拆分型家庭成为普遍的家庭结构类型，即老年父母居住在农村，中青年子女在城市工作或定居。农民家庭"不分而分"，空巢老人、留守老人的数量与日俱增。

**3. 对策建议**

这种形式下，可以尝试互助养老模式，即"一学二帮三娱乐四参与"模式。具体为：一是组织老年人集中学习，比如每月定期组织老年人学习政策、法律知识，开展农业技术培训班。二是组织老年人互帮互助。会员以"结对子"的方式，一对一精准帮扶空巢老人、高龄老人等弱势群体，或以老年之家为单位，由家长组织互助活动。互助内容包括农业生产、日常生活照料、情感慰问等。三是开展文化娱乐活动，如打牌、下棋、读书看报、聊天等日常闲暇活动，组建广场舞队、金钟老会队等文艺队伍，在重阳节、丰收节、国庆节等节庆日举行大型庆典，组织老年人外出观光旅游。四是动员老年人参与村庄公共治理，例如参与人居环境整治、宣传孝善文化、调解矛盾纠纷、评选“好媳妇”“好婆婆”等。

（二）土地所有情况

**1. 数据情况统计**

本次调查的30名对象中，有24人明确表示自己没有耕地，占总人数的80%，其余20%的农户家里有少量耕地，主要种植作物为玉米（图4）。

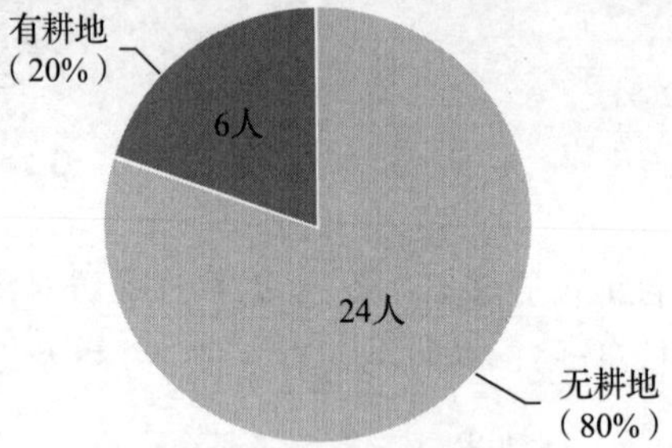


**图4　耕地所有情况**

本次调研的对象中，绝大多数人对土地流转承包制度持支持态度，有43%的人非常支持，27%的人比较支持，还有20%的人认为土地流转承包制度有利有弊，持一般（中立）态度，其余人不太支持或不支持该制度（图5）。

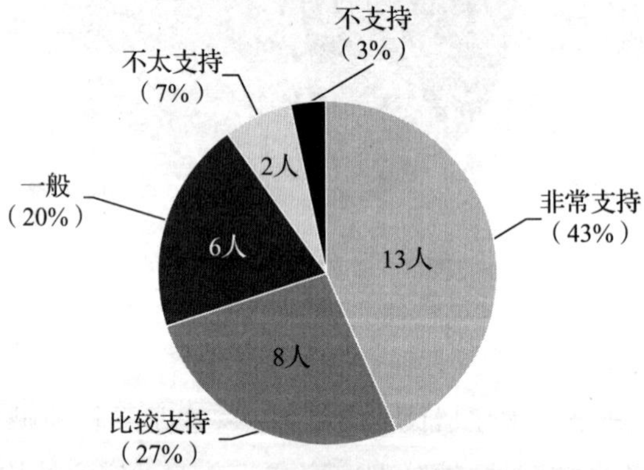


**图5　对土地流转承包制度的态度**

**2. 具体问题分析**

在调查走访中我们发现，部分农户还是希望自己可以有一小块耕地种植蔬菜，这样可以降低生活成本，减少日常买菜的开支。同时，种地也是中国农民的一种情怀，中国作为一个农业大国，五千年来，农民与耕地紧紧相依，种地已经深深融进中国农民的血脉中。

**3. 对策建议**

村委会可以重新规划一处连片耕地，作为集中自留地，分给村民种植蔬菜。集中自留地分割成小块地，根据需求确定每块自留地的面积（保证每块自留地面积相同）。以户为单位，每个村民（无论年龄与户口性质）可自愿申请1块自留地，选定后插上门牌号，确定每户自留地位置。村集体统一配套道路与水利浇灌设施，禁止使用粪缸、肥料桶等，统一规范丝瓜、长豆角的搭棚材料与搭建规则。保洁人员对菜地周边的道路及时进行清理。这样既满足了农民的需求，又避免了乱垦、乱堆等对村容村貌的破坏。

（三）村中基本情况

**1. 数据情况统计**

对于村中基本情况调研，小队共设置了 4 个问题，共收到 30 份有效问卷，具体情况如下（图 19）。

对村容村貌满意度的调研，有 57% 的村民表示非常满意，43% 的村民表示比较满意（图 6）。

对于基础设施建设，所有村民都对村中基础设施建设感到满意（图 7）。

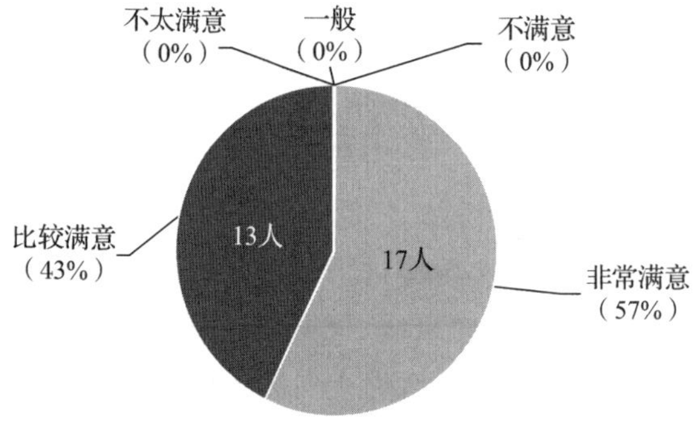


图 6　对村容村貌满意度

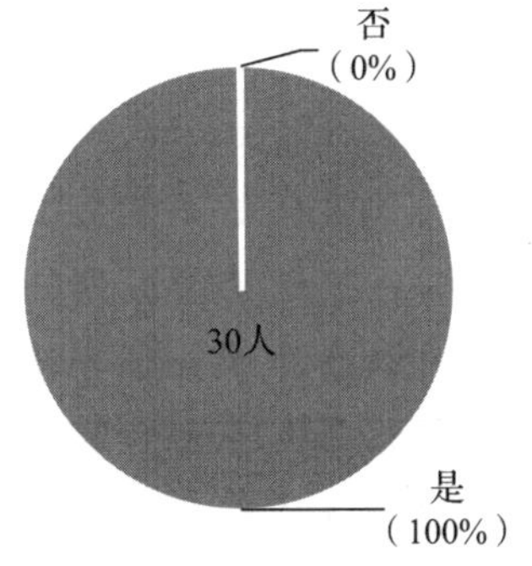


图 7　对基础设施建设满意度

对于生活中有无不方便情况调查，有大部分村民反映村中班车少，交通不便；少量村民反映村中饮水机数量少或煤气不够用；部分村民表示没有不便（图 8）。

对于村中治安情况的看法，80% 的村民表示治安情况很好，20% 的村民表示治安情况比较好（图 9），无村民认为有治安差、偷窃较多等情况。

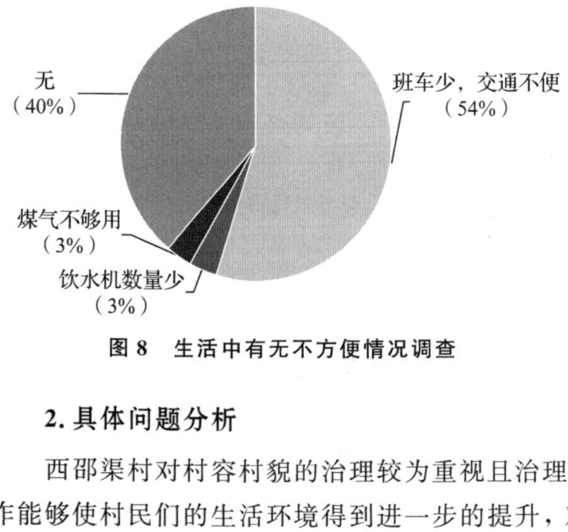


图 8　生活中有无不方便情况调查

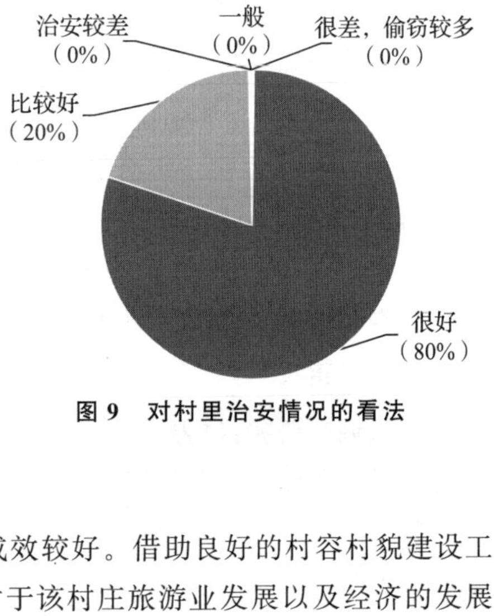


图 9　对村里治安情况的看法

**2. 具体问题分析**

西邵渠村对村容村貌的治理较为重视且治理成效较好。借助良好的村容村貌建设工作能够使村民们的生活环境得到进一步的提升，对于该村庄旅游业发展以及经济的发展也具有良好的促进意义，因此各村庄在进行新农村建设过程中需要积极加大村容村貌的建设力度，并需要通过改善村落环境质量以及提高基础设施建设水平，使其人居环境得到大幅度提升。西邵渠村很好地做到了这一点。

西邵渠村的基础设施建设较好，村中通自来水，街道宽敞，路边装有监控，也设有小诊所和药房。近几年，村委还致力于打造电商平台。西邵渠村治安情况良好，村民生活较为安心。

村中公交车车次太少，晚上没有公交车回村；早晨第一辆车发车太迟，上班、上学不方便。随着农村居民收入大幅增加，农村居民出行愿望提升，出行频次增加、出行距离延伸。农村小学大量撤并，学生需要去离家很远的地方上学，这些大多由摩托车、电动车接送的小学生急需一种安全稳定的出行方式。

**3. 对策建议**

深入调查研究：政府要组织相关部门深入农村，对农村的人口分布、道路状况、客流流向等进行调查摸底，为农村公交线路和站点的规划提供翔实的依据。

出台优惠政策：农村公交客流相对较少，公益性明显。政府要出台优惠政策扶持经营者。一是在行政审批、税费征收等方面给予政策上的倾斜。二是争取农村公交车享受国家燃油补贴政策，并在国家补贴标准基础上，地方财政再配套进行补贴。

划片区多线路运行：政府要重新规划公交线路和农村班线，根据农村公路网络建设情况，分片区设计公交车运行线路。按照农村居民出行特点、线路走向等条件，开设赶集线、校车线、周末线、旅游线等特色线路。

（四）西邵渠村环境卫生奖惩制度基本情况

**1. 数据情况统计**

对于环境卫生奖惩制度，67％的村民表示非常满意，27％的村民表示较为满意，3％的村民表示一般，3％的村民表示不太满意（图 10）。

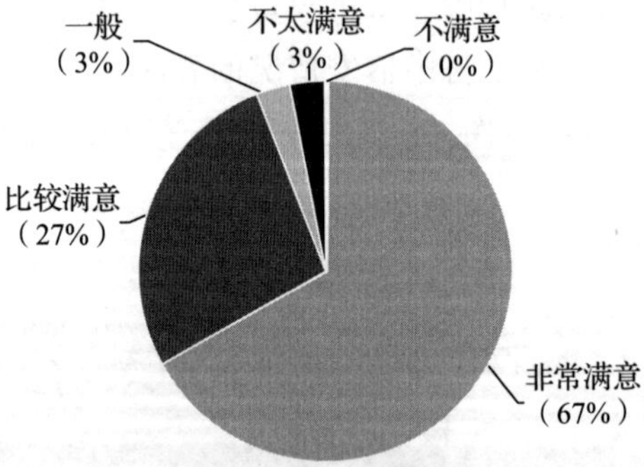

**图 10　对村里目前环境治理奖惩制度的态度**

**2. 具体问题分析**

对于此制度，大部分村民表示满意，但仍有个别村民表示不满意。此项制度未能获得全村的支持，一方面可能是对村中提出的奖励煤气需求不多，认为付出与回报不成比例；另一方面可能是颁布的制度和维护的方式不够合适，引发村民不满。

**3. 对策建议**

深入调查研究：村委应进一步深入村中，多与村民交流生活，探访村民不满原因。

建设完善的农村管理制度：改善维护制度手段，让村民更好地接受新制度。

提升村委管理水平：只有农业农村管理队伍整体业务水平提升，才能够提高农业管理工作的质量。

（五）垃圾分类以及宣传情况

**1. 数据情况统计**

在对村中垃圾分类情况进行调研的过程中，小队结合西邵渠村的垃圾分类特点与当地垃圾分类情况设置了 3 个问题，共收集 30 份有效问卷，具体情况如下。

问卷调查显示，平时村民都会按照村中的垃圾处理制度进行垃圾分类，家家户户门口都放有 2 个垃圾桶，分为厨余垃圾和其他垃圾。

对于垃圾集体处理的频率，有 63％的村民表示一天垃圾车收一次，有 30％的村民表示会一天收两次甚至更多，7％的村民表示不清楚（图 11）。

对于处理去向，63％村民表示不清楚；从 37％的村民口中得知垃圾会运往垃圾站进行处理，分类后会运往村外的垃圾坑进行填埋（图 12）。

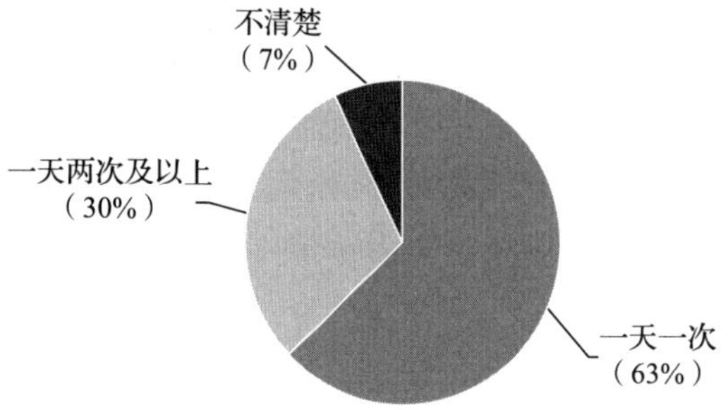

**图 11　垃圾集体处理频率**

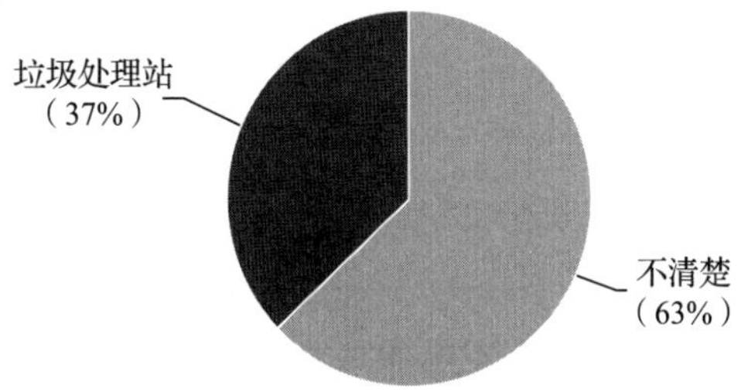

**图 12　垃圾处理去向**

对于垃圾分类宣传方式及宣传力度，80％的村民表示宣传力度较大，20％的村民表示不清楚或没有宣传。村中最常使用的是广播宣传，也有 3％的村民表示会发放宣传册，10％的村民表示村委会到家中宣传（图 13 和图 14）。

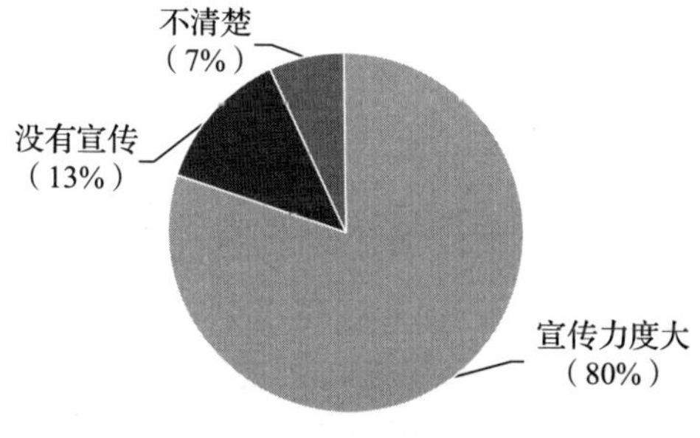

**图 13　垃圾分类宣传力度**

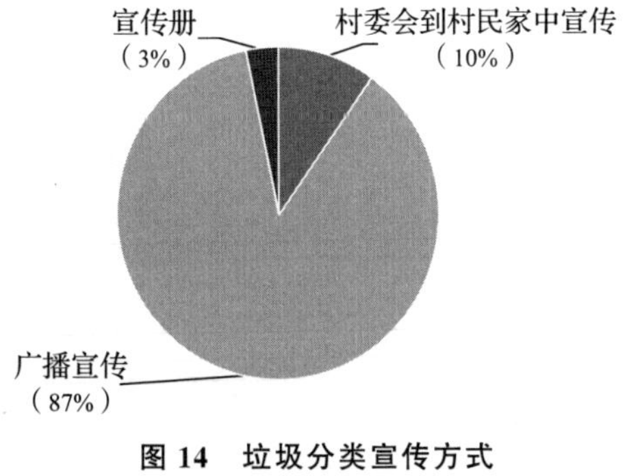

**图 14　垃圾分类宣传方式**

**2. 具体问题分析**

小队根据调研的数据，得出以下具体问题。

垃圾处理去向不清楚：有 63％的村民表示不清楚垃圾的处理去向，缺乏对垃圾分类后具体处理流程的了解，可能会削弱村民对垃圾分类的积极性和效果。

垃圾集体处理频率不一致：有 30％的村民表示一天会有两次及以上垃圾收集，而 7％的村民对垃圾集体处理频率不了解，这可能导致垃圾分类的不便利或垃圾堆积问题。

垃圾分类宣传不够全面：有 20％的村民表示不清楚或没有垃圾分类的宣传，这表明目前的宣传方式还未覆盖所有村民，可能存在宣传渠道和内容的不足。

**3. 对策建议**

提高垃圾处理去向的透明度：针对 63％的村民表示不清楚垃圾的处理去向，需要村委会或相关部门加强信息传达和沟通，确保村民了解垃圾分类后的处理流程，包括分类后运往村内垃圾站和外部垃圾填埋的过程。

加大垃圾分类教育和宣传：针对 20％的村民表示不清楚或没有宣传垃圾分类的情况，需要增加宣传力度。村委会可以采用多种宣传方式，如广播、宣传手册、入户宣讲等，以普及垃圾分类的重要性、分类准则，提高分类效果。宣传材料应该简明易懂、图文并茂，以便让村民更好地理解和参与垃圾分类。

创新宣传方式：除了现有的广播和发放宣传手册等途径外，可以考虑使用更多的宣传媒介，如社交媒体、电子屏幕、社区公告板等，以覆盖更广泛的村民群体。此外，还可以组织垃圾分类的示范活动、讲座或培训，邀请专家或志愿者进行现场指导和解答。

增强村民参与意识：除了宣传外，可以通过组织垃圾分类竞赛、奖励优秀示范家庭等方式，激励村民积极参与垃圾分类活动；还可以建立垃圾分类志愿者队伍，由志愿者进行实地指导和监督，强化村民对垃圾分类的认知和行为习惯。

（六）防诈骗宣传情况

**1. 数据情况统计**

调研数据显示，有 73％的村民表示比较愿意以广播的形式接受防诈骗宣传，4％的村民表示喜欢张贴海报的形式，10％的村民愿意接受宣讲会宣讲（图 15）。

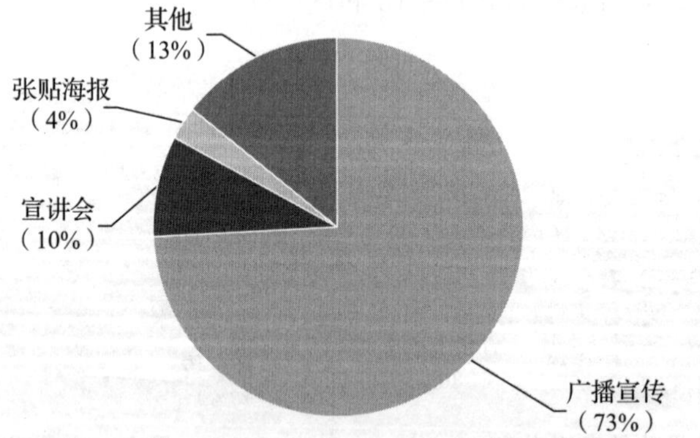


**图 15　西邵渠村防诈骗宣传方式倾向调查**

**2. 具体问题分析**

通过几天的走访和实地考察，小队发现西邵渠村的人口结构以老人和孩童居多，并且大多数受教育程度不高。基于这一情况，小队计划在村子里面开展防诈骗宣传活动，提高村民的防诈骗意识。为了使村民更愿意接受宣传活动，小队在调研中补充了相关问题。比如，村子里面是否进行过防诈骗宣传活动？若有，是以什么样的形式进行宣传的？宣传频次是多少？村民们更喜欢什么样的宣传方式？

大部分村民反映村子里以广播的形式进行过2～3次防诈骗宣传，也曾在宣传栏里面张贴过宣传海报。但是也有部分村民反映没有听到过村子里防诈骗宣传的广播。通过更深入的调查，小队发现村子里有一处喇叭坏了并且无人修理，导致附近的村民接收不到广播，之后小队也向村支书反映了这个问题。

连续几天往返于西邵渠村与所住地，小队发现村子里通往密云郊区的公交车非常少，每次都要掐着点上车，否则可能要再等一个多小时；而且，上午只有7点、8点、9点和12点的班次，在9点和12点之间没有往来于西邵渠村与外界的公交车，这给村民的生活带来了很大的不便。

据村民反映，疫情前村子里的公交车车次差不多每40分钟一趟，后来班车修订时间，到达西邵渠村的公交车辆减少。小队询问了村民们对乘坐公交车的需求，大部分人希望在上午10点或者11点增添一趟公交车。

**3. 对策建议**

数据显示，大多数村民更喜欢广播宣传的方式。听取民众的意见，最终小队在和村委会沟通后决定以广播的形式向村民们进行防诈骗宣传。

针对公交车辆车次少的问题也体现出了西邵渠村交通基础建设是不完善的，村民们往来于村里村外存在不便，希望西邵渠村能和相关部门进行有效沟通，解决好交通问题。

（七）业余生活情况

**1. 数据情况统计**

本次的受访对象中，有17％的村民认为自己的业余生活丰富多彩，积极参加西邵渠村各类活动；33％的村民认为自己的业余生活比较丰富；40％的村民觉得自己的业余生活一般，表示希望尝试更多活动；只有10％的村民认为自己的业余生活不丰富，甚至有些乏味（图16）。

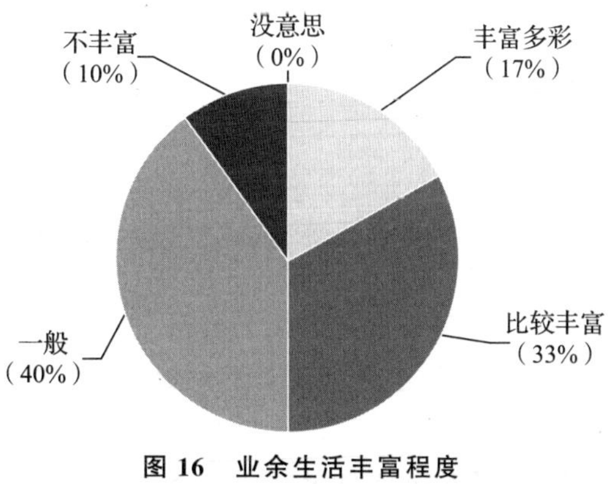


**图16　业余生活丰富程度**

**2. 具体问题分析**

调研数据显示，西邵渠村村民对自己的业余生活的认可程度存在一定的差异。其中约73％的村民认为自己的业余生活丰富多彩或比较丰富，而另外一部分的村民则认为业余生活有些乏味。

那些认为自己的业余生活丰富多彩的村民可能参与了丰富的业余活动，如参加西邵渠村举办的文艺演出、体育锻炼等。这些活动丰富了他们的生活。

然而，另外一部分的村民却认为自己的业余生活有些乏味。这可能是因为缺乏丰富的业余活动选项或者缺乏参与的机会。

**3. 对策建议**

对于业余生活不算丰富的村民来说，西邵渠村委会可以通过提供更多的业余活动选择，例如组织老年交友活动、培训课程等，提高此类群体的业余生活质量；也可以在节日期间为村民提供集体活动，例如在端午节举行万人包粽子活动，邻里共度佳节。

总体来说，大部分村民对自己的业余生活较满意，但还有一定比例的村民认为自己的业余生活有待改善。对此可以通过增加业余活动的种类和数量，为村民提供更多的娱乐选择，来提升村民们的业余生活质量。

（八）村中老人的子女工作与居住情况

**1. 数据情况统计**

小队对村中老人的子女工作情况以及工作地点进行了调研，调研结果显示有 83％的子女有固定工作，17％的子女没有固定工作（图 17）。

这 30 份问卷中，有 23％的村民子女工作或生活地点在乡村，其余 77％的村民子女均在城镇居住或工作（图 18）。

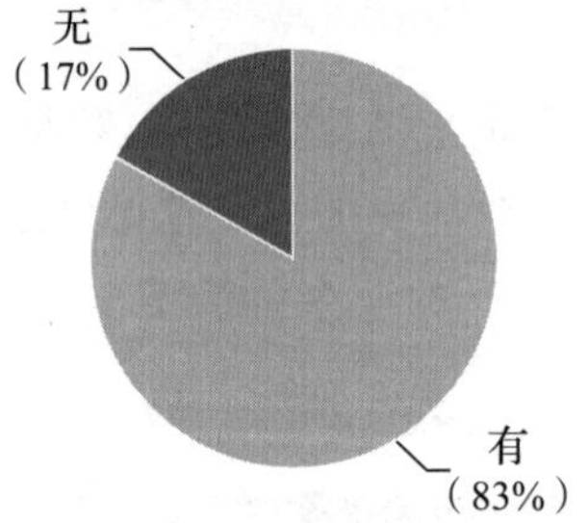


**图 17　村民子女有无固定工作**

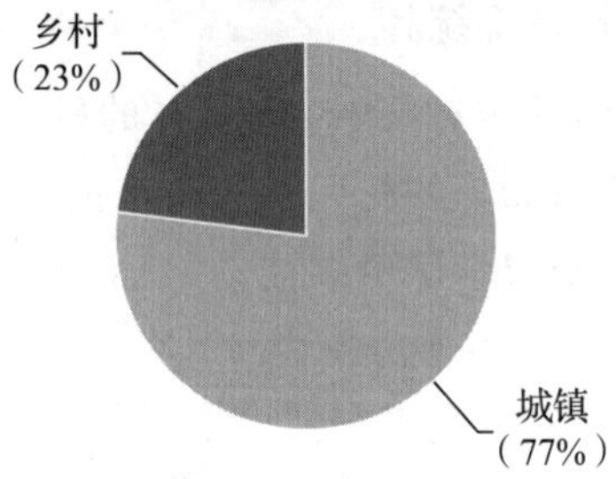


**图 18　村民子女工作地点**

**2. 具体问题分析**

对西邵渠村村民子女的工作与居住地点进行的调研数据分析显示，大部分村民的子女目前都在远离西邵渠村的城镇工作，不与老人们住在一起。

这种现象可能与社会的经济发展和城市化进程有关。随着国家经济的快速发展，越来越多的年轻人选择到城市工作，追求更多更好的发展机会，改善生活条件。城市的教育资源和职业机会也更为丰富，对于子女们来说，到城市工作或学习相较于农村会获得更多的机会。造成这种情况的原因还有可能是村庄生活条件与交通相对简陋，没有城镇的设施和便利条件。在城市，他们可以享受更好的居住环境和更好的生活条件。

**3. 对策建议**

西邵渠村这种情况也给村庄的发展带来了一定的挑战，村庄的老人们在子女不在身边的情况下，可能面临着更多日常生活上的困难。因此，有关部门需要积极采取措施，完善基础设施，改善老年人的生活环境，提供更多的社会支持和服务，以满足老年人的需求。有关部门可以尝试设立家庭托养服务机构，提供有资质的护理人员到老人家中进行照顾。这种方式可以更好地满足老人的个性化需求，让老人能够在熟悉的家庭环境中得到照顾，并且减轻子女的负担；也可以尝试社区合作养老模式，老人相互之间互助，共同组成养老小组，邻里间建立互爱互助的关系。这样不仅可以降低照顾老人的成本，还可以维持老人之间的社交活动，提高老人的生活质量。

（九）村民对科技小院的了解情况及评价

**1.数据情况统计**

在对村中村民对科技小院了解情况进行调研的过程中，小队结合西邵渠村科技小院的现实情况设置了 3 个问题，共收集 30 份有效问卷，具体情况如下(图 19)。

问卷调查显示，有 34％的村民不了解科技小院，43％的村民对科技小院比较了解。

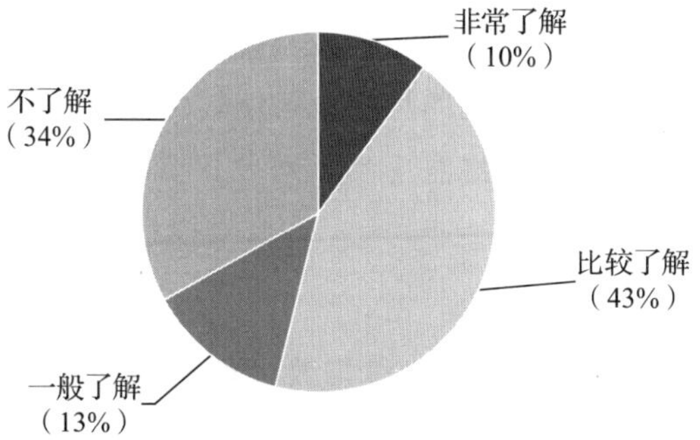


**图 19　村民对科技小院的了解程度**

小队队员还询问了村民：“站在村民的角度，对科技小院研究的冰糖牛奶鲜食玉米发展前景持什么态度?”50％的村民持中立态度，表示一般；50％的村民认可科技小院引进玉米新品种，并表示可以帮助村民提高收益，同时也解决了村里的闲置劳动力(图 20)。在对村民关于“科技小院为本村发展带来的好处”的调研中发现，仍然有 33％的村民认为科技小院没有为他们提供实质性帮助(图 21)。

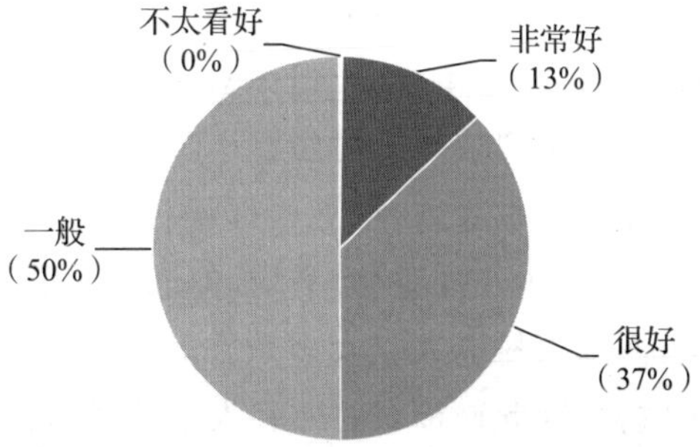


**图 20　村民对科技小院研究的冰糖牛奶鲜食玉米发展的态度**

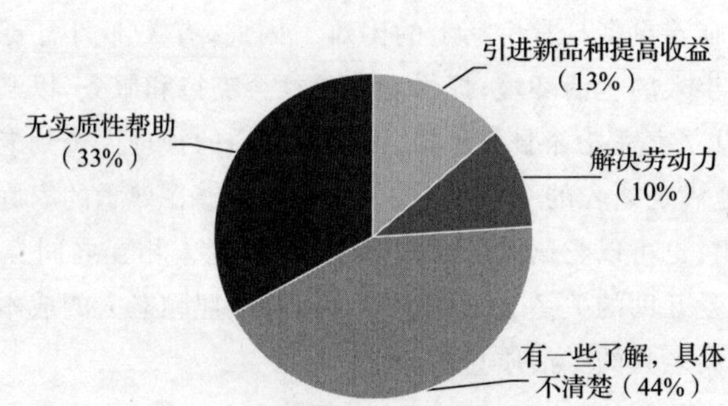


图 21　科技小院为本村发展带来的好处

**2. 具体问题分析**

对西邵渠村村民对科技小院的了解、接受、认可程度的调研数据分析显示，大部分村民还是对科技小院不够了解，少部分村民持质疑态度。造成村民不了解科技小院情况的原因有很多，教育水平和科技意识的欠缺是一个主要因素。乡村中教育资源有限，村民的学历普遍较低，缺乏科技知识。因此，对于科技小院这样的新概念，他们可能感到陌生，无法真正认识到它的价值和意义。村民的思想也可能较为保守，对于新鲜事物、概念持怀疑态度。保守的文化观念使得村民不愿意主动了解并接受科技小院，从而导致他们对于科技小院不了解。

**3. 对策建议**

针对这种现象，可以尝试对村民加强科技教育和宣传，采用更多渠道，如手机应用程序、村庄广播等方式，向村民传递科技小院的信息。其中，对于部分村民不够了解科技小院和对玉米种植前景持怀疑态度的情况，可以进一步深入了解他们的观点和看法，通过面对面的访谈、小组讨论等方式收集意见，了解他们的关注点和担忧。此外，还可以通过加强社会文化教育，推动村民积极参与科技小院的建设和使用，从而促进他们对于科技小院的了解和认同。

## 三、总结

小队在北京市密云区东邵渠镇西邵渠村先后进行了 2 次采访调研活动，并对调研数据进行了统计分析。小队共随机调研了 30 位村民对于村容村貌、土地流转承包制、民宿民生的看法，选取样本的范围几乎覆盖整个村庄。小队通过调研初步了解到，村中马姓是大姓，刘姓、李姓、王姓的村民也不在少数，可见西邵渠村在过去历史中并不封闭，且村庄规模较大。同时村中男女比例约为 1∶1，较为平均，但老龄化较严重，村中常住人口多为中老年人。调研结果显示，西邵渠村老人子女多数在城镇工作。小队也得知村中务农所得收益远远低于在外打工收益，因此西邵渠村年轻人多选择出去闯荡、在外打工。

调查显示，西邵渠村现有耕地的人口占村中总人口的五分之一，这是因为村中大部分土地都承包流转了出去，有的租给工厂，有的用作集体耕种。小队还就村民对土地流转承包的态度进行了统计调研，约 43.3％的村民表示非常支持，约 26.7％的村民表示支持，同时约10%村民表示不太支持或非常不支持，也有20%的村民对此事并不关注。详细了解之后，小队找到了表示支持或觉得无所谓的村民的共同点，他们或是年老体弱无力耕地、不忍心看土地荒芜，或是家中已无人从事农业劳作工作，而表示不支持的村民，多有土地情结，毕生都对土地牵肠挂肚，想一直与土地为伴。

小队还设置了村庄管理、村庄建设方面的问题。100%的村民对村庄的基础设施建设、村庄治安和村容村貌表示满意，其中更是有80%的村民对村庄治安非常满意，有57%村民对村容村貌非常满意。通过与村支书的交流，小队得知，西部渠村有自己独特的奖惩方式：煤气罐制度。据统计，约93.25%的民众对此制度非常满意。西部渠村把将雇佣专人打扫环境的资金转变为激励村民自觉维护环境的奖金，只要村民自觉维护环境，村委会便按约定免除燃气费。据了解，制度确立之初，村委会采取广播宣传、上门宣传等多种宣传方式，宣传力度非常大。小队还调研得出，村庄垃圾处理频率为一天1～2次，村民们每天都会对垃圾进行分类后放在家门口。一般分作两类：厨余垃圾和其他垃圾。现在的西部渠村不仅村容村貌干净卫生，而且家家户户都能使用上免费的燃气，无论是出门遛弯，还是在家做饭，人人都是心情舒畅。

小队还就村民们对科技小院的了解程度展开调研。村民们大多知道西部渠科技小院正在进行冰糖牛奶鲜食玉米的种植工作，但是有50%的人并不清楚或是不在意科技小院的研究是否有发展前景。同时，调研结果显示，村民们认为科技小院在生产上帮助村子引进新品种，增产增收，增加了农民们的就业机会，还带来了新的年轻人。

小队调研了解到，村民们普遍反映这几年公交车车次减少，给早上出村上班的村民带来诸多不便。现在的公交车车次每天只有3趟，且上下班时间并没有班车车次，村民大多希望在早晚上下班时间增加班车车次。这也是导致年轻人多居住于村外的原因之一。

通过这次调研，小队深入西部渠村，对西部渠村现状和中国农村现状有了更清醒、更具象的认识，也希望调研报告中小队给出的解决方案能为西部渠村发展提供一些新思路。

## 【悟·院】

### 有　我

走进乡土中国深处，我才明白什么是“自找苦吃”，为什么会“自找苦吃”。广阔的田野是大有作为的天地，小院的学长学姐是学习的榜样。无论是慈祥淳朴的爷爷奶奶，还是天真烂漫的小孩子们，看到我们走近时，他们的眼中都有光，嘴角都带笑。走在乡间的小路上，我想：强农的未来，有我！

没有深入田间地头和村屯农家，我不知道去往农村的路是那么绕、那么颠、那么不方便；我不知道农村是那么的冷清，只有乘凉的老人和一些放假在家的小孩子；我不知道农活从凌晨四点开始，早晚的太阳也那么毒辣，叶子那么刺手，虫子那么大胆。没有走进乡土中国深处，我不知道朴实的农民是那么热情，不知道深深隐藏的非物质文化遗产是那么的迷人，不知道从调研到选种，一年又一年的试验种植是多么的焦虑不安，村民期待的目光中又是多么的成就感满满。在乡村吃到了苦,更品到了苦尽甘来,甘甜回味无穷,离开乡村也是时时惦记、常常想念,我想我是爱上了那片乡土。

志存高远,脚踏实地。推进农业农村现代化、全面建设社会主义现代化国家需要青春力量,我们应努力成长为堪当民族复兴重任的新青年。我们要向先辈学习精神,向榜样学习力量,在实践中创新创造,冲破旧套路,振兴新农村,与新农民打成一片;坚持从实际出发,实事求是,紧密联系群众,是我国社会主义建设取得一系列重大成就的基本经验;从实际中来,到实际中去,将论文写在祖国的大地上,只有真正了解国情民情,扎根于人民群众,才能发现真正的问题,作出真正利民惠民的事业。我们需要练就兴农本领,认真学习课本知识,将知识与实际结合,将知识应用到实际中,在实践中不断学习,掌握兴农本领。

我要一生清澈地爱着,想领着风、踏着浪,我见勇者以身做炬火,虽米粒之光而无畏。请党放心,强农有我!

(中国农业大学 21 级本科生 董伊莎 文)

## 请党放心,强国有我

习近平总书记在给我校科技小院的同学们回信中提出了殷切希望,“希望同学们志存高远、脚踏实地,把课堂学习与乡村实践紧密结合起来”,并且高度赞扬了科技小院的学生们“自找苦吃”的精神。

虽然我并非农科专业学生,但是身处中国农业大学,也曾习得“当代中国的农业、农村与农民”“中国农村土地制度”等课程,耳濡目染,打心底想要走出书本,走出课堂,走进田间地头,走近村民农户,因此参与了此次社会实践,来到北京密云西邵渠村。在这里,我们到过田间地头,入过村民家中,游过周围风景,走过历史廊桥,和村书记对过话,和村民聊过天,深入感受了西邵渠村的民风村容,过去印象中抽象的农业、农村、农民而今在我脑海中逐渐清晰、具体。我们也短暂参与体验了科技小院的师兄师姐的生活,采摘打包玉米、给村里面的孩子辅导功课,并且还会将多余的玉米送给乡亲们吃,尽管地处偏远、生活条件也不方便,但是他们仍驻扎在那里,为乡村振兴努力着。同时此次入村之旅,我们还发现了一些问题需要改善,并且将村民的意见和建议反馈给村书记,希望通过我们桥梁的作用能够助力解决村里现存的一些问题,使村民生活更加便利。

越知农,越爱农,越深入,越心痛。西邵渠村虽然有着悠久的历史和宝贵的民俗文化,并且村容村貌实数上乘,从外面观是一片祥和之景,但是深入了解才知道当地没有工业留不住年轻人,村里只剩下一些身体不适的老年人还在守望,山不高还缺水,旅游业也发展不起来。当今,城市化进程越来越快,西邵渠村的未来将何去何从,全中国那么多的乡村又该何去何从!

“解民生之多艰”,这应该是我们农大人应该思考的问题,应当承担的责任,“强农兴农”不是一句口号,农大学子们都应该走出课堂走出实验室,到田间地头,到村里面去,将论文写在祖国的大地上,担好强农先锋的责任。

(中国农业大学 21 级本科生 侯钦严 文)

## 解民生，治学问

2023年五四青年节前夕，习近平总书记给中国农业大学科技小院的同学们的回信中指出："党的二十大对建设农业强国作出部署，希望同学们志存高远、脚踏实地，把课堂学习和乡村实践紧密结合起来，厚植爱农情怀，练就兴农本领，在乡村振兴的大舞台上建功立业，为加快推进农业农村现代化、全面建设社会主义现代化国家贡献青春力量。"在过去的几年里，乡村振兴战略取得了积极进展，我们身为农大学子，为了积极响应习近平总书记回信精神，为乡村振兴作出贡献，来到了北京市密云区东邵渠镇西邵渠村进行实践活动。

此次实践，小队深入乡村，走进田地，采访调研当地农民。通过和农民们一同劳作，我们深刻体会到农民的不易。他们凌晨三点到五点之间就需要起床耕种，做着繁重的农活，每亩（1亩≈667 $m^2$）地却只有微薄的收入。即便如此，村中老人们在聊起耕种知识和年轻时在大队耕种的日子时，眼中还是会闪烁点点光芒。他们对于土地的热爱和眷恋，他们年轻时的辛勤付出，感染着我。我不禁迫切地想为他们做些什么，不止我，我们小队成员也在积极探讨我们能给村中带来什么。尽管随着越深入乡村，越发现我们自己力量的单薄，但是我们每天都安排得满满当当，希望能认识、了解农村，学到兴农知识。

小队首先是对西邵渠村历史文化和西邵渠村科技小院历史和研究内容进行学习，后跟随科技小院的学长学姐们采摘切割包装玉米；和农民们一起劳作，体验农活的辛苦；学习冰糖牛奶鲜食玉米的种植买卖体系。其次，小队在西邵渠村展开了2次采访调研活动，发现村庄耕地、民生方面的具体问题，并竭尽所学，提出了很多解决方法。此外，小队展开了防诈调查、防诈宣传活动，甚至为了方便村民们记忆，编了一个防诈骗顺口溜。小队成员还与科技小院学长学姐一同来到西邵渠村儿童之家，陪伴村中儿童们玩耍，希望能丰富他们的课余生活。

对于小队成员来说，本次实践是我们接近并深入体验中国当代农村的一个机会，将加深我们对乡村、对社会、对国家的认识，开阔我们的眼界和思想格局。小队希望，在未来的日子里，在有更大能力之后，能担起农大人的责任与担当，在振兴乡村道路上贡献出自己的力量。

（中国农业大学　22级本科生　刘岳仪　文）

## 下乡进田实践，练就兴农本领

2023年五四青年节前夕，习近平总书记给中国农业大学科技小院学生回信，号召同学们"把课堂学习和乡村实践紧密结合起来"。为响应习近平总书记号召，学习回信精神，2023年8月，我参与了由吴梦娇老师指导的社会实践小队——Re采绿小分队，与一群志同道合的伙伴来到了位于密云的西邵渠村，开启了为期一周的社会实践。

之所以选择来到西邵渠村一个很重要的原因是，这里坐落着北京市第一所科技小院——"统农001"号科技小院。在这里，王宇师兄带着我们了解了小院5年时间里在农产品引进、旅游宣传、防控疫情、文化支持等方面所做的工作。王宇师兄介绍道，目前小院主要的工作是进行两种新品种玉米“冰糖牛奶鲜食玉米”和“BM380 玉米”以及几种新品种甘薯的试种，探究如何保证此类高经济价值农作物的稳定产出，实现最终帮助西邵渠村村民提高经济收入，改善生活的目的，达成“解民生、治学问”的理想信念。

在师兄师姐的带领下，我们走入玉米地深处，走在师兄师姐的“论文”里，看见玉米向天生长，挂果丰收。小队成员开始撸起袖子，帮助小院去除杂草、采摘玉米、清理包装，练就兴农本领。在实践过程中，我们了解到小院正在打造西邵渠村特色农产品品牌，并已经与东邵渠几个村子合力打造了“东邵御礼”的品牌。以此为思路，我们以西邵渠村特色甘薯为主体，绘制了甘薯的拟人形象作为农产品新的 IP 形象，帮助小院农产品进行宣传。

此外，为了进一步联系群众，走进百姓生活，我们打破交流屏障，走出社交舒适圈，深入村头民间，对村民民生进行调查，了解“三农”详情，锻炼自身能力，并且对采访过程中认识到的问题进行汇总、讨论分析，提供解决方案；了解到村中老人较多，针对近些时间电信诈骗频发、村中反诈宣传频率较低的情况，我们设计了便于记忆的顺口溜，在村中进行防诈骗广播宣传。

最后，我想说，在这一周的社会实践过程中，来自农村的我又回到了那熟悉而又陌生的农村。但是成为大学生，尤其是农大学生之后，我开始以另一种眼光来看待农村，以另一种思维来思考农村对自己、对国家的意义，来思考自己能否为乡村的进步尽一份力，做到为加快推进农业农村现代化、全面建设社会主义现代化国家贡献青春力量！

（中国农业大学 22 级本科生 李沛 文）

## 积极响应党号召，强农使命在心中

“请党放心，强农有我”，这是一句饱含深情的口号，也是我们作为农大学生对党的承诺。通过仔细学习习近平总书记对科技小院学生的回信，深入田间地头开展为期 7 天的社会实践，我逐步加深了知农爱农的情怀，并从中获得了许多感悟。

在党的二十大报告中，习近平总书记也强调了发展农业的重要性，提出了实现农业现代化、农民增收、乡村振兴等目标。这让我更加深刻地认识到，农业是国家经济发展的基础，农民是社会的中坚力量，乡村是实现全面小康的重要组成部分。习近平总书记在给科技小院学生的回信中写道：“你们在信中说，走进乡土中国深处，才深刻理解什么是实事求是、怎么去联系群众，青年人就要‘自找苦吃’，说得很好。”我认为，这是党中央对将学习与应用相结合、将理论与实践相统一的教育模式给予的高度赞扬与肯定，也是对农大人多年来坚持不懈推动我国农业发展的高度认可。

为了更好地了解当前农业的发展情况与发展中遇到的问题，我积极参与了以深入田间地头为目的的社会实践，观摩、参与科技小院中农民和学生的劳作过程，并亲手采摘、处理、包装玉米，这些都让我更加了解农民的辛勤与付出。他们默默地耕耘着土地，种植着作物。无论是炎热的夏天还是寒冷的冬天，他们始终坚守在田间地头，为了丰收而不懈努力。他们的勤劳和坚持让我深感敬佩，也让我明白强农之路不容易，但却是我们共同的责任。

实践让我更加关注农业现代化的重要性。在实践过程中，我目睹了部分农业种植技术的落后，这让我意识到农业现代化的迫切性。农业现代化不仅可以提高生产效率，减轻农民的劳动强度，还可以保障粮食安全，促进农村经济发展。因此，我深信只有不断推动农业现代化，才能让农民有更好的生活条件，实现农村的全面发展。同时，这也让我更加清晰地认识到农业是国家经济的基础。农业作为国民经济的基础产业，无论在农村地区还是在城市，都具有重要的地位和作用。农业的发展既关系到国家的经济发展和社会稳定，也关系到人民的衣食住行。因此，在深入田间地头开展实践过程中，我深刻认识到只有实现农业的稳定发展，才能实现国家全面的繁荣和富强。

在实践过程中，我也逐渐加深了知农爱农情怀，更加深入了解农村的生活，真正关注农民的需求和诉求。同时，了解农民的实际情况和困难，并积极为他们争取利益和权益。我也坚信，农村发展需要科技的相辅相成，积极推动农村的科技创新，帮助农民提高生产效率和增加收入是至关重要的。

在学习习近平总书记重要回信精神和社会实践中，我逐渐树立起了知农爱农的情怀，深刻认识到农业是国家的根基，农民是国家的腰杆，乡村是国家的未来。我将继续努力学习专业知识，争取为农业现代化、农民增收、乡村振兴贡献自己的力量，让党放心，强农有我。

（中国农业大学 22 级本科生 孙晓丹 文）

## 知农爱农，强农兴农

2023 年，8 月，我和小队成员踏上社会实践的旅程，来到西邵渠村科技小院开启 7 天的奇妙之旅。

2023 年 5 月 3 日，习近平总书记给中国农业大学科技小院的学生回信写道，“你们在信中说，走进乡土中国深处，才深刻理解什么是实事求是、怎么去联系群众，青年人就要‘自找苦吃’，说得很好。”走进田间地头，深入村屯农家，本次社会实践无疑是独特而有意义的经历，在西邵渠村实践的这 7 天时间里，带给我很深的触动。

在田间地头，我看见了村民辛勤劳作的身影。

小队成员早早来到田里，亲身体验玉米从采摘、处理到包装的全过程，更加深刻体会到食物的来之不易与农民身上勤劳和坚韧的精神品质。农民朋友们的真情和坚持也深深打动了我们。他们深爱着这片土地，对农业有着独特的情感和理解。他们为了农业事业默默付出，不畏艰辛。这让我懂得了爱农之情的珍贵，明白了农业事业的不易，同时也更加坚定了我投身农业事业的决心。

深入村屯农家，了解村中情况与百姓需求。

经过 7 天的调研走访，我们发现西邵渠村的基础设施建设较为完备，旱厕改水厕等一系列整改让村民生活更加幸福，但同时也存在一些问题。例如，村里班车车次太少、百姓出行不便等，对此我们也努力向村里的书记反映，希望能作出改进，让村民生活更加便捷。一进入西邵渠村最直观的感受就是环境很好，路上几乎没有垃圾，这得益于村委会和村民共同的努力。村中实行垃圾分类奖惩制度，村民将自家的垃圾分成两类——厨余垃圾和其他垃圾，遵守垃圾分类制度的农户一年可以免费获得6罐煤气，这种制度让村里的环境更美，值得其他村学习与推广。在调研过程中，我们经常会被村民热情地回复与质朴友善的待人方式所感动，“要不要到家里喝口水”“要不要中午留下吃午饭”是我们常听到的……

践行社会服务，助力乡村振兴事业发展。

在村委会，我们陪村里的小孩子做游戏、折纸、画画等，孩子们玩得很开心，我们也会被快乐的情绪感染；在广播站，我们为村民进行反诈宣讲，自编反诈顺口溜，让村民们远离诈骗；在科技小院，我们为地里的红薯制作IP形象，希望以我们的绵薄之力，助力小院农产品销售，助力乡村振兴事业发展。

7天的社会实践既辛苦又美好，越深入地了解农业、农村、农民的情况，就越明白乡村振兴的意义与重要性，知农爱农，强农兴农，我们要努力在乡村振兴的大舞台上贡献自己的青春力量！

（中国农业大学 21级本科生 于佳琳 文）

知院
识院
悟院

# 中国农业大学 河北王庄科技小院

**实 践 学 校：** 中国农业大学
**实践小队名称：** 下乡社会实践小队
**小 队 成 员：** 丁莉君、谢沁余、吴青、郑雅诗、魏莱、孙豪远、褚嘉辉

王庄科技小院
练就兴农本
中国農業大學
社会实践小分队

## 【知·院】小院简介

河北王庄科技小院于 2011 年 3 月在曲周县第四疃镇王庄村揭牌成立，以“大学＋地方政府＋合作社组织”的模式建设，以研究集成小麦、玉米高产高效高质栽培，开辟现代化农业生产道路为建设目标。小院由宁鹏担任负责人，3～5 名中国农业大学资源与环境学院的研究生常驻，3 名负责农业生产和科研的教师定期前来指导。

王庄村是黄淮海平原上典型的小麦玉米种植村落。小院建立后，把服务特色定位为小麦玉米绿色高产高效技术创新与应用，重点是将绿色高产高效技术向小农户田块转移转化。小院以冬小麦-夏玉米轮作体系高产高效技术创新、集成、示范与应用为特色。王庄科技小院成立以来，联合村民创办曲周县助农配肥中心，实现了技术物化；形成了不同播种模式的高产高效高质技术规程；共计创新集成技术 16 项，引进农业机械 13 台，基本实现粮食生产的全程机械化。

## 【识·院】深入田间体察民情，实地调研培养爱农情怀

为更好领会贯彻习近平总书记回信精神，厚植爱农情怀，练就兴农本领，我们小队拟对科技小院专项进行社会实践调研，结合科技小院需求与实践地实际，通过开展实地调研、农事操作、产业助农、文化下乡、农业科普等实践活动，在乡村实践中接触基层、了解乡村、磨炼本领，将自身所学知识与农村实际相结合，发挥自己所学之能，在实地实践的过程中增进对乡村实践的认识，培养实事求是和“自找苦吃”的精神品质。

我们选择曲周县作为社会实践地，它可以帮助我们了解和体验实际农村生活和农业生产，加深对农业现状的认识和了解。通过参与农业生产、调研农村农民的生活、了解农业政策等活动，我们能够直接接触到农村、农业的实际情况。在曲周县的实践过程中，我们除了观察和体验一线农民的生活和工作，还能参与农业项目并进行实地考察。同时，为了解曲周县冬小麦和夏玉米的种植情况，中国农业大学暑期社会实践小队前往河北省曲周县王庄村进行实地调研，实地了解情况以取得可靠数据进行分析、比较和学习。

## 一、调研背景

2023年五四青年节到来之际，习近平总书记给中国农业大学科技小院的同学们回信，对我校科技小院的工作给予充分肯定：肯定了科技小院学子实事求是、联系群众、“自找苦吃”的精神，号召广大青年要有志存高远、脚踏实地的精神和品质。我们的学习不能只局限在课堂上，还需要与现实生活和基层实际相结合，接触农村、融入农村，了解农村实际状况和现实需求，将课堂学习与乡村实践紧密结合，厚植爱农情怀，练就兴农本领，为推进农业农村现代化和全面建设社会主义现代化国家奉献青春力量。

为更好领会贯彻习近平总书记回信精神，厚植爱农情怀，练就兴农本领，我们小队拟对科技小院进行专项调研并进行社会实践调研。结合科技小院资源需求与实践地实际，通过开展实地调研、农事操作、产业助农、文化下乡、农业科普等实践活动，我们在乡村实践中接触基层、了解乡村、磨炼本领，将自身所学知识与农村实际相结合，发挥自己所学，在实地实践的过程中增进对乡村实践的认识，培养实事求是和“自找苦吃”的精神品质，丰富爱农情怀，磨炼兴农本领。

曲周位于河北省南部的黑龙港流域低洼地带。这里在历史上就是有名的“老碱窝”，盐碱地面积曾经达到28万亩，占全县耕地的近40%。当地人形容道：“春天白茫茫，夏季水汪汪，只听耧声响，不见粮归仓。”20世纪70年代初，盐碱地已经严重影响了曲周乃至整个黄淮海平原的粮食产量。自1973年曲周实验站成立以来，农大师生们帮助一个又一个村子战胜了盐碱地。昔日的盐碱地，地里几乎没有农作物，土地都用来熬盐，先是刮土、拉土，然后是进池子，淋下来的水再拿来熬盐。然而，在以石元春院士、辛德惠院士为代表的农大师生的不懈努力下，曲周改土治碱攻坚战取得了伟大的胜利，如今亩产轻松过千斤(1斤=500 g)。现在的曲周，沃野千里，农作物产量喜人。2022年，在曲周县冬小麦“百日攻坚”行动中，曲周县第四疃镇付庄优质麦示范田内优质小麦(中麦578)亩产突破620公斤！玉米产量也同样很高。

选择曲周县作为社会实践地也可以帮助我们了解和体验实际农村生活和农业生产，加深对农业现状的认识和了解。通过参与农业生产、调研农村农民的生活、了解农业政策等活动，我们能够直接接触到农村、农业的实际情况。在曲周县的实践过程中，我们除了观察和体验一线农民的生活和工作，还能参与农业项目并进行实地考察。同时，为了解曲周县冬小麦和夏玉米的种植情况，中国农业大学暑期社会实践下乡实践小队还前往河北省曲周县王庄村进行实地调研，实地了解情况以取得可靠数据进行分析、比较和学习。

## 二、调研内容

### (一)数据统计情况

此次实地调研，我们下乡实践小队提前拟好调查问卷，在到达当地之后，又和当地居民和小院学姐进行了交流和访谈，在此基础上对调查问卷进行了修改和完善，规避了一些农民认为较敏感的话题，以避免调研难度过大；同时，小院的学长学姐给我们解答了一些问卷上的问题，让我们对王庄村冬小麦和夏玉米的基本种植情况有了一个大致的了解，并掌握了一些调研话术，为后续调研工作的开展减轻了一些压力。

在王庄村口，小队成员与村民进行交谈，因为顾虑到村民们是否愿意配合，因此我们小队以聊天的形式打开局面。起初双方都有些拘谨，先是和村民唠家常，当问卷问题切入的时候我们都是一人询问一人在旁记录。在交谈过程中我们能感觉到村民的态度从最初的微微警惕逐渐变得放松和亲切，最后双方都放松下来，调研进行的也很顺利。在交谈中我们不仅了解到农户的个人特征、一亩地的成本、收成以及播种、灌水和收获的时期，还询问了村民小麦种子的来源以及秸秆还田的实施措施等。

经过实地调研，我们了解到河北省曲周县王庄村种植小麦玉米的一亩地成本为 800～1 000 元，亩产量为 1 000～1 200 斤，但是一亩地的产量又会受到气候和降水的影响。在气候条件较好的情况下，一亩地可以产出 1 200 多斤，但当年气候条件不是很好，冬小麦春季遇上了冰雹等不良气候条件，一亩地产出可能在 1 000 斤左右；同时我们还了解到当地小麦的销售价格，小麦是一块三毛多一斤，按照得到的数据我们可以计算出种植一亩小麦的收入是在 1 500 元左右，再加上夏玉米一亩地收入 1 600 元左右，一亩地年可以收入 3 000 多元，减去投入的成本，一亩地的净收入基本维持在 2 000 元左右。

在和王庄村村民交流的过程中，我们也询问到他们的家庭情况，基本上都是老人、小孩以及照顾小孩的妇女在家居多，青壮年男性大多外出务工，不论家里人口多少，家里承包了多少亩的田地，基本上都是家里 2～3 人主要进行农事操作。

在交流过程中我们也了解到河北省曲周县王庄村村民现在的耕地整地方式、播种方式以及收获方式都是以大型农机为主，不论承包的田地是多是少都在使用大型农机，主要还是因为当地的土地规模化，比较规整，大型农机可以将许多农户的田地一起进行耕作，相对来说方便很多。但其实每家每户所持有的田地还是很分散的，每一家的田地并没有集中在一整块里面，都是或多或少地分散成了好几块，但是家里承包的土地稍微多一点的农户，最大的一块土地也基本都超过了 10 亩。

我们还了解到了河北省曲周县王庄村居民现在基本都是在种植小麦和玉米，而且得益于王庄科技小院的无人机施药和当地大型农机的普及，当地居民每年在地里的农活大约只需要一个月的工时。村民们还告诉我们现在种地比以前轻松了不是一星半点，以前主要是靠人力，就算是不要机器也大多是小型农机，并不像现在这样普遍使用大型农机和无人机。

我们也询问了曲周王庄那边冬小麦大概是在 6 月 7—10 日收获，10—20 日就开始进行玉米的播种工作了，玉米的收获时间大概是在 10月中上旬。

关于肥料的使用情况我们了解到，现在大多数村民基本上都是使用复合肥；同时我们也了解到，王庄村村民种植小麦、玉米 1 亩地 1 年基本上就施 4 次肥，玉米是浇 1 次水就施1 次肥，不浇空水。

关于集中灌水时期，我们了解到在播种后就会进行灌水，所以农民在播种前都会关注近几天的天气，赶在降水之前将种子播种到地里；如果没有赶上下雨，1 亩地灌水所需的电费是 10 元左右。

关于小麦种子的来源，王庄村村民有的会选择自己留种，有的会选择买第二代麦种；

小麦和玉米都是有固定点收购的，如玉米在大型农机进行收获的同时，就会有负责的人和车将这些玉米拉到收购点，农户不再需要自己运输，大大节省了农户干农活所需的工时。

因为王庄村种植冬小麦和夏玉米，一茬结束之后，地里还需要进行秸秆粉碎和深翻，以便于下一期播种耕作等。我们还了解到当地 1 亩地秸秆粉碎和深翻的价格为 70～80 元。

我们甚至还在交谈中了解到了河北盐碱地时期的土地利用情况，当时地里几乎没有农作物，土地都用来熬盐，改土治碱后才有了如今王庄的肥田沃地，更直观、更深刻地了解了农大人扎根曲周改土治碱的重大意义。

（二）具体问题分析

我们下乡实践小队前往河北曲周王庄进行社会实践的这几天，遇到了连续多天的降水，玉米地里都或多或少积了一些水，在我们前往科技小院的路上就能看到很多村民以及学长学姐在田间地头里进行排水工作。

接连几天的降水之后，王庄的夏玉米也进入了大喇叭口期，水肥需求量突然增大。这个时候由于地表覆盖度增加，蒸散作用较大，一般玉米需水量会突增。大喇叭口期（10～12 片展开叶）是玉米的需肥高峰期，也是形成大果穗的关键时期。此时，因为当地降水增多，所以不再提水的问题了，现在的问题主要集中在排水上。

这一时期之后是病虫害多发时期，可能很快就会发生玉米顶腐病，现在已经到大喇叭口后期了，主要是针对病虫害，再加上很多农户可能已经施过肥了，主要是喷药防治虫害，再喷一次可能就不会再有了，后面主要还是病害多发期，会造成减产，因此要多加注意。

（三）对策建议

接连几天的降水会对玉米产量有影响，但是如果不下雨，水量就不是很大。现在地里的水还不是很大的问题，只要做好后续排水工作，将水排到大渠里就不会造成大问题。

**1. 水分要求**

①苗期需水量比较少，占玉米一生需水总量的 18%～19%。②穗期需水量比较多，占玉米一生需水总量的 37%～38%。③花粒期需水量最大，占玉米一生需水总量的 43%～44%。④抽雄吐丝期需水的强度最大。

**2. 养分需求**

小喇叭口期至抽雄吐丝期对于氮、磷肥需求大；拔节期、结穗期、开花期对于钾肥需求大，生长后期可施用适量锌肥，有助于提高光合作用效率，促进生长发育。施肥要在距离植株 10 cm 左右，避免出现烧根现象。建议深施氮肥，不能深施氮肥的，可表施氮肥后灌水。

大喇叭口期是玉米的需肥高峰期，是形成大果穗的关键时期。每亩应追施硫酸锌硼肥或玉米专用肥 25～30 kg，可起到“攻穗攻粒”的作用。

玉米化控所采用的药剂主要有矮壮素、三唑类（如多效唑、烯效唑）、缩节胺、乙烯利等单剂或复配剂，作用是使叶片增厚，叶色变深，底部节间缩短，根系发达，机理是调节植株生理功能，使得植株叶形直立、短而宽，气生根增多。

控旺可防止玉米徒长，使玉米植株高度降低 20～30 cm，茎粗度增加，增强玉米抗倒、抗折能力，降低因倒伏带来的玉米减产隐患；控旺也可促进玉米根系发达，增加玉米毛细根数量，使玉米根系更发达，增强玉米根系固定支持能力和吸收水肥能力，提高玉米对肥料的利用率，从而提高玉米抗旱、抗涝、抗病能力；控旺还可使玉米雌穗营养全面供应，根部吸收营养更容易，有效减少玉米穗不饱满、畸形，顶端籽粒空瘪的现象。

玉米的控旺最佳时期是在其 7～10 片叶时，这个时期是玉米的拔节期。在拔节期内以玉米 7～8 叶为最佳控旺期。如果地中绝大多数玉米（90%～95%）都处于这个时期，此时就是喷打控旺药物的最佳时机。一旦时间错过，化控措施应当停止。

关于夏玉米，我们重点关注的是“两虫五病，水肥为重”。“两虫”，指的是玉米螟和黏虫；“五病”，指的是玉米大斑病、小斑病、灰斑病、弯孢霉叶斑病、玉米褐斑病。因为这“两虫”和“五病”是玉米主要的病虫害，而且“两虫”只用一种药防治，即氯虫苯甲酰胺，“五病”只用一种药剂防治，即苯甲丙环唑乳油 1 000～3 000 倍液。

## 【悟·院】

### 体民情，治学问，建强农

2023 年五四青年节到来之际，习近平总书记给我校科技小院的学生回信，信中对我校科技小院的立德树人作用作出充分认可，肯定了科技小院学子实事求是、联系群众、“自找苦吃”的精神，号召广大青年要有志存高远，脚踏实地的精神和品质。

作为农大学子，我们更应该学习和落实这种精神，为此我们下乡实践小队积极响应号召，前往河北省邯郸市曲周县第四疃镇王庄村进行暑期社会实践。结合科技小院资源需求与实践地实际，通过开展实地调研、农事操作、产业助农、文化下乡、农业科普等实践活动，我们在乡村实践中接触基层、了解乡村、磨炼本领，将自身所学知识与农村实际相结合，发挥自己所学，在实地实践的过程中增进对乡村的认识，培养实事求是和“自找苦吃”的精神品质，厚植爱农情怀，磨炼兴农本领。

在社会实践期间，我们前往科技小院体验科技小院日常工作，同时在学长学姐的带领下前往田间体悟农事操作，走进中国乡土深处体悟农业、体察民情。在实地调研的过程中，小队每名成员都会与当地村民交流，更加深入地了解到了我国当前民生、民情。现在大型农机正在普及化，再加上无人机喷药等，大大减轻了农民的辛苦，也大大缩短了务农的工时，让我们真切感受到了现代农村农民和之前的差距，更加直观地感受到了农业发展的重要性、科技进步的重要性、现代化发展的重要性。

科技小院“拆了四堵墙、架了四座桥”，即拆了学校与社会之间的墙、学科与学科之间的墙、教学与科研之间的墙、教与学之间的墙，架起了学校与乡村之间的桥、师生与群众之间的桥、问题与办法之间的桥、理论与实践之间的桥。作为学农的大学生，只有练就兴农本领，才能实现强农报国；只有打牢基础、全面发展，才能成为堪当强国重任的时代新人。

中国农大是一所把保证中国老百姓的饭碗作为最高使命的大学，因农而生、因农而兴，从吃饱到吃好、吃健康，从扎根曲周改土治碱到甘肃石羊河治干旱，从小麦、玉米、白羽鸡育种到打破国外垄断的基因编辑“两把剪刀”，从野外工作站到科技小院，一代代师生一直在用行动践行校训精神——“解民生之多艰，育天下之英才。”农业是有生命的产业、有温度的产业，重农兴农是最朴实、最光荣的事业，只有把知农爱农情怀厚植心田，才能真正解民生、治学问。

作为农大学子，我们的学习不能只局限在课堂，还需要与现实生活和基层实际相结合，接触农村、融入农村，了解农村实际状况和现实需求，将课堂学习与乡村实践紧密结合，厚植爱农情怀，练就兴农本领，为推进农业农村现代化和全面建设社会主义现代化国家奉献青春力量。

请党放心，强农有我！

（中国农业大学 20级本科生 丁莉君 文）

知院
识院
悟院

# 中国农业大学
# 内蒙古巴彦淖尔蒙海镇玉米科技小院

实 践 学 校：中国农业大学
实践小队名称：资源与环境学院内蒙古社会实践小队
小 队 成 员：蔡林运、伍佳浩、施舜、吴宁雅、郑力凡

科技小院
中国农业大学
社会实践小分队

## 【知·院】小院简介

2019年3月，为进一步推进杭锦后旗农业绿色转型和乡村振兴工作，由农业农村部全国农业技术推广服务中心牵头，联合内蒙古自治区土肥站、巴彦淖尔市农技中心和杭锦后旗人民政府等四级单位，与中国农业大学国家农业绿色发展研究院、内蒙古农业大学共同建立内蒙古巴彦淖尔蒙海镇玉米科技小院。玉米科技小院位于蒙海镇政府对面文化站，占地面积约120 $m^2$，在镇政府的支持下，小院设施设备一应俱全。2020年8月15日，中国农村专业技术协会（简称中国农技协）内蒙古巴彦淖尔蒙海镇玉米科技小院正式在蒙海镇授牌启动，中国农技协的加入进一步壮大了四级联创和科技小院的力量，为农业绿色发展和乡村振兴进一步贡献力量。截至目前，先后有16名硕博士研究生入住小院，其中包括中国农业大学硕博士8名、内蒙古农业大学硕博士3名，全国农业技术推广服务中心蹲点青年干部5名。

蒙海镇玉米科技小院以春玉米为主要目标作物，针对玉米生产过程中的水、肥、药、膜等一系列问题，以氮高效玉米品种精准鉴定与利用为核心，建立水肥一体化、玉米专用肥、红蜘蛛防治技术、高地隙追肥机等单项技术，集成创新种养结合的双绿双控春玉米优质高产高效栽培技术模式、青贮玉米和饲用豆科间混作技术，探索河套地区小农户分散经营条件下农民培训、农技服务新模式，以实现农民增产增收、全域玉米绿色生产为最终目标。

## 【识·院】厚植爱农情怀，投身强农实践

在2023年五四青年节来临之际，习近平总书记给中国农业大学科技小院的同学们回信。习近平总书记在信中提到："你们在信中说，走进乡土中国深处，才深刻理解什么是实事求是、怎么去联系群众，青年人就要'自找苦吃'，说得很好。新时代中国青年就应该有这股精气神。党的二十大对建设农业强国作出部署，希望同学们志存高远、脚踏实地，把课堂学习和乡村实践紧密结合起来，厚植爱农情怀，练就兴农本领，在乡村振兴的大舞台上建功立业，为加快推进农业农村现代化、全面建设社会主义现代化国家贡献青春力量。"在总书记回信的鼓舞下，作为中国农业大学资源与环境学院的学生深受触动，为深入领会贯彻回信精神，小队成员深入农村，深入基层，调研农户的农业生产具体情况。

在调研之前，小队成员已经了解到当地农户主要种植玉米等粮食作物，因此在实践过程中主要调查了关于玉米的高产高效问题（如种植面积、玉米品种、灌溉次数和灌溉方式等）。当地农户玉米种植主要的病虫害是红蜘蛛，所以也重点关注了红蜘蛛如何防控和防控时间问题。

## 一、调研背景

(一)实践地区自然条件

内蒙古自治区巴彦淖尔市杭锦后旗蒙海镇是一个自然风光优美、资源丰富的地区。该地位于内蒙古自治区中部,北界与鄂尔多斯市达拉特旗相连,南接巴彦淖尔市乌拉特后旗,东临内蒙古自治区呼和浩特市和赤峰市,西靠内蒙古自治区巴彦淖尔市磴口县。地势相对平坦,属于典型的草原地貌;河流众多,具有丰富的草地和湿地资源。蒙海镇属于温带大陆性气候,四季分明。冬季寒冷而干燥,夏季炎热短暂,春秋季温暖宜人。年均降水量较少,蒸发量大,具有典型的干旱气候特征。蒙海镇拥有丰富的自然资源。草原资源广阔,适于畜牧业发展,主要畜牧业品种有牛、羊、马等。此外,蒙海镇还具有煤炭、石油、天然气等矿产资源,其中煤炭储量和质量较高。

(二)实践地区发展现状

(1)农业发展　是蒙海镇的重要支柱产业,主要农作物包括小麦、玉米、大豆等。农民以种植和养殖为主要生计来源,农业生产向规模化、现代化方向发展。

(2)畜牧业发展　由于具有优越的草原资源,蒙海镇的畜牧业发展潜力巨大。畜牧业是当地农民的重要经济来源,主要养殖牲畜有牛、羊、马等。农牧民采取放牧和圈养相结合的方式,以满足当地和周边地区的农产品需求。

(3)经济发展　蒙海镇的经济以农牧业为主导,同时也发展了煤炭、石油和天然气等资源产业。近年来,当地政府积极推动农业产业化和现代农业技术的应用,努力提高农产品的质量和附加值。

总的来说,内蒙古自治区巴彦淖尔市杭锦后旗蒙海镇拥有辽阔的草原、丰富的农牧资源和独特的草原文化,是一个具有发展潜力的地区。通过积极推动农业产业化和现代农业技术的应用,蒙海镇努力实现农业现代化,推动经济的可持续发展。

## 二、调研内容

本次数据分析共选取有效问卷9份,其中街头随机采访1份,农户家中走访8份。地区涵盖杭锦后旗蒙海镇、团结镇、三道桥镇等。农户种植面积在20亩以下有4人、20～100亩有4人、100亩以上有1人。农户家庭收入均是以务农为主。这些地区种植的玉米均为青贮玉米,用途为家畜饲料。

(一)调研结果

**1. 玉米品种**

本地农户使用的玉米品种参差不齐,包括西蒙3358、先玉1321等,没有显著的优势品种。

**2. 种植密度**

杭锦后旗地区玉米种植中,大行距以80 cm、100 cm为主问卷结果显示,采用80 cm

行距的农户有 5 位，100 cm 行距的农户有 2 位，除此之外，还有 2 位农户采用 60 cm 和 120 cm 行距。绝大多数农户小行距为 40 cm，只有 1 名农户采用 25 cm 小行距。所有农户的玉米株距均在 25 cm 左右。本地区综合种植密度约为每亩地 4 400 株。

**3. 田间生长状况**

根据农户的描述和实地观察，所有被调查农户的玉米长势较为一致，株高较为整齐。

**4. 化控技术使用**

玉米化控技术是指用植物生长调节剂喷洒玉米植株，使玉米植株矮化、粗壮、抗倒伏。玉米化控常用的调节剂主要有乙烯利、玉米健壮素、缩节胺、矮壮素、多效唑、氨鲜酯等。

化控技术的使用需要精确的药剂调配和使用指导，因此在本地区的普及程度不高。在受调查的农户中，只有 1 位种植规模大的农户采用了化控技术，这说明化控技术的使用与成本有密切关系。该农户生产规模大，因此使用化控技术的平均成本低，而对于大部分小规模种植的农户来说，使用化控技术的意愿并不强烈。

**5. 灌溉情况**

在灌溉水源的选择上，杭锦后旗地区位于河套平原，河套灌区是亚洲最大的一首制自流引水灌区。所有被调查农户的灌溉水源均是引自黄河水。在灌溉方式的选择上，只有规模最大的农户选择进行滴灌，其他农户均选择漫灌。这主要是因为本地位于河套平原，而且相邻湿地地区，黄河水资源丰富，农户用水成本低，而滴灌系统需要投资成本，所以小规模种植的农户还是倾向于黄河水漫灌。

被调查农户的年灌溉次数均在 4 次左右。

**6. 施肥情况**

在底肥的使用上，本地农户的选择以磷酸二氢铵等复合肥为主。磷酸二氢铵是一种高浓度的速效肥料，适用于各种作物和土壤，特别适用于喜氮需磷的作物，作基肥或追肥均可，宜深施。磷酸二氢铵含氮量不小于 18%，含磷量不小于 46%。除此之外，农户还可以选择氯化钾或氧化钾或其他复合肥作为钾肥。

在被调查的农户中，6 名农户选择每亩使用磷酸二氢铵 80 斤左右，同时每亩增加氯化钾/氧化钾/硫酸钾 20 斤左右，其中还有 3 名农户选择每亩再追加尿素 30 斤左右。另外 3 名农户选择每亩只使用复合肥（如农大复合肥）100 斤左右。底肥的施肥时期集中在 4 月下旬到 5 月上旬。

在追肥的使用上，被调查农户主要使用尿素。尿素是一种高浓度氮肥，含氮量在 46%以上。尿素因为在土壤中易发生氨挥发，因此无法作为长效的底肥，一般作为追肥使用。根据追肥的次数，每次追肥的量不等。5 名小规模种植农户只追肥 1 次，每次追肥尿素 50～100 斤/亩；1 名农户追肥 2 次，每次追肥复合肥 100 斤/亩；1 名农户追肥 3 次，每次追肥尿素 20 斤/亩；1 名大规模种植农户追肥 4 次，每次追肥尿素 40 斤/亩、钾肥 10 斤/亩、水溶二铵 10 斤/亩。不难看出，追肥的使用在小规模种植农户中，次数少，化肥种类少，而大规模种植农户追肥次数多，单次追肥量少，种类齐全。这是因为增加追肥次数会增加成本，而尿素易挥发，多次追肥效果更好，所以大规模种植的农户平均成本低，更倾向于采用多次追肥的策略。

**7. 红蜘蛛防治情况**

玉米红蜘蛛又称玉米叶螨，俗称大蜘蛛、大龙、砂龙等，属蛛形纲蜱螨目叶螨科。玉米叶螨种类很多，主要有二斑叶螨、朱砂叶螨和截形叶螨，具有较高的发生频率，容易形成暴发性，尤其是在玉米叶螨发生期，为害严重，单株能够寄生几百到几千只不等，严重时甚至达到上万只，导致玉米植株大面积枯死，空穗率明显提高，就算是结实的植株，籽粒大都较瘦，明显减产，不但影响产量品质，且为害过的玉米茎叶不能作饲草。

杭锦后旗地区使用阿维螺螨酯防治玉米红蜘蛛，在固定时期使用无人机进行空中喷洒作业。这样的好处是成本低、速度快、作业面积大。缺点是红蜘蛛的孵化过程在玉米根部进行，无人机喷洒主要作用于植株上部，对防治效果有一定影响。

因为无人机成本低，由政府统一安排，且红蜘蛛暴发对作物危害极大，因此所有农户均采用了红蜘蛛防治策略。大部分农户选择进行 1 次无人机喷洒作业，而 1 名大规模种植农户选择进行 2 次无人机喷洒作业。

**8. 苗前封闭除草情况**

土壤封闭式除草剂即土壤处理剂，是将除草剂均匀地喷洒到土壤上形成一定厚度的药层(药膜)，杂草种子的幼芽、幼苗及其根系被接触吸收而起到杀草作用。常见的封闭式除草剂有乙草胺、异丙甲草胺、氟乐灵等，可采用喷雾法、浇洒法、毒土法施用。封闭式除草剂具有靶向性、安全性和持续性的特点。

在玉米播种后到出苗前这一段时期，玉米和杂草都没有出土，选择具有封闭性的除草剂进行土壤处理，在土壤表面形成药土层，当杂草萌发时，杂草的根、芽鞘或上下胚轴就会吸收土壤表面的除草剂，在杂草出土前就将杂草杀灭，从而能够达到很好的除草目的。

在被调查的 9 名农户中，只有 5 位小规模种植的农户采用苗前封闭除草的策略，大部分除草时间在 5 月初，只有 1 位农户选择在 6 月上旬进行除草。

**9. 北斗导航机械播种情况**

近年来，我国正在推广北斗导航＋农机播种的新播种方式，通过将北斗导航设备和播种机相结合，实现机械自动播种。这样播种具有速度快，播种精确且无人作业的优点。但目前推广程度尚不高，在调查中，只有 1 名大规模种植的农户采用了北斗导航机械播种的策略，在其 500 亩田地中，有 300 亩采取了北斗导航机械播种。

**10. 有机肥使用情况**

杭锦后旗地区牧业同样发达，有机肥也应当是施肥的重要补充。但在实地调查中，有机肥的使用情况并不普及，只有两位小规模种植农户采用有机肥进行补充，使用的有机肥量分别为 1.5 $m^3$/亩和 4 $m^3$/亩，均以牛粪肥为主。

调查显示，造成这一结果的原因是施用有机肥的效果不尽如人意，因此大部分农户很少施用有机肥。

**(二)主要问题分析**

大部分农户种植规模小，引进新技术成本高，收益不大，因此大部分农户对引进新型农技的热情不高，而大规模种植农户由于平均成本低，往往乐于使用新技术来提高收益。

农业机械化程度一般，当地仍然大量使用人力播种和收割。

玉米红蜘蛛的防治中，无人机喷洒作业相比传统人工喷洒，只能覆盖作物植株上部，防治效果有一定不足，如果使用滴灌喷头等方式进行打药的话，可以获得更好的效果，但是普及成本太高。

有机肥的推广程度低，可能是本地的堆肥加工效果不好，导致产出的粪肥对产量影响不大，采用更好的堆肥工艺有助于改善本地有机肥的使用情况。

（三）结论与建议

杭锦后旗地区的玉米种植以青贮玉米为主，科技小院对玉米品种进行过筛选改良并推广，但是目前本地农户对玉米品种的选择仍然没有统一的标准。青贮玉米对水分的要求较高，而河套平原良好的灌溉条件可以满足玉米种植中的水分要求。本地的玉米种植依然以小规模的个体农业为主，集约化程度不高，合作社可以增强集约化程度，有利于机械化播种和收割的普及以及其他新型农技的引进，也有利于农户降低成本、增产增收。在化肥的使用方面，大部分农户以化肥为主，不使用有机肥，提升有机肥堆肥工艺有利于有机肥的推广。本地的红蜘蛛病害防治工作在无人机喷洒作业推广后得到了很好的效果，这是农技对农业生产产生积极影响的范例。青贮玉米的收益不高，杭锦后旗政府在其他农产品方面有打造品牌的成功经验，在青贮玉米方面也可以进行一定的尝试，从而提升品牌价值。

## 【悟·院】

# 学有所悟，任重道远

——作为资源与环境学院的学生，我已经听闻过太多科技小院在“三农”中助产助绿、助力乡村振兴的感人故事，学习到许多“理论”上的知识技术。但只有实际“扎下去”，我们才能吃到在象牙塔里吃不到的苦、看见畅想的世界和实际的世界的不同、了解“三农”全貌并发现实际问题。在这次暑期实践中，生活中的起居住行等柴米油盐、本地口音交流问题、调研路途困难、交通出行不便、与农民打交道等，都锻炼了我们的吃苦能力和精神。小院内陈列着五年前青涩白净的徐俊平师兄的照片，对比之下现在的他皮肤早已晒为小麦色，眼角被干燥风沙吹出褶皱，让我不禁对现在及未来坚守在内蒙古农村、服务“三农”的同志们肃然起敬。对于我来说，当真正地亲身体验了科技小院的基本事务如农民培训、农户调研、大田实验、科普示范等，走进了乡土中国深处，才能说自己对新时代的“三农”是什么样子有了一些了解，对回信精神中的“实事求是、联系群众”有了更深刻的感悟。

——在学习领会了习近平总书记的回信精神后，我们前往内蒙古杭锦后旗的蒙海玉米科技小院进行社会实践，在这段时间我收获颇丰。科技小院的师生致力于推进农业现代化以及帮扶农民脱贫。但当地人才流失、老龄化严重等问题使得科技小院的工作推进得并不是十分顺利，我对他们是如何克服困难、深入基层，为农户提供先进技术并进行推广表示钦佩和尊敬。我们在这些天走了很多地头,看了很多玉米地,对于当地农村的现状有了一定的认识,切身体会到农业还有很多路要走,而这些是在校园以及实验室中无法学到的。希望将来有更多的新时代青年关注和参与农村发展中,共同促进农村的繁荣和进步。

——在实践过程中,我们深刻学习领会了习近平总书记在五四青年节对科技小院全体师生的回信精神,学习了科技小院师生扎根基层,自找苦吃的实干精神。“解民生之多艰”是中国农业大学的校训,科技小院师生不计回报地帮扶农民,给农民带去新技术,促进我国农业技术发展,是值得我们所有人学习的。农业是一个国家的根基,作为常年在校园里的大学生,深入农村,深入基层去体会农业生产的艰辛是对自身的一种锻炼,能够培养我们吃苦耐劳的精神,也能更深地理解政策和实际、校园与社会之间的差异,为我们未来更好地服务社会、回报社会打下坚实基础。

——在本次社会实践中,我们来到了内蒙古自治区巴彦淖尔市的杭锦后旗,对当地农户的玉米生产情况展开了调研。同时,我们也参观了当地的数个科技小院,以及各位小院师兄师姐的试验田,也参加了由当地科技小院共同举办的玉米高产竞赛培训会。在实践过程中,我们了解到了当地农户的生活、生产中的细节,也看到了科技小院的师生们是如何利用自己的专业知识服务于当地农户,同时投身于自身的科研实践。在调研的过程中,我们根据当地特点编写并修改了问卷,在师兄的帮助下展开对农户们的访谈,提升了我们的调研能力。在杭锦后旗的生活和工作中,我们对中国的乡村建设和农民生活有了更加深入的认识。同时我们也立志响应习近平总书记对广大青年发出的“厚植爱农情怀,练就兴农本领”号召,深入乡村一线,为“三农”事业作出贡献。

——2019 年,中国农业大学在杭锦后旗建立了科技小院,我们的学长学姐们来到这里,深入了解杭锦后旗“三农”发展现状,践行“四零”服务模式,在杭后大地上撰写毕业论文。2023 年,我们实践小队来到这块机遇与挑战并存的沃土,站在巨人的肩膀上,感受中国农业大学科技小院与当地农民联系共同的脉搏,触摸这片洒下新农人和新助农人辛勤汗水的土地。同样是 2019 年,习近平总书记在座谈会上说,河套灌区、汾渭平原等粮食主产区要发展现代农业,把农产品质量提上去,为保障国家粮食安全作出贡献。2023 年,习近平总书记来到巴彦淖尔,对当地开展盐碱沙荒地改良改造和综合利用,推动科学灌溉,推广现代农业表示肯定。五年,科技小院扎根基层,提炼爱国、奋斗、实干、坚守的精神;五年,巴彦淖尔杭锦后旗打造拥抱绿色农业,推进“三北”等重点生态工程的决心;五年,我们实践小队来到这里,追忆五年前的困难,学习五年间的经验,展望五年后的未来。

(中国农业大学 20 级本科生 蔡林运 伍佳浩 施舜 吴宁雅 郑力凡 文)

知院
识院
悟院

# 中国农业大学 北京西樊各庄科技小院

**实践学校**：中国农业大学
**实践小队名称**：气象万千七彩社会实践小队
**小队成员**：王彤、杨满山、张雯婕、邱雅欣、袁梓宁、王雨涵、包可心

中国农业大学
China Agricultural University
解民生之多艰
育天下之英才
西樊各庄村科技小院

## 【知·院】小院简介

2018年5月，在北京市委统战部的领导下，中国农业大学承建的首家“北京科技小院”落户北京密云区西邵渠村。目前我校已在京郊建成科技小院19所，覆盖京郊10个区，共有9个学院24位党内外专家教师，66名研究生驻扎工作。北京市平谷区峪口镇的西樊各庄村科技小院就是其中之一。

自2019年西樊各庄村科技小院落地以来，这个依山傍水的美丽乡村有了一张更为清晰的农业发展蓝图。更重要的是，全国480家科技小院很快将有一个“总部”，“全国科技小院总部”的筹建工作正在西樊各庄村全面展开。

## 【识·院】调气象灾害，研防灾减灾，助乡村振兴

为了在实践中学习领会落实习近平总书记给中国农业大学科技小院学生重要回信精神，厚植爱农情怀，气象万千七彩小分队于2023年7月18日前往北京市平谷区峪口镇西樊各庄村进行为期7天的社会实践，进行关于低温冻害和冰雹对当地桃树、梨树等果树生长发育的影响。我们针对政府人员和果农设计了两类问卷，在村委会发放第一类问卷，入户走访发放第二类问卷，共获得有效问卷43份。同时与村书记进行座谈，和部分村干部和果农进行访谈，更深入地了解当地情况。我们根据调研情况提出相关建议：对于政府，可以完善农业保险措施、开展农户的技术培训和提高村庄气象监测能力等；对于果农，可以根据病情积极治疗、多关注天气预报和加强果园设施建设等。

## 一、调研背景

(一)小队成立背景

习近平总书记在给中国农业大学科技小院学生的回信中指出,“希望同学们志存高远、脚踏实地,把课堂学习和乡村实践紧密结合起来,厚植爱农情怀,练就兴农本领,在乡村振兴的大舞台上建功立业,为加快推进农业农村现代化、全面建设社会主义现代化国家贡献青春力量。”

全国首个科技小院于 2009 年由张福锁院士带领团队建立于河北省曲周县。如今中国农业大学已经在全国 24 个省区市的 91 个县市区旗,建立了 139 个科技小院。据不完全统计,15 年来,科技小院先后引进创新了 284 项农业绿色生产技术,推广应用技术的面积累计 5.66 亿亩,增收节支累计达 700 多亿元。科技小院在帮助农民解决技术难题,引进先进生产技术,帮扶农民致富的同时也培养起了一批知农、爱农、兴农的农业高层次应用型人才。

为学习领会落实习近平总书记给中国农业大学科技小院学生重要回信精神,厚植爱农情怀,在本次暑期社会实践过程中,实践小队依托本科生应用气象学党支部,结合体悟农业、力行农村、惠及农民三个方面开展实践。实践目的地西樊各庄科技小院位于峪口镇西樊各庄村,在北京市委统战部和北京农学院组织部的大力支持和帮助下,于 2019 年 12 月成立。该科技小院已有来自中国农业大学资源与环境学院、园艺学院等多个学院的研究生长期驻村学习工作。他们以小院为平台,协调各方资源、引进技术、整合优势,带动村庄产业转型、升级,通过打响“非樊农庄”品牌以打开产品销路,在促进西樊各庄乡村振兴的同时探索知农爱农新型人才培养新路径。

(二)气象主题背景

农业生产过程主要是暴露在自然条件下进行的,气候和土壤条件是最基本、最重要的自然环境资源因素。土壤的形成、水热状况和微生物活动等在很大程度上也受气候条件的制约。可以说,农业是对环境气象条件最为敏感和依赖性最强的产业。

气象灾害对农业的影响表现为直接和间接的影响。农业气象灾害可造成粮食减产,从而直接影响粮食生产安全。气候对农业的间接影响表现在以下几个方面:气候变暖致使各种病虫出现的范围可能扩大,向高纬度地区延伸,会加剧病虫害的流行和杂草蔓延;农药的施用量将增大,控制难度提高。这都将意味着,气候变暖后不得不增加农药和除草剂施用量,从而间接影响粮食安全。此外,气候变化对土壤质量等的影响表现在气候变化增加了土壤有机质和氮的流失,加速了土壤退化、侵蚀的发展,削弱了农业生态系统抵御自然灾害的能力,干旱区土壤风蚀严重,高蒸发也会造成土壤盐渍化。

不仅农作物生长发育和产量、品质形成高度依赖于气象环境条件,现代化农业技术和农事活动也需遵循气象环境的变化规律。当前,农业高产稳产增产的客观需求与全球气候变化、极端事件多发频发重发严峻形势间的矛盾日益突出。积极应对气候变化是农业强国的迫切要求与战略任务,减损增产将成为今后一段时期农业生产的重要目标。实践

小队在西樊各庄的调研正是围绕气候变化对当地农业的影响展开的，希望借此机会进一步加深对气象与农业关系的理解。

## 二、调研内容

调研期间，小队成员首先通过与村委会工作人员沟通，了解了西樊各庄果树种植的基本情况、气象灾害对果树产量的影响、常见采取措施等。在此基础上完善确定了问卷内容、问卷发放区域并为接下来的调研工作做好准备。之后，我们走访调查村民、村委及城镇人员，发放问卷，对提交问卷的村民进行访谈，汇总分析问卷内容和访谈记录；根据问卷内容以及口头询问，了解气候灾害对当地农业生产的影响，并结合调研情况提出相应措施。

（一）调研结果

### 1.村干部调研情况

在对村干部的调研过程中，我们结合气候与农业的联系设置了 12 个问题，一共收集了 12 份有效答卷，具体情况如下。

调查显示，大多数村干部表示对全球气候变化有一定了解（图 1），也肯定了农业防灾减灾的重要性以及宣传教育的意义，并且对农业防灾减灾工作在西樊各庄的开展情况较为满意（图 2）。

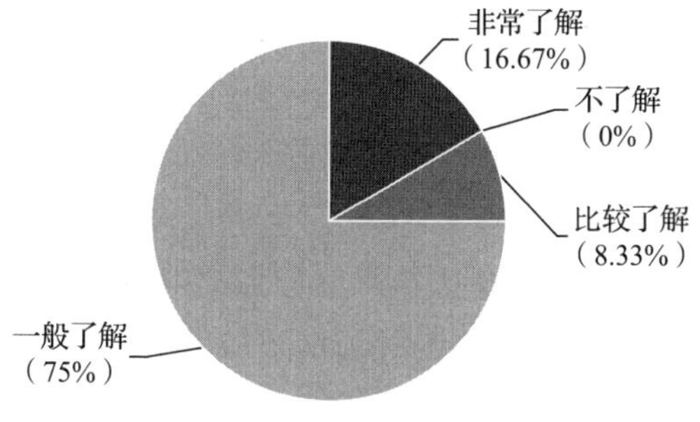


**图 1　村干部对全球气候变化的了解**

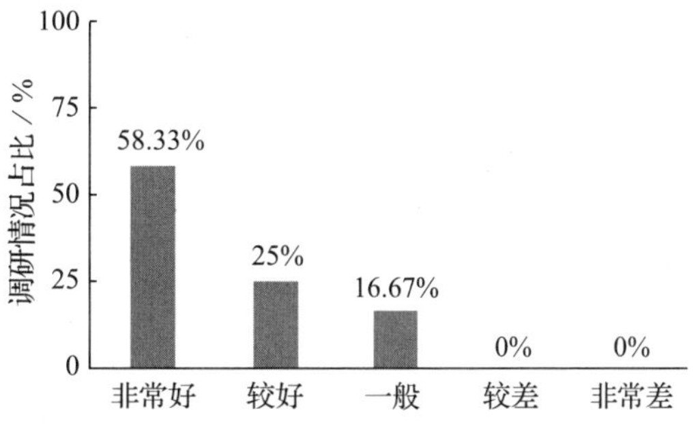


**图 2　村干部认为农业防灾减灾工作在西樊各庄的情况**

我们了解到，近几年气象灾害对西樊各庄农业（特别是果园）产生了很大影响，例如降低农作物产量、破坏农作物质量、影响农产品销售，导致经济损失、农民增加生活负担等。有时一次冰雹灾害就可能造成全年无收成（表 1）。

**表 1　近几年气象灾害对西樊各庄农业产生的影响**

| 选项 | 小计 | 比例 |
|---|---|---|
| 降低农作物产量 | 11 | 91.67% |
| 破坏农作物质量 | 10 | 83.33% |
| 影响农产品销售 | 10 | 83.33% |
| 导致经济损失，增加农民生活负担 | 11 | 91.67% |
| 本题有效填写人次 | 12 | |

目前，该村在农业防灾减灾方面开展的主要措施有：设立防雹点，进行冰雹灾害的预警，同时发射炮弹进行人工影响天气，使冰雹无法降落，降低其造成的损失；铺设防雹网，阻止冰雹对果树造成伤害；购买果树保险，在受到损害后进行损失鉴定与赔偿。另外，在农业防灾减灾和应对气候变化方面，无论是政府、村干部还是果农个人，都有一些可以进一步加强的应对措施。

同时，对于面临的诸多挑战依然不可忽视：资金是首要问题，农民有一定意识进行预防，但成本昂贵，支出与收入难以平衡，若架设防雹网可能亏损，果农不愿做，农业保险制度力度也不够大；由于地理位置原因，该地临近首都机场，常因航班原因不能发射火箭炮阻止冰雹落下；缺乏知识与技术同样使得当地农户无法应对自然灾害。

村干部对于该村庄在农业防灾减灾方面改进的建议见表 2。

**表 2　村干部认为上级政府在农业防灾减灾和应对气候变化方面可以加强的措施**

| 选项 | 小计 | 比例 |
|---|---|---|
| 提供相应的灾害预警和信息发布 | 12 | 100% |
| 加强农业防灾减灾技术培训和指导 | 12 | 100% |
| 提供财政支持和补偿政策 | 12 | 100% |
| 建立农业保险制度 | 12 | 100% |
| 建设农业灾害应急救援体系 | 11 | 91.67% |
| 促进政府和农民的合作，共同应对灾害 | 11 | 91.67% |
| 本题有效填写人次 | 12 | |

**2. 果农调研情况**

在对果农的调研过程中，我们设置了 14 个问题，通过挨家挨户上门调研和与聚集在一起娱乐的村民们交流的方式一共收集了 31 份有效答卷，具体情况如下。

根据调查，将近一半的果农不了解全球气候变化（图 3），但是大多数人愿意参加有关气候变化适应性农业技术培训（图 4），也愿意和其他果农分享种植果树的经验和知识。

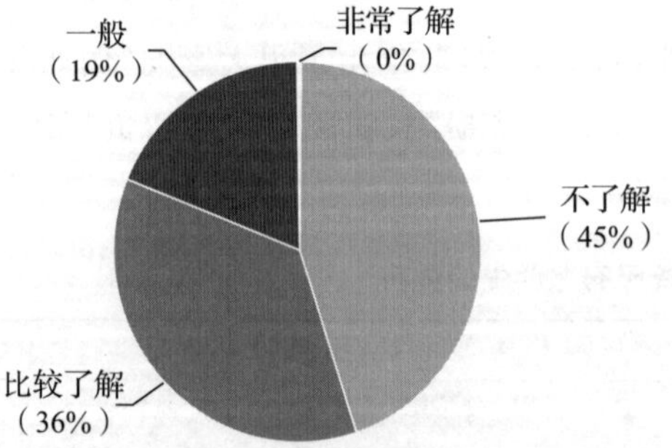


**图 3　果农对全球气候变化的了解的调研情况**

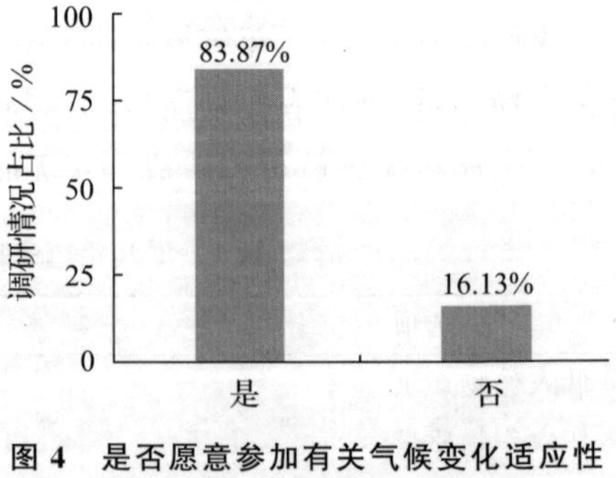


**图 4　是否愿意参加有关气候变化适应性农业技术培训的调研情况**

所有受访者一致认为，近年来气候变得更差了，对果园产生了不同程度的影响。常见的气象灾害，比如低温冻害、干旱后降水集中等都会导致桃子的产量和质量大幅下降，产生桃子裂核、空核的现象。4—5 月遭遇低温冻害，会造成较大损失，可减产 50%。7—8 月会遭遇冰雹、强风，强风一般会把果实吹掉、果树枝干吹折；同时，该时段的高温干旱会导致苹果不易膨大，体积较小，商品价值降低。气象灾害造成的损失使得部分村民直言：“收入只够勒紧裤腰带勉强过日子。”但是他们表示天灾不可抗，只能靠天吃饭。冰雹线上的农户受到冰雹等气象灾害的影响更为严重，有的甚至几乎没有什么收成。除了受到气象灾害外，果园还出现黑点病、虫灾、鸟食等减产问题。

从调研结果来看，果农应对气象灾害的方式有增加防护设施、加强水利设施建设、种植抗灾品种等，不过最普遍的措施还是购买农业保险（图 5）。

面对“果农个人在农业防灾减灾方面应该进一步加强哪些措施”的问题，大多数受访者认可的答案是“加强农业技术培训”和“建立农业保险制度”；“如果有技术培训讲座愿意来听”。部分受访者认为气象灾害能人为影响的部分很少，但是虫害是可以通过人为缓解的，愿意接受相关知识的培训。

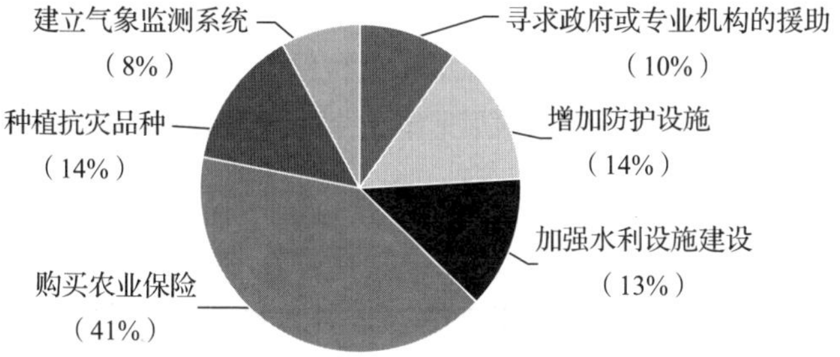


**图 5　果农应对气象灾害采取的措施**

村民们认为政府时时刻刻关注人民，在农业防灾减灾方面，尤其是气象灾害方面，会安排村民投保果树保险。往年冰雹之后，村里会发放杀菌药，希望可以坚持下去。村民普遍认为村委会和科技小院在这方面还有发挥的空间（表 3），需要政府有合适的方法有效减少气候灾害带来的损失；表示会服从政府的安排和指导，希望政府能够作出更多有利于防灾减灾的措施。他们认为农业防灾减灾的宣传和教育对农民有很大的重要性，愿意参加有关气候变化的适应性研讨会等。

**表 3　果农认为科技小院对于应对气象灾害的帮助程度**

| 选项 | 小计 | 比例 |
| --- | --- | --- |
| 非常大 | 1 | 3.23% |
| 有一定帮助，还需加强 | 10 | 32.26% |
| 没有明显帮助 | 20 | 64.51% |
| 本题有效填写人次 | 31 | |

村民们对于该村庄在农业防灾减灾以及村内建设方面改进的建议主要有如下几点：

（1）把科技小院对面的荷花池打造成旅游区。

（2）增加气象预报预警。

（3）采用人工降水。

(二)具体问题分析

近几年气象灾害对西樊各庄农业产生了很多影响,例如农作物减产、质量下降、影响销售,导致果农经济损失、生活负担加重等。调查显示,问题主要有以下4点。

**1. 资金问题**

预防成本高,收支难以平衡;架设防雹网亏损可能性大,百姓不愿做;农业保险制度力度低;村民们收入来源单一且不足,想从事种果树外的其他行业,但没有足够资金支持。

**2. 预防措施问题**

冰雹线上的农户受到冰雹等气象灾害严重,有的甚至几乎没有什么收成,农户基本靠天吃饭。发射预防冰雹弹是常用手段,需要层级上报。由于地理位置原因,该地临近机场,常因航班原因不能发射火箭炮阻止冰雹落下;缺乏知识与技术同样使得当地人无法应对自然灾害。

**3. 农业保险问题**

农业保险中果树保险的评估问题较大,果农和保险公司之间存在分歧。同样受灾程度的两片田地赔偿情况不一定一样,评估没有统一的标准,有时只能通过打官司解决。

**4. 果农培训问题**

果农愿意听技术培训讲座,希望得到土壤缺什么营养、如何施肥、病虫害怎么防、什么时候该打什么药这类问题的指导。往年曾举办过科普培训,但未能很好延续。

(三)对策建议

**1. 防雹防治建议**

(1)政府

冰雹前

①建园规划。冰雹是一种自然灾害性天气,无法人为控制,虽然当前科技可以进行干预,但成本过高,目前几乎不采用。冰雹的发生具有一定的规律性,建议进行建园规划时尽量避开冰雹线。

②防护林建设。冰雹气象的形成与风速、风向有一定关系,尤其是风向。有学者通过观察冰雹经常发生的地区发现,夏季风的迎风地段冰雹发生频率明显高于背风地段。基于此,在规划果园的时候,尤其是易发生冰雹的果园,应在周围营造防护林,以降低风速,防止或减轻冰雹危害果园。

③人工防雹。目前常用的方法有:用高炮、飞机或火箭直接把干冰、碘化铅、碘化银等催化剂送到云里去;在地面上用高射炮、火箭等,向云的中部和下部大量集中轰击;在地面上把干冰、碘化银等催化剂在积雨云形成以前送到自由大气里,这样会增加雹胚数量,从而使冰雹变小;用高炮向暖云部分撒凝结核,以此来减少云中的水分;也可以在冷云部分撒冰核,这样做可抑制雹胚增长。

冰雹后

①政府可以发放一些杀虫药、肥料等,并对农民开展技术指导与培训,帮助做好灾后

补救措施。

②建立健全农业保险制度，提供财政支持和补偿政策。

(2)果农

冰雹前

①果实套袋。实施果实套袋不仅能够提升果实的商品率，而且还能有效降低残果出现的概率，在预防冰雹对果实的危害方面有一定的保护作用。

②增加防护设施，如遮阳网、防风网等，可以有效减少冰雹对果园的危害。

冰雹后

①排除果园积水、淤泥。冰雹融化后，往往会在果园内形成不定程度的积水及淤泥，果农应立即采取措施排出园内积水，清除淤泥，必要时进行晾根处理，防止根系腐烂。

②深翻疏松果园土壤，增强土壤通气性，还可清除园内杂草，使果树尽快恢复树势。

③病虫害防治。冰雹侵害过后，果园湿度往往比较大，特别有利于病菌繁殖传播；同时，此时树体裸露伤口多，又为病菌侵染提供便利，所以要加强对病虫害的防治工作。

④处理枝条。对于骨干枝皮层受伤但未断裂的枝条应加以保护，以便后期继续发挥作用。对于折断、损坏严重的枝条、果实应予以去除，减少养分消耗。对于出现脱皮情况的枝条，可用桐油松香合剂等伤口保护剂涂抹伤口。

⑤补充树体养分。冰雹发生之后，应及时补充树体所需养分，以便更好地促进植株营养生长，培育健壮树势。

**2.低温冻害防治建议**

(1)政府

①发展设施栽培。做好温室等设施果树栽培的日常管理，做好防冻、防晒管理，做好温湿度调节。挡风玻璃和防风栅栏也可视为设施栽培的一种方式。在地形温和的地区，在果园外的西北侧，用树枝和玉米秸秆建造一道约 1 m 高的防风栅栏或挡风玻璃山脊，以保护果树免受冻结。对于小面积幼果园，可采用每 2～3 行用高粱、玉米秸秆设置一道防风障。此外，还可使用塑料大棚、地膜、冷床等。

②了解农户对种植技术的需求，组织开展技术培训。

③通过广播、发通告等方式指导果农如何预防补救。

④完善保险制度。按照政府引导、政策支持、市场运作、自愿参与、协同推进的原则，采取“农户＋财政＋保险”的模式，通过财政资金对参保农户给予保费补贴，保险公司对农户提供果树受灾损失保险服务，逐步建立政府财政资金引导、政府和保险企业加强合作、共同承担风险、提高果树产业抗灾能力的支农惠农体制。

(2)果农

①根据病情，积极治疗。因冻害造成果树腐烂病严重的可根据病情进行针对性治疗。准备淘汰的树种、树体受冻严重导致树体死亡的树种，可直接砍伐更换树种，种植抗寒树种。优良桃树品种发生冻害后不必着急处理，腐烂病轻的可进行刮治，刮净烂皮后涂抹多菌灵等药物，并喷施营养液(0.3%～0.5%的尿素加 0.2%～0.3%的磷酸二氢钾)，增强树势。腐烂病严重的，生长期先进行观察，不急于刮治，因此时树体抵抗力较弱，刮治容易

损害健康皮层组织，造成树体流胶，加重损伤，也会促使木质部失水，加快地上部干枯死亡。等到秋季，健康组织与病部明显分离，可进行刮治和抹药治疗，不影响树体的恢复。可以在树空中间套种小苗，受冻树木经治疗能缓过来就保留，如果缓不过来就砍伐更新；也可以通过桥接方式，即春天在受害树旁边栽种一棵实生苗，嫁接到没发生冻害的主枝部位。由于地面以上 30～60 cm 是冻害重点发生部位，所以常发生冬季低温冻害地区可采取 60 cm 以上高位嫁接方式防冻。

②加强预防，增强树势。合理施肥，提高树体的营养水平；控制氮肥的施用避免造成生长后期枝条徒长，影响养分积累。对旺长树尽量加重修剪，做好夏秋季果园管理，控制枝条旺长或喷施矮壮素等，保证其正常进入休眠期。根据天气预报，在寒流来临前 1 周开始喷施 M-JFN 原粉 1 000 倍液或羧甲基纤维素 150 倍液或石蜡 5 倍乳化液等，共喷 2～3 次，可明显提高树体抗寒性，减轻冻害的发生。

③利用萌蘖，更新树体。对地上部已出现死亡、根部无病虫害的桃树，保留树体基部萌蘖，去掉枯死部分，重新培养树冠。夏季加重修剪促使萌蘖尽快萌发新梢，培养树形，形成新的树冠，尽快结果形成产量。

④合理疏花疏果。对受冻长势较弱的树，选择重疏花疏果，减轻负载，根据树势尽量少留果或不留果，让树体减轻营养消耗，尽快恢复树势。

⑤加强秋季及越冬管理。秋天可喷施 72％农用链霉素可溶性粉剂 4 000 倍液。冬季清园后，可采用主干基部培土、树干涂白(配方为生石灰 10 份、硫黄粉 1 份、食盐 0.2 份、动物油 0.2 份、水 40 份)或绑草绳，浇灌防冻水等措施，防止或减轻冻害。

⑥行间生草。行间生草可调节园内小气候，夜晚释放储蓄的热量，可提高近地面处温度 1～2℃，能够有效抵御低温冻害。

**3. 总体建议**

(1)政府

①提高村庄的气象监测和预警能力：争取政府或其他机构的支持，安装监测设备，建立气象预警系统；及时向村民发出预警信息，减少灾害损失。

②培养村民的气象防灾减灾基本意识。

③与保险公司协商，进一步优化保险的合理性和公平性。

④向上级政府申请补助资金或援助物资，争取上级政府对老龄化且资金不足的村庄进行关怀和支持，共同应对灾害。

⑤提供农业技术支持。加强农业科技研发，提供有效的农业技术指导，帮助农民提高抵御冰雹和冻害的能力。这可以通过推广抗冰雹网、农业保护设施等技术手段来实现。

⑥鼓励农户多元化种植。政府可以提供农业种植结构调整的政策支持，鼓励农户进行多元化种植。多元种植可以降低单一作物受灾风险。

(2)果农

①多关注天气预报，培养气象防灾减灾意识。

②建立村民的自救互救意识，提供基础应急培训，增强村民的自救能力。

③加强村庄的基础设施建设。利用有限的资金，重点加固村庄的排水系统等重要基

础设施，提高村庄的抗灾能力。

④积极争取政府支持和协助。向政府申请补助资金或援助物资，争取政府对老龄化且资金不足的村庄进行关怀和支持，共同应对灾害。

## 【悟·院】

### 厚植爱农情怀，投身强农实践

新中国成立70多年来，农业领域科技创新和成果转化有力地支撑了我国农业农村现代化的进程。袁隆平先生的杂交水稻、“太行山道路”和“黄淮海盐碱地综合治理大会战”……不可胜数的农业科技成果为解决中国人民的温饱和保障国家粮食安全作出了重大贡献。

2023年的五月，是不平凡的五月，习近平总书记给中国农业大学科技小院师生回信中的殷殷叮嘱，让同作为“国字号”农大学子的我也同样兴奋。为响应习近平总书记的号召，更深入地了解高校学府与田间地头相连接的故事，也为更能将知农爱农根植于心间，7月中下旬，我与其他6位同学共同踏上了前往平谷区西樊各庄科技小院的路程，我们开始了为期7天的暑期社会实践。

在此次实践中，我们针对前期的了解制定了关于低温冻害和冰雹的气象灾害对当地果树如桃树、苹果树等的影响情况及对应的防护措施。我们分别为村干部和果农设计了不同的问卷。7月19日上午我们对村委会的村干部进行了访谈和调研，并获取了村民分布的村庄地图，下午分头进行入户走访调查。在调查的过程中，我们遇到了一些困难，不过最终我们还是获得了30多份有效问卷，比较圆满地完成了调研任务。之后的几天里，我们陆续走访了当地农民家的果园，以及当地企业大户京瓦中心的智慧果园，实地获取相关的气象灾害对果树的影响情况，以及农民的实际生活情况。此外，我们还走访了无人机研究院和西营科技小院的智慧果园，从中获取相关的气象防灾减灾的相关情况。

在这些天的亲身实践中，有匆忙有成长。气象灾害始终是万千农民的心头难，他们总认为“人不能胜天”。但是在智慧农业相关的果园和研究院的走访中，我们了解到目前已经有了主要应对冰雹灾害的防雹网，可以几乎解决果树不受冰雹灾害问题，也有防低温冻害的仪器。但是都有一个共同的特点，就是对于老百姓来说，这些仪器的使用不划算。因此未来的农业不仅需要解决自然灾害所带来的影响，更应着眼于实际，落到农民的实处，不让他们“可望而不可得”。

作为气象学子，我深感使命在肩，必当勇担重任，巩固专业知识，不断增强自身技能，厚植爱农情怀，投身强农实践，做时代弄潮儿！

（中国农业大学 21级本科生 王彤 文）

## 品回信精神，强兴农本领

2023年5月，习近平总书记给我校科技小院同学回信，充分肯定了同学们“自找苦吃”的精神，对新时代青年提出殷切期望，对青年人的关心与关怀饱含深情、语重心长，为广大青年奋进新征程、建功新时代指明了前行之路，提供了根本遵循，在我校引起强烈反响。

为进一步学习贯彻习近平总书记的回信精神，厚植爱农情怀，练就兴农本领，7月18—24日，中国农业大学“气象万千七彩小分队”在平谷西樊各庄科技小院开展了为期7天的社会实践。在实践中，我们通过对村民和村干部开展发放问卷和走访调研的方式调查西樊各庄村气象灾害对农业生产的影响和防灾减灾工程的实施情况；通过参与科技小院学长学姐日常科研和工作以及阅读小院日志等方式体验小院生活，进一步学习领悟习近平总书记的回信精神；同时以科普讲座、节气活动、参观无人机研究中心和果树种植企业等形式，深入田间地头和村屯农家，将自身所学与农业生产相结合，在服务乡村振兴中解民生、治学问。

在实践中，我深刻体会到了习近平总书记回信中所强调的“强农兴农”理念的重要性。农业是国家的基础产业，也是亿万农民的生命线。只有加强农业科技创新，提高农业生产效率和质量，才能实现农业的可持续发展，促进农村经济的繁荣和农民收入的提高。

同时，我也更加坚定了为人民服务的初心和使命。大学生要时刻牢记为人民服务的宗旨，要把满足人民对美好生活的向往作为奋斗目标。我在与农民交流互动的过程中，深刻感受到了他们对美好生活的渴望；也深刻认识到，作为一名中国农业大学的学生，肩负着推动农业现代化和乡村振兴的使命。我要不断学习，努力提升自己的综合素质，为农业事业贡献自己的力量。

不仅如此，我也意识到了自身的不足和不断学习的重要性。农业科技创新是一个不断发展和变化的领域，我们需要不断学习新知识、掌握新技术，才能更好地为农业事业作出贡献。在今后的学习生活中，我会积极参加各种学习活动，提升自己的综合素质和专业能力，为农业科技创新贡献更多的力量。

我也要时刻保持对党的忠诚和对农业事业的热爱。作为一名入党积极分子，我要始终坚守党的宗旨，牢记党的初心和使命，为党和人民的事业努力奋斗。我要时刻保持对党的信任和忠诚，为实现农业强国的目标，为实现中华民族伟大复兴的中国梦贡献力量。

总之，通过参与社会实践活动并将学习习近平总书记回信精神运用到实际行动中，我深刻体会到了农业事业的重要性和紧迫性。我会坚定信心，不断努力，为强农事业贡献自己的力量。请党放心，强农有我！

（中国农业大学 21级本科生 袁梓宁 文）

## 七日小院征程：农村社会实践足迹

盛夏七月，我与我的小队成员经历了一段充实而情感丰富的农村社会实践之旅。7天的时间，让我们深入了解了西樊各庄村的农业现状、气象灾害防御以及智慧果园的未来展望。这段足迹不仅打开了一个当代大学生探寻农业的脚步，更在我的青春里镌刻下了深深的印记。

一、初印象：初探科技小院全貌

7 月 18 日，清晨的阳光透过稠密的树叶，洒在我们小队成员的脸上，宛如微笑。我们从学校出发，穿越繁华的城市，来到西樊各庄村。科技小院和小院门口的荷花塘，将我们带入一个别样的世界。小院门口高悬的荣誉证书和习近平总书记的回信，让我对这个地方充满敬意。

进入小院，我们目睹了许多先进的农业机械，如无人旋耕机、家庭园艺种植机等。在图书室，师兄师姐的工作日志记录了他们的辛勤付出与成长。小院里种满葡萄，小猫更是增添了几分生机。在村委会，村干部们与我们分享了果树种植的挑战和防灾减灾的努力。科技与农业的融合，令我感受到一个新时代的农业发展。

二、面对面：见证农村发展之路

7 月 19 日，我们得以与西樊各庄村的书记进行面对面交流。书记对科技小院为村庄发展所作的贡献给予了高度肯定，他的话语充满着期待和鼓励。他告诉我们，农业学子是乡村振兴的希望，需要我们扎根大地，用知识推动农村发展。与村民的交流，让我们深刻认识到农村的需求和希望，也让我们更坚定了服务乡村的决心。

7 月 20 日，我们走进示范果园，见证了现代农业的奇迹。智能喷雾机、割草机、防冻机等设备，为果园提供了全方位的防护。种植矮化果树，精细管理，使果树更具生产力。而智能管理系统，通过传感器收集数据，实现了更精准的作业和管理。在漫天飞舞的果香中，我感受到了农业科技带来的革命性变化。

7 月 23 日，我们为村民们带去了清凉的仙草冻，并举行了画扇子的活动。在大家品尝仙草冻的同时，我看到了村民们满意的笑容。孩子们拿起画笔，将自己的创意画在扇子上，那一瞬间，我们成了他们夏日的伙伴。与村民的互动，让我明白到，真正的服务不仅是知识，更是情感的交流。

三、致未来：牢记致力“三农”初心

7 月 24 日，我们的社会实践即将结束。在小院师兄师姐的指导下，我们参与育苗的工作。虽然辛苦，却让我更加珍惜农业的不易。从这 7 天的足迹，我看到了农村的真实与需要，也学到了团队如何合作。告别的时刻，每一个人都心怀感激，在内心叮嘱自己要将这份感动与经历带回校园，带到未来的职业发展当中。

7 天的农村社会实践，丰富了我的知识，升华了我的情感。在农田间，我感受到了劳动的意义和辛勤的付出；在村庄里，我与村民们分享了科技的力量和知识的光芒；在小队的陪伴下，我收获了友情和团队精神。

这段闪光的足迹，将成为我生命中宝贵的一部分。未来的道路上，我将继续将所学所感与农村的需要相结合，为乡村振兴贡献自己的力量。这 7 天的经历让我明白，科技与农业的结合，必将开创更加美好的乡村未来。

（中国农业大学 22 级本科生 王雨涵 文）

知院
识院
悟院

# 中国农业大学 辽宁东港水稻科技小院

**实践学校：** 中国农业大学
**实践小队名称：** 植物保护学院月光稻里化病虫社会实践小队
**小队成员：** 王姝雨、朱弘毅、杨霜、翟润田、刘浩宇

国以农为本
农以种为先
袁隆平

## 【知·院】 小院简介

2022年，教育部、农业农村部和中国科协联合认定支持建设全国首批科技小院，辽宁东港水稻科技小院名列其中。2023年7月25日，中国农业大学植物保护学院暨辽宁东港水稻科技小院在东港市示范繁殖农场举行揭牌仪式。辽宁东港水稻科技小院的建设，不仅巩固"产学研"一体化人才培养模式，推动涉农研究生教育与生产实践紧密结合，研究解决农业农村生产实践中的实际问题，更为乡村振兴提供人才、智力、技术和物资支撑，促进科技成果转化为农民实用技术，通过举办科普大集、观摩会等活动推广水稻新品种、新技术，为东港和黄海稻区水稻绿色种植提供技术和服务保障。

近年来，东港市委深入实施人才强市战略，坚持教育、科技、人才"三位一体"融合发展，积极开展"产学研"合作，先后建设专业技术创新中心18个、产业技术创新战略联盟5个、实质性"产学研"联盟12个、专家工作站8个。通过成立科技小院来促进项目合作，通过专家、常驻研究生开展科技创新和农业技术推广服务，促进科研成果转化，提升人才培养质效，为东港乡村振兴及水稻产业发展提供有力的智力支撑。今后，东港水稻科技小院会继续发挥科研优势和人才优势，立足东港水稻产业发展实际，积极开展水稻分子育种、水稻病害绿色防控等方面的研究，推动"行业地方 院校"合作模式走深走实，助力水稻产业高质量发展。

## 【识·院】 辽宁东港水稻病虫害及昆虫多样性调查

自1942年Raymond在华盛顿会议上首次提出biological diversity一词以来，各国学者也对生物多样性定义作出了不同的解释，至今仍未达成统一的、严格的定义。目前普遍认为的生物多样性定义是指所有生物(包括动植物、微生物)和它们所拥有的基因及其与生存环境间形成的复杂的生态系统。生物多样性是人类赖以生存和发展的物质基础，它主要包括遗传多样性、物种多样性、生态系统多样性及景观多样性四个层次。其中，物种多样性是生物多样性的研究重点，因为保护生物多样性的前提是了解物种的数量及分布现状。

东港市示范繁殖农场位于东港市西北部20 km处，东西南北分别与十字街、合隆、长山接壤，周围有大量水库和村镇，生态环境良好。农场始建于1949年，据2022年统计，全场总面积4.77 $km^2$，总人口1 091人，拥有育种田4 500亩，总资产3 538.98万元，是具有省级种子生产许可证和经营许可证的水稻良种生产单位。农场内植被以稻田为主，农户有小规模的玉米、甘薯、黄瓜等种植，植被类型少，生态环境抗逆性较差。

水稻是东港市的主要粮食作物,示范繁殖农场内更是打出了“越光稻”这一名片。但由于受海洋气候的影响,东港地区湿度较大,加之“越光稻”具有易感病的缺点,使得稻象甲、二化螟等易发。摸清示范繁殖农场主要病虫害发生特点可以有效地为整个东港地区的水稻安全生产保驾护航,而调查其生物多样性可以挖掘潜在病虫和探索稻田有潜在生防价值的天敌生物。

## 一、调研背景

本次社会实践所在地辽宁省丹东市东港市，位于辽宁省东南部，南邻黄海，东隔鸭绿江与朝鲜隔江相望。受海洋和季风影响，降水丰沛，年降水超过 800 mm，又兼之沿海拥有大片地势平坦、土质肥沃的退海平原，十分适合农业发展。农作物以水稻和草莓最为出名。我们来到的东港市示范繁殖农场就是辽宁东港水稻科技小院的所在地。

示范农场是建于 1949 年的国有事业单位，全场总面积 4.77 $km^2$，拥有育种田 4 500 亩，以试验、繁育优质稻种为主业，不仅担负着黄海稻区的水稻良种繁育任务和中国北方水稻新品种区域试验任务，还承担着国家“863”科研项目和中国农业科学院等 8 个科研单位的试验项目。建场 70 多年来，示范农场先后选育推广常规稻和杂交稻品种 50 余个，为黄海稻区水稻生产发挥了重要作用。2011 年 6 月，辽宁省第一家涉农院士工作站在示范农场成立。

在小院专家、中国农业大学植物保护学院教授杨俊老师的推荐下，实践小队成员于 2023 年 7 月 2 日抵达实践地，计划开展为期一周的社会实践。实践期间正值水稻分蘖期，又经历了一定时间的阴雨天气，十分有利于稻瘟病的发作，所以实践小队将其作为重点病虫害的观察对象，学习各种田间病害的识别方法。此外，我们采用走访商家及农户、随机采样等方法，对稻田生物多样性、田间病虫害、农药使用情况等展开调查，深入了解东北稻田生态系统的组成情况、水稻病虫害的发生规律和防治方法，以及有机农业的发展条件。

## 二、调研内容

### (一)稻田生物多样性

1)昆虫采集与鉴定

(1)扫网法　我们利用自行购买的以及学校发放的捕虫网采集昆虫。对于栖息在较低植株或草地上的昆虫，通过沿着稻田周边样线边走边扫的方式采集；对于树冠上的昆虫，采用网兜套住树枝然后抖动的方式采集。扫网法主要采集鳞翅目、蜻蜓目、直翅目、双翅目、半翅目等白天活动频繁的昆虫。

(2)灯诱法　小队夜晚在农场楼顶使用 500 W 汞灯和灯诱帐篷，利用昆虫的趋光性进行诱捕，主要采集鞘翅目、蛾类、半翅目、脉翅目、双翅目等类群，并用乙酸乙酯自制毒瓶杀死干制或直接用乙醇保存。

2023 年 7 月 1—8 日，小队成员共计采集到 6 个目 39 个科约 206 种昆虫，保留了几百张图像记录。

2)问题分析和建议

在小队鉴定出的部分种类中，大多为全国广布种，仅少数为东北特有，此外有很大一部分都是典型的稻区虫害。

(1)农场的特色稻米“越光稻”为不耐病虫害品种，其产量易受环境波动影响

①具体分析。农场存在茶翅蝽、条赤须盲蝽、二化螟、褐萍塘水螟、苹果巢蛾、褐边绿

刺蛾、米缟螟、伪叶甲、水稻负泥虫、褐背小萤叶甲、稻摇蚊等大量植食性害虫。考虑到农场的特色稻米“越光稻”是不耐病虫害的水稻品种，植食性害虫泛滥可能对农场地区的农业、林业生产造成大量损失，应巩固和加强防控机制；同时农场也存在污黑盗猎蝽、中华大仰蝽、草蛉、通草蛉、蠋步甲、芽斑虎甲、异色瓢虫等已经用作天敌生物或有潜在生防价值的类群。

②解决对策。在保证农民收入的前提下，尝试以虫治虫，利用好生防手段，打出绿色“越光稻”品牌，并做大做强；关注气象变化，做好田间病情观测，提前预测可能突发的虫害，让农户做好准备，防患于未然。

(2)农场植被类型少，生物多样性较匮乏，易发生虫害泛滥的情况

①具体分析。农场植被主要为水稻和周边农户所种植的一些其他蔬菜，植被多样性极低，这样的植被类型易受环境影响，一旦气候异常则可能出现虫害泛滥的情况，给农户带来极大的经济损失。

②解决对策。在农场周边种植不同种类的作物和植物，吸引各种不同的生物，从而提高农田的生物多样性，在生态平衡中相互制约，减少害虫数量；进行合理施肥和灌溉。过量的化学肥料和不当的灌溉会导致土壤和水体污染，影响农田生态系统平衡；合理施肥和灌溉可以维持土壤的健康，摧毁害虫滋生的环境。培训农民，提供关于综合虫害管理方面的培训，使他们能够更好地识别害虫，而不是盲目使用一种或特定几种农药，造成生态系统崩溃；同时鼓励农民和农业专家之间的交流和合作，分享成功的经验和方法，共同解决虫害问题。

## (二)田间病虫害调查

### 1.调查地相关概况

水稻是我国的主要粮食作物之一，也是我国粮食安全与农业可持续发展的关键战略资源之一。东港市种植的水稻自古以来就被誉为“贡米”，具有历史悠久、种植面积大、产量丰厚等特征，在农业生产过程中占据着非常重要的地位。

水稻主要常见病害包括稻瘟病、纹枯病、恶苗病和稻曲病等，主要常见水稻害虫包括稻飞虱、二化螟、三化螟等。此次，我们在东港调查的水稻病害主要为稻瘟病、恶苗病、干尖线虫病，水稻害虫主要为二化螟。其中，水稻稻瘟病是辽宁省水稻生产中主要的常发性病害，自19世纪30年代以来，曾多次暴发流行，导致水稻产量损失严重，仅2000年以来的10年，全省大流行多达4次，流行面积达到120.6万$hm^2$，造成超过67万$hm^2$的水稻绝收。东港市是黄海北部水稻主产区，水稻种植面积达5.33万$hm^2$，居全省级市首位。由于该市无霜期较长，降水量较多，稻瘟病常年暴发流行，造成严重经济损失，成为制约当地水稻生产的毁灭性病害之一，常年造成的粮食损失量在0.4亿kg以上，严重威胁到东港市水稻生产的安全。

我们此次主要调查东港市水稻7月初的常见病虫害。我们深入田间地头细致观察水稻，近距离了解并接触水稻病虫害，掌握常见水稻病虫害识别特征，并针对这些常见病虫害提出相关绿色防治措施。

**2. 调查方法**

我们此次实践的水稻病虫害调研方法主要为：实践前期阅读文献资料，了解并掌握东港地区水稻病虫害总体情况以及常见病虫害的识别特征；实践期间到田间接触水稻，近距离观察记录水稻病虫害实际情况，与当地研究人员交流了解水稻病虫害，学习不同病虫害的识别特征，利用显微镜观察病原菌，记录汇总常见水稻病虫害。

**3. 水稻病虫害调研概况**

此次我们调研的水稻病害主要为稻瘟病、恶苗病和干尖线虫病，主要虫害为二化螟。

**4. 具体问题分析及对策**

(1)东港夏季气温及湿度都适于水稻稻瘟病发生，预防稻瘟病措施不到位。

①具体分析。气候因素是水稻稻瘟病蔓延的主要因素，良好的环境促进菌种繁殖是稻瘟病发生的直接诱因。在相关环境因素中，湿度是对菌种繁殖影响最大的因素，气温在20～30 ℃，湿度在90%以上，容易引发水稻稻瘟病。东港夏季日均温在19.6～26.3 ℃，湿度常在90%以上，雨后稻瘟病更易于大面积扩散暴发。稻瘟病重在前期预防，但目前大多数农户仅仅依据以往的经验做防治工作，没有科学具体的认识，这样容易错过稻瘟病最合适的防治时期。

②解决对策。首先，播种前选择合适的抗病品种，对种子进行前期灭菌处理，注意种子品种的差异性，不要一直选择同一个品种，应根据田间实际情况选择优良品种，并进行科学搭配。稻瘟病病菌的主要来源是携带病菌的水稻秸秆和水稻种子，因此，消灭病菌的主要方式包括销毁携带病菌的水稻秸秆和对要播种的种子进行彻底消毒处理。其次，改善田间管理也能增强水稻的抗病能力，即从水稻品种和气候的变化状况综合考虑，根据水稻不同生长周期适量施肥，及时清理田间杂草，保持田间通风，尽可能降低田间湿度。最后，开展水稻稻瘟病科普活动，教会农户选用良好抗病水稻品种，掌握稻瘟病发病规律，科学防治稻瘟病。

(2)二化螟为害严重，但目前防治方法较有限

①具体分析。二化螟是多地最严重的水稻害虫之一，已被列入《一类农作物病虫害名录(2023)》，化学防治仍是目前主要防治方法，但二化螟已经对许多化学杀虫剂产生了抗性。该虫密度高，发生世代多，为害范围广、程度重，防治难度大，防治成本高，给农业生产造成较大的经济损失。

②解决对策。首先，根据二化螟基因特点构建其基因组数据库，积极研发新型杀螟药剂，利用酶、基因等工具降低二化螟存活率。其次，寻找二化螟的天敌生物，例如其寄生性天敌，包括茧蜂科、姬蜂科和赤眼蜂科等动物，其寄生时期可跨螟虫的各个发育阶段，根据寄生蜂的寄主选择特性、寄生能力和环境适应性选择合适的蜂种和品系；同时，也需要考虑长期使用寄生蜂问题，采取多种手段延长寄生蜂货架期，充分发挥其经济效益。

(三)农药使用情况

**1. 调查地概况**

东港市水稻主产区位于黄海稻区，显著的海洋性气候为东港地区带来了充足的降水，

造就了当地水稻产业的发达。同时，海洋性气候温差小、无严寒的特征使灰飞虱可成功越冬，可能导致水稻条纹叶枯病；夏季持续的连绵阴雨可能导致水稻植株徒长，抗倒伏能力下降，无法有效抵抗台风天气；同时田间荫蔽，湿度高，为稻瘟病、稻曲病的发生提供有利条件。总之，东港地区气候成就当地优质水稻种植业壮大的同时，也在水稻的各个生育期埋下重重隐患。气候既是成就因素也是制约因素，当地如何使用物理、化学、生物手段对水稻病虫害进行防治，是非常值得调研的。

**2. 调查方法**

考虑农药生产、销售、使用整条流通链，我们计划对农药厂、农药商、农场技术人员、个体农户以走访形式进行问卷调研，后根据实际情况，完成对十字街镇全部农药商、辽宁省丹东市东港市示范繁殖农场技术人员、农场周边数十户个体农户的走访调查。

**3. 具体问题分析及对策**

(1)农药安全培训缺乏，农药安全意识淡薄

①具体分析。当地几乎没有开展农药安全培训，当地居民农药安全相关知识来源单一、局限，缺乏官方性，以致居民农药安全意识淡薄，安全隐患较大，且不利于绿色农业推广。

②解决对策。政府官方力量可结合科技小院有生力量开展农药使用安全相关知识的培训，在提高居民农药安全意识的同时，既可以减轻政府压力，又可以让科技小院学生学以致用，真正了解农业发展现状；可利用抖音、快手等普及率高的短视频平台发布农药安全相关视频，潜移默化，寓教于乐。

(2)绿色农业推广困难，产量与土质无法平衡

①具体分析。当地生防措施主要有诱虫灯、性诱剂、菌剂等，防治病虫害效果一般，通常要辅以化学农药，单位面积成本高于使用纯化学农药，目前仍是试验田中使用较多的方式，但在个体农户中推广困难。另外，由于化肥使用量大，当地土壤自生有机质减少，土壤黏性增加，而我国耕地有限，为保证国家粮食安全，水稻田无法采用休耕改善土质，为保证当地居民收入，水稻必须稳定高产，在土质逐年变差情况下，只能逐年增加化肥用量，增加种地成本，由此陷入化肥和土质无法平衡的恶性循环。政府虽有针对土质的相关政策和资金扶持，但力度不够，收效甚微。

②解决对策。

a. 政府层面。官方力量结合科技小院有生力量开展对绿色农业和环境安全相关知识的培训，让农户认识绿色农业，对绿色农业有基本认知；对非化学农药、化学肥料的使用给予一定补助，尽量平衡生防措施成本高带来的推广困难；打通绿色农产品销路，以提高收入，激励非化学农药的使用。

b. 科研层面。选育适合东港地区气候的水稻品种，提高抗病虫能力，减少化学农药施用，提高产量，使耕地在保证产量底线的同时可动态调整。同时，采用动态轮作或休耕方式，逐步改善耕地质量；在菌剂、性诱剂等生防产品研发过程中，在保证效果的同时须考虑成本，尽量平衡成本和效果，助力绿色农业推广。

(四)调研总结

**1. 调研结果及问题分析**

在昆虫生物多样性调查方面,采集或拍摄了 6 个目 39 个科 200 余种昆虫,并对其中对水稻田生态有较大作用的昆虫进行了形态描述,便于后人鉴定。我们发现水稻田由于环境单一,优势生物数量巨大的现象比较明显,其中不乏蝎蝽、划蝽等捕食性昆虫,对于整个稻田生态系统的稳定有重要作用。由于各试验田水体相通,我们没有发现施药与不施药间生物多样性的显著差异,如果要进行完全无农药无化肥的绿色有机生产,势必需要关注水体及土壤的关联性问题。

在病虫害调查方面,团队成员获得了丰富的鉴别不同病害特征的实践经验,协助小院对稻瘟病等病害进行了调查监测。我们发现现阶段主要病害为稻瘟病、恶苗病、干尖线虫病等,且处于稻瘟病主要发生阶段。此时的传染性病斑很容易与药害、盐害、机械损伤等非传染性病斑搞混,需要格外注意。此外我们还发现,在东港水稻生产过程中,针对如以稻瘟病为例的重要病害,在水稻生长不同阶段有着较为程序化的处理方式,体现预防为主的模式,但由于病害发作受环境影响较明显,大多数农户仅仅依据以往的经验做防治工作,没有科学具体的认识,这样容易错过稻瘟病最合适的防治时期。此外,稻瘟病等病害容易转移到菰、狗尾草等禾本科杂草中,使防治更加复杂。

在农药使用调研方面,团队成员对于东港水稻病害的主要防治手段以及农药销售及安全问题、绿色农业发展问题进行了调查和总结。在东港地区的乡村中,农药商和农业技术人员承担着农药安全的重任,而当地居民则普遍对农药安全没有清晰认识,当地几乎未开展过农药安全相关培训,居民的相关知识来源仅限于农药商和网络平台,缺乏科学性和官方性。绿色农业方面,虽然有物理、生物防治方式以及新型农药,但除了常见的成本问题以及防治效果引发的产量问题外,水稻的大面积绿色有机种植容易受土壤退化问题影响。总之,当地绿色农业正在缓步推广,但由于成本、效果限制,发展现状不容乐观。

**2. 综合建议**

针对各方面问题的建议已经详细叙述于各部分内容中,在此不一一赘述。我们对科技小院在当地承担的功能提出了如下一些看法和建议。

小院的师生除了在此进行病虫害的监测和试验,还可以配合当地植保站参与真正的生产和防治过程,在实践中发现问题,思考对策。此外,也应当加强与当地百姓的互动,乐于传播自己的知识。当然,由于当地居民具有丰富的种植实践经验,很多时候也能从他们那儿学到不少知识。

东港几乎人人都种植或种过水稻,此地也承担着重要的稻米生产功能,但许多人对于农业仍然具有一定程度的误解甚至歧视。我们认为科技小院不仅应该作为一个实验站进行病虫害的监测和防治试验,还应该积极与当地百姓互动,宣传农业的重要性和新型农业的“高级”,在当地村民及其下一代中培养农业人才,如此才能让当地的水稻种植生生不息,蓬勃发展。

【悟·院】

## 怀爱农热忱，感农田百态

党的二十大对我国建设农业强国作出部署。2023年五四青年节前夕，习近平总书记在给中国农业大学科技小院同学们的回信中，提出对同学们的殷切期望，希望同学们厚植爱农情怀，练就兴农本领，在乡村振兴的大舞台上建功立业。作为一名中国农业大学植物保护学院的学生，我深感荣幸，也深知自己肩上的责任与使命。为深入学习贯彻落实习近平总书记重要回信精神，暑假期间，我与同学们一行五人组成实践小队，共同前往辽宁东港水稻科技小院，走进农村，扎根基层，努力做到学农爱农知农，坚持把论文写在祖国大地上。

初到科技小院，我们就看见了袁隆平爷爷的题字——黄海稻区院士工作站。短短几个字蕴含着对这里寄予的由衷期望，一种为人民奉献、解决粮食安全问题的使命感在我心中油然而生，对这里的尊敬和向往之情也更加强烈。在科技小院后续学习的几天，我们深入田间地头，近距离观察水稻病虫害，通过师兄师姐们的介绍，了解到目前虽然国家科技高速发展，但是水稻上的部分病虫害仍未解决，每年造成的损失很惨重。看着绿油油的稻田，它本象征着生命的颜色，但是里面却有不计其数的病虫害在严重影响农业生产，这让我切实认识到国家农业问题的严峻，我们必须不断地发展农业技术，突破农业生产上的实际问题，让老百姓吃上安全粮、健康粮。

除了在科技小院的学习交流外，我们也深入乡村，与当地农户、农药售卖商进行沟通交流，农户婆婆的热情让我感受到乡村的淳朴乡情，农药售卖商对作物病虫害的专业也让我深受震撼，这可能是我们在课本上能学到的知识，但是未必能够准确灵活地应用于田间实际生产中。因此，我们更应该把课堂学习和乡村实践紧密结合起来，着实练就真正有益于乡村的兴农本领。

每次穿上实践队服，背后的“强国先强农，农大作先锋”都时时刻刻提醒着我。作为一名植物保护学院的农大学子，不仅要志存高远，深刻理解农业强国是社会主义现代化强国的根基，铭记自己作为新时代学农青年肩上的担当和使命，更应该脚踏实地，将理论运用于实际，把自己学习到的知识转化为推动我国农业发展的动力，敢于“自找苦吃”，怀揣着“功成不必在我，功成必定有我”的精神信念，做走在时代前列的开拓者，在乡村振兴的大舞台上发挥自己的人生价值！

（中国农业大学 21级本科生 杨霜 文）

## 绝知此事要躬行

七月之初，北京正处干旱酷暑之际，乘坐动车绕过渤海，几乎处在同一纬度的东港却是另一番景象：凉爽的微风吹动云雾，一望无际的漠漠稻田引来白鹭停歇。农场的车载着我们穿过田野和村庄，来到了此行的落脚点——东港水稻科技小院。接下来的一周，采访调查、下地观察、入校科普、灯诱采集，我在不知不觉中融入了周边的村民，与他们在晚饭后纳凉闲聊。在捏起一片稻瘟病叶片的一瞬间，我也豁然意识到了作为农大学子的任重道远。

陆游诗云“纸上得来终觉浅，绝知此事要躬行”，两年的疫情生活让我仅仅是对各种病害的名字耳熟了，但仔细想来，最具体的印象不过是载玻片上那肉眼看起来都费劲的小灰点——那是引起稻瘟病的梨孢。我从未像一个农民或者植病专家一样走进地里去寻找患病的植株，就算找，也找不出来。在出发之前，我还专程预习了稻瘟病植株的病斑特征，然而直到在水田中见到了盐害、药害、机械损伤等各种病斑，我才知道了纸上所写的是多么单薄，实地考察是多么重要。

此行我们也调查了农药的使用情况，这自然会遇到“绿色有机”这个概念。去年暑假我曾在浙江跟随记者探访了一家经营绿色果蔬的农场，当时就觉得绿色有机农业相当艰难，品质不好说，产量是不可避免的低下。而在东港，绿色有机大米的道路也是困难重重。相比于果蔬，水稻的种植面积更大，也更容易受到周围环境的影响。产量的问题在粮食作物中也更加突出，未来道阻且长。

在实践中，我们充分发挥了自己在昆虫知识方面的优势，对水稻田中的生物多样性展开了调查。令我们惊讶的是，这里拥有着超过我们预期的生物种类和数量，由于没有和其他地方对比，说我们期望太低也未尝不可，因为据说青蛙的数量在近年来还是有明显的下降。

除了生物多样性，在风土人情方面，我也收获了不一样的东北。这里的菜酸酸甜甜的，和遥远的浙江十分相像。或许平坦辽阔的水田和丰裕的稻米河鲜就该孕育出这样的味道。这里的人们是热情的，在接触几日之后，我们甚至学起了他们的方言。据说东港人大多从胶州一带移民而来，方言与那儿更为接近。

此行说是社会实践，更多的是学习实践，丰富了我们的知识，培养了我们的责任感。

（中国农业大学 21级本科生 朱弘毅 文）

知院
识院
悟院

# 内蒙古农业大学
# 内蒙古杭锦后旗向日葵科技小院

**实践学校：**内蒙古农业大学

**实践小队名称：**“凝聚先锋力量助力乡村振兴”社会实践小队

**小队成员：**王艳艳、包学文、苏国庆、李一迪、李文英、秦雯玉、端木学瑶、马洪伟

草原与资源环境学院

## 【知·院】小院简介

2023年5月25日，依托杭锦后旗河套向日葵产业园，由内蒙古农业大学主导，与杭锦后旗农牧局农业技术推广中心、杭锦后旗亿源农牧业开发有限责任公司共建的内蒙古杭锦后旗向日葵科技小院在吉日嘎朗图镇现代农牧业实践示范基地正式挂牌落户。

内蒙古杭锦后旗向日葵科技小院是内蒙古农业大学探索创建的专业人才培养模式，将农业硕士专业学位的研究生派驻到生产一线，重点探索解决农牧业生产中的各类实际问题，实现田间与课堂、科研与推广、教书与育人、理论与实践、创新与服务的紧密结合，打通科技成果转化、技术服务和技术推广的“最后一公里”。

杭锦后旗作为鄂尔多斯市农牧业大旗，农业以种植玉米、向日葵为主，特别是向日葵作为优势特色产业，是鄂尔多斯市唯一入选全国首批建设的50个优势特色产业集群“河套向日葵产业集群建设项目”的一部分。全旗向日葵年产量约1亿kg，产值约10亿元，约占全旗农牧业总产值的18.6%。向日葵产业正在逐步由“小特产”升级为“大产业”，成为杭锦后旗乡村振兴战略的新支撑、农牧业转型发展的新亮点和产业融合发展的新载体。

国家级向日葵科技小院落户吉日嘎朗图镇向日葵产业园区，是杭锦后旗聚焦地区和资源优势，汇聚向日葵专业技术人才，建立农业技术服务体系，加快提升向日葵产业科技创新能力、市场竞争能力和供给保障能力的重要举措。下一步，杭锦后旗将在自治区和市委、市政府的坚强领导下，积极顺应新一轮科技革命和产业变革趋势，始终坚持农牧业转型升级，提升产业发展质量效益，全力加快转型升级速度，推动产业结构进一步优化，构建新常态下农牧业绿色、高质量发展新优势，实现农业生产能力稳步提升。

## 【识·院】凝聚先锋力量，助力乡村振兴

习近平总书记在2023年5月给中国农业大学科技小院同学们的回信中写道，“通过学校设立的科技小院，深入田间地头和村屯农家，在服务乡村振兴中解民生、治学问，我很欣慰。”本次学生党员依托内蒙古自治区巴彦淖尔市杭锦后旗蛮会镇向日葵科技小院进行社会实践以及志愿活动，助力当地乡村振兴。乡村振兴是我们党为解决新时代我国社会主要矛盾所作出的重要战略举措。站在新的历史时期，我们党始终坚持把乡村振兴工作摆在突出位置。作为党和人民事业发展的先锋力量，作为青年党员学生要自觉当好新时代促发展的“领头羊”，将自己所学的农业知识运用到农业生产中，始终牢记为民谋福利、为党谋发展的初

心使命,以务实进取、实干苦干的精神抓好工作落实,为实现乡村全面振兴目标贡献力量。俗话说:“没有调查,就没有发言权,”只有亲身经历过才会有那种真实的感觉。实践是检验真理的唯一标准。在学校的时候,我们学习了很多理论知识,但实际操作、亲身实践的机会较少,而学习是为了实践,只有经过亲身实践才能更好地理解书本上的理论知识。作为青年党员学生,我们通过社会实践将课本上的知识与实际相结合,更好地运用植物营养学的专业知识,为当地乡村振兴以及向日葵增产贡献自己的一份力量。

## 调研内容

### (一)乡村公共服务志愿活动

#### 1.开展河道清理公益活动

为实现乡村振兴目标,首先是要改善乡村风貌和提升农户的居住环境。在这一过程中,我们开展志愿服务活动,以实际行动贡献力量。

向日葵科技小院周边环境的卫生状况引起了我们的注意。小院本身环境整洁,但河道周边却布满了垃圾,包括食物残渣和农药包装等,这与周围的绿色生态形成了鲜明对比。为了改善这一状况,我们决定开展河道垃圾清理活动。

活动当天,尽管刚下过雨导致道路泥泞,河道内的垃圾难以清理,但队员们都没有退缩。清理工作也比我们预期的要困难,工作量巨大,但大家积极劳动,展现出了志愿服务的精神。经过一天的辛勤劳动,河道周边的垃圾被清理干净,大家看到成果后都露出了满意的笑容。这次活动不仅让大家认识到了保护环境的重要性,也体会到了志愿服务的意义。我们认为,今天的活动非常有意义,它体现了农学生对生态环境保护的重视。

习近平总书记提出的“绿水青山就是金山银山”的理念,强调了环境保护与经济发展的平衡。我们今天的实践正是这一理念的具体体现,我们希望通过这样的行动,促进环境的可持续发展。作为一名当代大学生,这次志愿服务不仅提升了我们的精神境界,也培养了我们的奉献精神和社会责任感。通过团结合作,我们锻炼了个人能力,相信这次经历对我们未来的学习和生活都将产生积极影响。

在活动结束后,我们将继续将志愿服务精神融入日常生活,不断奉献自己,服务社会,服务国家,为实现乡村振兴和环境保护贡献自己的力量。

#### 2.开展调研及调查问卷

实现乡村振兴战略,首要的便是深入了解农民和农户的实际生活状况,基于当前乡村发展的具体特征和任务,重新审视和理解乡村。为此,我们社会实践团队承担起了实地调研的重任。我们深入头道桥镇的全域绿色发展核心区,探访了科技小院。在这里,我们不仅参观了展示区,还深入了解了科研项目的背景和田间试验的最新进展。在经验丰富的师兄师姐的引导下,我们参与了对当地模范农户玉米种植情况的调研。

调研前,我们基于调研目的设计问卷,精心筛选具有代表性的农户样本,并获取了他们的联系信息,确保调研工作的高效组织和分工。在充分准备和熟悉调研问卷的基础上,我们与农户开始电话访谈。首次通话时,农户的亲切回应缓解了我们的紧张情绪。在访谈中,农户对自家田地的详尽了解和对问题的积极响应,不仅让我们感到欣慰,也反映出农民对科技小院为他们提供的技术支持的认可和感激。

通过对红丰村村民对科技小院的满意度调研,我们发现小院的实践工作得到了100%的积极反馈。这表明科技小院能够迅速响应村民的需求,提供及时有效的解决方案,对促进当地农业生产起到了显著作用。

科技小院旨在消除专家与农民、科研与生产、教育与实践之间的隔阂,推动构建一个集政治、产业、学术、研究和应用为一体的综合性模式。它不仅是科技兴农的基地，也是产业开发、科普教育、农民培训和人才培养的综合体，其鼓励科技工作者将研究成果应用于实际，帮助农民通过科技应用获得实实在在的收益，并支持青年在科技创新创业中成长。

理论与实践的紧密结合，以及农业新技术与种植实践的深度融合，是探索高产、高效、优质和可持续发展农业道路的关键。科技小院在这一过程中发挥着至关重要的作用，为乡村振兴和向日葵产业的发展提供了坚实的支持。通过这样的科学实践，我们能够为乡村的可持续发展贡献力量。

**3. 开展助老助残志愿服务**

乡村振兴战略的实施，必须基于对当地农业现状的深入洞察和针对性支持。科技小院的学生们在这个过程中扮演了关键角色。夏季是当地农户种植玉米和向日葵的主要季节。在作物生长周期中，各种问题层出不穷，科技小院的学生们总能迅速响应，为农户提供实际的解决方案。我们与农户之间建立了坚实的信任基础，他们乐于与我们分享遇到的难题，并对科技小院提供的帮助充满感激。

在一次意外遭遇的大雨中，农户的草料面临被淋湿的风险。我们立即采取行动，协助农户铺设防雨布、覆盖草料、用石块固定，成功预防了潜在的危险造成的损失。这一紧急救援行动不仅展现了我们对农业的深厚情感，也彰显了我们对农户的深切关怀。农业工作的艰辛与技术的应用密不可分。尽管现代农用机械日益先进，减轻了人力负担，但农业工作依旧不容易。农民对土地的辛勤耕耘和深厚情感，为我们树立了学习的典范。我们认识到，农业的进步既需要科技的助力，也离不开农民的聪明才智和实践经验。通过深入农户家中，进行实地考察，我们能够更直接地掌握农民的种植状况，包括种植的作物种类、施肥管理方法、生长中遇到的问题等。这些第一手信息对我们制定有效的应对策略极为关键。

尽管我们掌握了尖端的农业知识和技术，但面对一些思想较为保守的农民，他们在新知识的接受上表现出了犹豫，这给我们推广新技术带来了不小的挑战。在帮助农户完成农业劳动的同时，我们致力于向他们传授农业知识，以提高他们的生产效率。我们的志愿服务不仅是为了协助农户完成日常农活，更重要的是推广现代的农业技术，帮助他们提高生产效率。通过实际参与和实践，我们能够更深入地理解农业的本质，提升自身的专业技能，为农业的长远发展贡献力量。

总体而言，科技小院的学生们通过实地调研、技术指导和志愿服务等多元化手段，与农户形成了紧密的合作关系，为乡村振兴战略的实施注入了活力。我们坚信，凭借持续的努力与创新精神，我们能够协助农户应对各种实际挑战，提升农业生产的效率，并促进农业的长期可持续发展。

（二）农业农村科技支持活动

**1. 农作物病虫害防治**

应当地农户的请求，我们在实践中重点访问了当地的向日葵种植区。农户向我们展示了向日葵目前出现的一些问题，特别是他们对向日葵出现斑点的原因缺乏了解。为了诊断向日葵的病因，我们查阅了大量文献，并向老师及学长学姐寻求帮助，以期找到解决向日葵斑点问题的方法。我们发现，部分向日葵感染了黄萎病，这是一种通过土壤传播的病害。近年来，向日葵黄萎病已成为一种较为严重的病害。据农户反映，一旦向日葵感染此病，开花后不久就会死亡。病状表现为向日葵下部叶片局部萎蔫，叶边卷曲，病部由黄白色逐渐变为黄色，以小叶脉为中心向外围扩散，最终导致整片小叶黄化、褐变，直至枯死。

向日葵作为当地重要的经济作物，黄萎病不仅会导致向日葵盘径缩小，含油量下降，还会影响其产量和品质，进而降低向日葵的经济效益，对向日葵产业的健康发展造成严重影响。目前，当地许多农户的向日葵都遭受了黄萎病的侵害。作为农业资源与环境专业的学生，我们对此深感忧虑。因此，我们有责任推广正确的向日葵黄萎病防治措施。首要的是，在种子选择上，应优先考虑抗病品种。

在农业种植实践中，我们采取了一系列措施来应对向日葵黄萎病。首先，实行合理的轮作制度至关重要，建议至少有三年的轮作周期，以避免连作带来的负面影响。其次，强化栽培管理，包括适时播种、合理控制种植密度，以及适量增加磷钾肥的施用，这些措施有助于提高植株的抗病能力。一旦发现田间有患病植株，应立即清除，减少病原体的传播，对于发病的茎秆也要及时销毁，防止病害的进一步扩散。

目前，为了有效控制病害的蔓延，我们可以选择使用多种化学药剂进行叶面喷施，如50%退菌特可湿性粉剂稀释500倍、50%多菌灵可湿性粉剂稀释500倍、70%甲基硫菌灵可湿性粉剂稀释800～1 000倍、64%杀毒矾可湿性粉剂稀释1 000倍、77%氢氧化铜可湿性粉剂稀释400倍、14%络氨铜可湿性粉剂稀释250倍、75%百菌清可湿性粉剂稀释800倍等。

在向日葵黄萎病的防治中，我们在推广抗病品种的基础上，结合农业防治措施，并适当使用化学药剂，以实现综合防控的最佳效果。作为农业资源与环境专业的学生，我们有责任推广科学的种植技术和病害防治方法，为国家的农业发展贡献自己的力量。通过这些努力，我们希望能够提高农作物的产量和品质，保障农业的可持续发展。

**2.农技宣传推广**

实践队员在内蒙古巴彦淖尔市杭锦后旗蛮会镇向日葵科技小院为当地农民进行基本概况的讲解，同时进行向日葵种植技术的推广工作。

现代农业科技小院是建立在生产一线(农村、企业)的、集农业科技创新、示范推广和人才培养于一体的科技服务平台。它以研究生与科技人员驻地研究为主导，零距离、零门槛、零时差和零费用服务农户及生产组织为特色，以实现作物高产和资源高效(双高)为目标，引导农民进行高产高效生产，促进作物高产、资源高效和农民增收，并逐步推动农村文化建设和农业经营体制变革，探索现代农业可持续发展之路。蛮会镇向日葵科技小院以提升向日葵标准化生产、解决向日葵生产技术瓶颈为目标，并进行向日葵产业链产后调研，建立向日葵小院瓜子电商，也就是科技小院对向日葵生产及销售全过程进行跟踪。习近平总书记给中国农业大学科技小院同学们回信，使科技小院进入大众视野。源浚者流长，根深者叶茂。接足地气，有助于搭好“天线”。我国是农业大国，党的十八大以来，农业科技蓬勃发展，有力支撑了粮食安全、脱贫攻坚和全面小康。但在农业科技领域，我国原始创新能力还不足,一批受制于人的"卡脖子"技术和短板技术还有待突破。科技小院模式,可以帮助农业科技工作者紧密联系实际,尽快验证推广最新科技成果;也可以从农业生产的一线需求出发,抓住更有意义的学术课题。作为农学人,我们要扎根基层一线,按习近平总书记的指示,练就本领,脚踏实地走进农村,倾听农民声音,为农民解忧排难,为建设农业强国贡献自己的力量。

实践最后我们在田间地头进行讨论。为了回顾一周以来的所见所闻,经过小组内部讨论,决定前往农田地里,结合自己的专业知识,通过个人讲解、组内讨论等方式,因地制宜将此次任务进行小结。在总结的过程中,收获颇深,合理有效地将自己的知识用于实践,又在实践过程中进行反思,最后将理论与实践相结合,做到了学以致用。用讨论的方式,将脑海中零散的知识点串在一起,将知识运用于实地,充分考验着我们的综合能力。

## 【悟·院】

### 请党放心,强农有我

在2023年的暑期实践过程中,我们在田间地头重温了专业知识。

我们站在田间地头,农作物好似围着我们在吸取他们最优生长的模式。当下,巴彦淖尔市的节水灌溉模式基本全面普及,但是随之来临的问题是农田环境的污染,较多化学药剂的使用使土壤出现加快板结、养分混乱等现象;另外,当前农村农业技术指导人才仍然缺乏,可谓是当务之急,所以,我们要学好专业知识,将所学知识用于农田,回馈农民,为建设农业现代化而努力奋斗。

田间小会议的开展,明确了我们的奋斗方向,但是奋斗方向能否将当前农村农业面临的问题有效解决还是个问号。所以,我们必须去思考如何面对不同地理环境下的农田实施农业现代化,同时我们也要认真思考农业现代化是什么?农民需要一名什么样的农业技术员?未来的农业生产过程中是否会将土壤滋养作物功能有效保护起来,等等。一系列问题需要我们去做。

田间小课堂,绝不是搞形式主义的,我们所讨论的一定是结合实际的结果,我们将会整理本次实践过程中的问题,通过理论研究、扎根于实验室、试验田栽培、继续走访调研等形式,收集发挥出来的可行办法,同时,我们也将会持续学习现代农业示范区的种植管理模式,让现代化农业技术早日推广普及。要切合国家当前布局,牢记习近平总书记的嘱托,弘扬"撸起袖子加油干"的精神,永立潮头,永当先锋,为建设农业现代化强国注入鲜活动力,为打造美丽宜居的生态环境而不懈奋斗。

(内蒙古农业大学 20级本科生 包学文 文)

### 实践获真知,做一个合格的农学人

我国作为一个发展中国家,不仅地域面积广,人口数量也多。虽然近几年工业的发展颇有成效，但是我国农业的发展却仍然处于一个与国际农业发展不匹配的状态，毫不夸张地说，中国近十几年才彻底解决了温饱问题。我国作为一个农业大国，其农业发展水平相较于其他发达国家是落后的，而且在粮食的储备上也存在有被其他国家限制的问题，所以说我国当今农业存在着很大的问题，农业的改革发展成为新时代中国发展必不可缺少的一项重要工作。

非常荣幸能加入科技小院的实践中，科技小院的建设就是为了让大学生们可以更好地把理论知识运用到农业生产中。在小院里，学生们是农民的老师，农民也是学生们的老师。身为大学生的我们，虽然有较多的理论知识，但缺乏生产经验，所以，在实践方面，我们还是得请求农民的帮助。在小院学长的带领下，我们体验了几天的小院生活，虽然没有到收获的季节，但是所需要忙碌的工作可不少，大家每天早早起来要检查地里的各种作物的生长情况，不仅要测土，也要测植物，需要不定期地把试验样品拿回来烘干处理。此外，如果发生作物受害，还需要查询大量的资料来确诊病因。值得一提的是，我们也真切地体验了一把做老师的感觉。在我们进行田间勘测的时候，有一位农民大爷向我们寻求了帮助。他拿出发生病害的向日葵叶片向我们提问，这一问就把我们几个给问住了，大家激烈讨论起来。有的说是因为病虫害，有的说是因为天气原因，还有的说是土壤环境导致，但这都是大家的猜测，却不能拿出实际的理论知识来向大爷说明。还好，这时候师兄向我们施以援手，通过仔细检查后确定这就是向日葵的黄萎病，于是向大爷说明了这个病的缘由，并给大爷提出了一个改善措施。这说明，小院的建设真的很有意义，师兄正是通过几年的小院实践以及平常的文献查找，在实践中解决问题，获得了真知。这着实让人佩服。也是从这一刻起，我真真切切感受到了科技小院的魅力。

虽然只进行了短短几天的科技小院实践，但是我收获到了大学课堂上所难以获取的知识财富。这种实践与理论相结合的体验，让我着实感受到了科技小院的建设是多么的有意义；也正是此次实践，让我真真切切地意识到我该如何成为一名合格的农学人！

（内蒙古农业大学 20 级本科生　苏国庆　文）

## 强国必先强农，强农必定有我

作为一名农学生，我深知自己的不足：实践少。中国农业大学与多所农业大学合作，开展这次走进科技小院社会实践活动，希望学生积极报名参加。“科技小院”这个词，在我 18 年的学习及生活生涯里从来未听到过，毫不夸张地说，大一的时候，我都不知道。

大二开学，听到一个学长说，他要进村读书了。我当时很纳闷，打听后才知道，原来是去实验基地学习。这是我第一次听闻科技小院。

作为结课“礼物”，老师给我们放映了纪录片《田野上的大学》。纪录片主要讲述 40 多年前，中国农业大学 7 位老师来到河北省曲周县张庄，历时 7 年，把一片盐碱地改造成丰产田。他们的科研成果被授予国家科学进步特等奖，被推广到覆盖 5 亿人口的黄淮海地区，7 人中走出两位院士。40 多年过去了，农大师生依然坚持在那里，建立了一批科技小院,年轻的科学家继续探索中国农业的未来。原来,科技小院是建立在生产一线(农村、企业)的,集农业科技创新、示范推广和人才培养于一体的科技服务平台。它以研究生与科技人员驻地研究,零距离、零门槛、零时差和零费用服务农户及生产组织为特色,以实现作物高产和资源高效(双高)为目标,引导农民进行高产高效生产,促进作物高产、资源高效和农民增收,并逐步推动农村文化建设和农业经营体制变革,探索现代农业可持续发展之路。这是我与科技小院的相识。

2023 年 7 月 19 日,我们社会实践小队前往巴彦淖尔杭锦后旗蛮会镇向日葵科技小院进行为期 10 天的社会实践。这是我与科技小院的相遇。

蛮会镇向日葵科技小院以提升向日葵标准化生产为目标,对向日葵生长及生产全过程进行跟踪,使学生将所学知识运用到社会实践中。这是我和科技小院的相知。

社会实践小队的社会实践结束了,我不得不与科技小院分别。但作为农学人,我已深深爱上农业,爱上这种教学模式。科技小院模式不单单是农业的创新与进步,也是未来以后农业强国的一个重要推动力。

(内蒙古农业大学 20 级本科生 马洪伟 文)

## 请党放心,强农有我

厚植爱农情怀。爱农情感源于朴素的平民情怀。在古代,这种平民情怀往往表现为“悯农”。在人民当家作主的今天,人民群众成为国家的主人,在政治上享有平等的民主权利。在实施乡村振兴战略的今天,培育爱农情怀尤为重要。在暑期社会实践中,我们为当地农民解决了向日葵等农作物病虫害问题。我们去了当地的向日葵种植地,农户向我们展示了部分向日葵出现的症状,我们根据向日葵出现的症状查找相关文献、咨询老师以及师哥师姐,弄清楚向日葵病因,并提出了解决方案,着实为提高向日葵产量贡献了自己的一份力量。只有一心一意为农民服务,才能取得农民群众信任,打开工作局面。

练就兴农本领。习近平总书记在给中国农业大学科技小院同学们的回信中,充满了对我们学农大学生的鼓励和期望,更加坚定了我们为农业强国建设作贡献的决心。作为新时代中国青年,我们一定要扎根基层,用知识和技术服务农民。在暑期社会实践中我们为当地农户宣传向日葵的农技相关知识,实践队员在内蒙古巴彦淖尔市杭锦后旗蛮会镇向日葵科技小院为当地农民进行基本概况的讲解和向日葵种植技术的推广工作。蛮会镇向日葵科技小院对向日葵生育及生产全过程进行跟踪,同时科技小院的学生将所学知识运用到向日葵的生产中。青年是常为新的,最具创新热情,最具创新动力。党和人民事业发展离不开一代又一代有志青年的拼搏奉献。我们青年只有扎根农村、扎根农民才能练就兴农本领。

常怀感恩之心。我们要不忘根本,充分认识中国农业,大力继承并弘扬中华优秀农耕文明,彰显传统农耕文化的优良特质。在人类文明进程中,中国农业独立起源、自成体系、特色鲜明。农业养育了中华民族,农业文明孕育了中华文明,推进了历史发展,也不断完成着自身的更新换代。从原始农业到沟洫农业,再到精耕细作时代,在长期的历史发展中，中国农业形成了自己的特点，具有强大的生命力和自我革新能力，孕育了光辉灿烂的中华文化。只有不断筑牢爱农情怀，才会有更多的人才在农村用得上、留得住，实施乡村振兴战略才会更扎实、更有效。“士不可以不弘毅，任重而道远。”我们广大青年必须坚定“请党放心、强农有我”的信念和决心，苦干实干加油干，为加快推进农业农村现代化、全面建设社会主义现代化国家贡献青春力量！

（内蒙古农业大学 20级本科生 王艳艳 文）

知院
识院
悟院

# 沈阳农业大学 辽宁鲅鱼圈葡萄科技小院

实践学校：沈阳农业大学

实践小队名称：沈阳农业大学社会实践团队

小队成员：马艺柠、杨静、林熙尧、赵梓涵、王懋偲、盖如涛、鲁卓然、龚新浩、金禹池

中国农村专业技术协会
辽宁鲅鱼圈葡萄
科技小院
共建单位：辽宁省科学技术协会、沈阳农业大学
中国农业大学国家农业绿色发展研究院

## 【知·院】 小院简介

辽宁省营口市鲅鱼圈区是全国葡萄重要产区，其中鲅鱼圈区红旗镇为全区万亩绿色葡萄生产基地，露地葡萄面积 10 000 亩，设施葡萄 8 000 亩，年产葡萄 7 500 万斤，产值约 4 亿元，可实现全年红旗镇都可以买到鲜果葡萄。该镇葡萄产业占全镇农业总产值的 90%，从事葡萄产业生产的农户占全镇农户的 85%。红旗镇一直以来十分注重葡萄的品质，早在 2004 年就通过了国家绿色食品 A 级认证，在市场中得到承认。但是，近年来该镇葡萄生产过程中遇到氮、磷、钾肥施用量过大，葡萄着色不好，口感变差，不耐贮藏等问题，对葡萄销售、农户收入、品牌建设产生巨大影响，是当地葡萄生产急需解决的重大问题。

2021 年 7 月 6 日，辽宁鲅鱼圈葡萄科技小院暨中国农村专业技术协会学会服务站成立。辽宁鲅鱼圈葡萄科技小院由中国农业大学、沈阳农业大学、营口菱镁化工集团有限公司、辽宁农业职业技术学院、辽宁省果树科学研究所、营口市鲅鱼圈区红旗镇人民政府、营口市农业农村综合发展服务中心、营口市气象局 8 家合作单位共同建设。

## 【识·院】 辽宁鲅鱼圈葡萄科技小院“红旗葡萄”产业调研报告

为深入学习贯彻习近平总书记给中国农业大学科技小院同学们的回信精神，根据《关于开展 2023 年全国大中专学生志愿者暑期文化科技卫生“三下乡”社会实践活动的通知》有关要求，沈阳农业大学土地与环境学院先遣队进行现代乡村治理方面的实践活动。他们在 7 月中旬出发前往鲅鱼圈，助力“五大振兴”（产业振兴、人才振兴、文化振兴、生态振兴、组织振兴），推广乡村产业，鼓励大学生返家乡，治理乡村环境，呼吁村镇开展乡村治理活动，抵制陈规陋习，开展法制宣传活动。

## 一、调研背景

红旗葡萄产于辽宁省营口市鲅鱼圈区红旗镇,有40多年的种植历史,种植面积2万亩,年产葡萄8 000万斤。胜台村种植面积达4 300亩,其中设施农业大棚4 000亩。'红地球''巨峰''阳光玫瑰''沙尔''美人指''郁金香'等多个品种的葡萄自然生长,鲜嫩多汁,口感纯正,打造的"望儿山"牌葡萄特别有名,并通过了国家绿色食品认证。红旗镇被评为辽宁省"设施农业示范基地""辽宁省葡萄特产之乡",在2020年被农业农村部认定为全国"一村一品"示范镇,是营口地区唯一获此殊荣的村镇。

红旗葡萄具有5大生产优势:①位于葡萄生长的黄金纬度。红旗镇位于北纬40.23°,是葡萄生产的优势产区。②得天独厚的气候条件。红旗镇属于暖温带半湿润气候区,拥有适合葡萄生长的气候条件。③酸碱平衡的土壤条件。土壤类型为壤土,pH为6.78,呈微酸性,非常适于葡萄生长。④权威科研力量的技术支持。辽宁营口葡萄科技小院直接为葡萄种植生产提供最直接的技术保障。⑤严格规范的技术流程。红旗葡萄拥有40多年的种植历史,经两代人的精心培育和不断摸索,独创出优良种植经验。

目前,红旗镇正在打造"绿色生态葡萄产业融合发展示范"项目。该项目秉承"绿色、有机、生态、创新"发展理念,以乡村振兴为目标,以集体经济为保障,以发展绿色葡萄产业为己任,引导农户标准化种植,发展体验采摘,用爱心培育,用品质说话,通过直播、电商等新业态、新模式,将本土品牌和形象进行对外包装和推广销售,打造精品农产品,增加农民的收入,带领红旗镇百姓大步迈向幸福生活。

## 二、调研内容

### (一)产业振兴

#### 1.产品介绍

红旗葡萄产于辽宁省营口市鲅鱼圈区红旗镇,由红旗镇胜台村经济联合社独资成立的乐淘葡萄有限公司经营管理。合作社整合全镇葡萄种植资源,打造绿色健康葡萄。近年来,在辽宁省各级党委政府的领导和帮助下,葡萄产业发展迅速,2020年红旗镇荣获全国"一镇一品"示范镇称号。

#### 2.品牌介绍

乐淘葡萄有限公司成立于2021年6月18日,注册资本为人民币30万元(由红旗镇胜台村经济联合社独资),坐落于辽宁省营口市鲅鱼圈区红旗镇胜台村。公司实体展示中心建筑面积(包括葡萄展示体验中心、直播间、包装间、贮存冷库、检测中心)400 $m^2$,设施农业示范棚600 $m^2$。乐淘葡萄有限公司作为红旗镇绿色生态葡萄产业融合发展示范基地,依托独特的地理优势,主要从事葡萄的种植和销售。公司以与农户合作标准化种植为基础,建立溯源系统,与种植大户签订合同,同时聘请由中国农业大学、沈阳农业大学、辽宁农业职业技术学院、辽宁省果树研究所等7家单位合作组建的葡萄科技小院专家团队,对果品的种植进行全程技术指导和管理。目前,已建立了一支独立的商品采购、加工、配送、促销等专业的队伍，对商品质量严格把控，利用新引进的原装进口检测仪，对每一批次的商品进行糖分等检测，商品达到最佳口味后再进行采摘、包装(图 1)并上架销售，以实现公司郑重承诺的“绿色种植、自然成熟、新鲜采摘”。

**图 1　产品包装**

**3.品种介绍**

公司基地现有近 20 个品种，主要有‘晚红’(‘红提’)‘阳光玫瑰’‘巨峰’‘沙尔’‘美人指’等，多数品种口感丰富，新鲜多汁。其中产量最高的是‘阳光玫瑰’和‘晚红’。这里简单介绍一下这两个品种。

(1)‘阳光玫瑰’

‘阳光玫瑰’葡萄具有丰产、稳产、大粒、抗病、耐贮藏的特点。果穗圆锥形，穗重 600 g 左右，果粒重 8～12 g；果粒着生紧密，椭圆形、黄绿色，果面有光泽，果粉少；果肉鲜脆多汁，有玫瑰香味，可溶性固形物含量 20%左右，最高可达 26%。鲜食品质极优(图 2)。

**图 2　‘阳光玫瑰’葡萄**

(2)‘晚红’葡萄

‘晚红’葡萄(‘红地球’)果穗大，长圆锥形，平均穗重 650 g，最大穗重可达 2 500 g；果粒圆形或卵圆形，平均粒重 11～14 g，最大可达 23 g，果粒着生松紧适度，整齐均匀；果皮中厚，果实呈深红色；果肉硬脆，肉色为微透明的白色，味甜可口，风味纯正，刀切无汁，品质极佳。

**4.产品优势**

(1)葡萄生长的黄金纬度　红旗镇位于辽东半岛南部北纬 40.23°,为葡萄生长黄金地带。北纬 40°是生产全球顶级葡萄酒最理想的纬度,集中了法国的波尔多、卢瓦尔河谷、阿尔萨斯以及德国、西班牙、意大利、美国加州等世界瞩目的葡萄产区。

(2)得天独厚的气候条件　红旗镇属于暖温带半湿润气候区,年平均气温为 9.6℃,年降水量为 580 mm,年日照时数达 3 000 h,无霜期为 172～188 d。四季分明,雨热同季,气候温和,降水适中,光照充足,气候条件特别适合葡萄的生长。

(3)酸碱平衡的土壤条件　红旗镇土壤类型为壤土,土质疏松,土壤 pH 为 6.28,呈微酸性,耕作层土壤墒情为 65%～80%,全氮含量 0.059%,磷含量 0.049%,钾含量 1.817%,土壤有机质含量0.535%,非常适于葡萄生长。

(4)权威科研力量的技术支持　辽宁省农业科学院果树研究所和辽宁省农业技术职业学院坐落在鲅鱼圈区,同时依托于中国农业大学、沈阳农业大学、辽宁省农业职业技术学院、营口市农业科学研究所等单位成立的“辽宁营口葡萄科技小院”,为葡萄种植生产提供最直接的技术保障。

(5)严格规范的技术规程　红旗葡萄严格按照绿色食品的标准(NY/T 844—2017《绿色食品 温带水果》)进行种植。不论是农药的使用(按照 NY/T 393—2020《绿色食品 农药使用准则》),还是施肥(按照 NY/T 394—2013《绿色食品 肥料使用准则》),都符合国家标准,并且都通过了绿色食品认证。

**5.产品荣获奖项**

红旗葡萄因其安全优质、口感纯正,得到全国各地消费者的认可以及权威部门和机构的肯定。

1998 年,红旗葡萄被辽宁省农业农村厅检测评定为葡萄果品类无公害产品;

2001 年在国家市场监督管理总局注册“望儿山”葡萄绿色食品商标;

2004 年通过了国家绿色食品认证;

红旗葡萄荣获中国海蜇节优质农副产品“金奖”及第十八届中国国际农产品交易会“最受欢迎农产品”;

在 2021 年第十八届中国国际农产品交易会上,“望儿山”红旗葡萄荣获最受欢迎农产品奖项,2021 年农产品气候品质评价等级为“特优”。红旗葡萄荣获了 2021 第十二届辽宁国际农业博览会“最受欢迎农产品”、2021 第十四届 iFresh 亚洲果蔬产业博览会(简称“亚果会”)“中国葡萄年度优秀品牌”。

**6.未来展望**

始终以打造红旗葡萄品牌为出发点,无论是商品的质量,还是商品的包装,都严格把关,坚持把绿色无公害放在第一位,聚集配送系统、完善订单体系和精良的贮藏设备,让消费者放心消费;为客户提供最好的产品和技术支持以及健全的售后服务。未来将大力发展设施农业,深化推进品牌战略发展,坚持绿色生态发展理念,加大绿色食品规范种植标准和技术推广,实现地理标志认证,提升红旗葡萄品牌在国内外的认可度,深度实施乡村振兴战略；实现产业融合发展，助推乡村振兴，实现农民增收，农业繁荣。

（二）人才振兴

**1.乡村振兴，关键在人**

如何团结好群众、落实好政策、发展好产业，是农村党员干部的一道关键考题。本土人才是乡村发展的内生力量。引回和培养本土人才是基础和根本。沈阳农业大学副校长王铁良在调研辽宁鲅鱼圈葡萄科技小院时也提到，要“在小院引进多学科、多专业的人才，来更好地为红旗葡萄品牌服务。”在人才的引进方面要勤递“橄榄枝”，培育本土人才，实现“人才回流”。“引”回来，还要“用”起来。农业职业经理人、新型职业农民和优秀村干部是乡村振兴的关键人才，也是乡村发展的紧缺人才，应对返乡的在外经商务工人员、高校毕业生、退伍军人进行系统性培训，出台扶持政策，让他们成为乡村振兴的“先头部队”，引领和带动现代农业、乡村旅游、电子商务等特色产业发展。只有补上乡村振兴的本土人才短板，打造一支“留得住、能管用”的本土人才队伍，才能为乡村振兴提供强大的智力和人才支撑。

**2.学会引才**

打造强大的人才队伍，让人才回乡更安心、更有信心。既要健全机制，营造关爱人才的氛围，也要深化农业改革，让人才能够大展拳脚。事在人为，业由人兴。完善人才制度和组织机制，释放人才政策红利，是兴业干事之根本。回望过去，中央高度重视农村人才队伍建设，对强化乡村支撑作出了许多明文规定；环顾当下，全社会关心关爱农业农村人才的氛围日益浓厚，人才发展迎来了前所未有的良好环境；展望未来，还需要全面深化农业改革，发展现代化农业，形成一批成熟定型、管根本利长远的制度成果，让愿意留在乡村建设家乡的人留得安心，让回报乡村的人更有信心。

**3.人才贡献**

辽宁鲅鱼圈葡萄科技小院是辽宁省首个科技小院，以胜台村为典型示范，建设“绿色生态葡萄产业基地”，集葡萄种植－科研－技术推广－销售等于一体，“政产学研用”相结合，制定创新长效机制。在本次调研中，我们也走进农户，了解当地种植的葡萄主要品种，研究生学长学姐也为我们进行了介绍。在走访中，我们也从农户的口中得知科技小院为他们所带来的益处，有了科技小院人才的帮助，农户们完善了葡萄的种植规模，种植技术，并在小院进行了有关葡萄种植及防病虫害的学习，农户们也从科技小院中收获许多。

（三）文化振兴

**1.调查问卷**

在开展此次活动之前，我们小组在网络上投放了一个调查问卷，五大振兴投票结果显示，文化振兴投票率高居第二位，为23％（图3）；在“村民认为农村地区的经济发展是否和当地传统文化有关”问题中，“有关”的比重达到了93.2％（图4）。由此可见，在大家的心目中，文化振兴是乡村振兴中必不可少的一部分。通过几天的调研，我们小组领悟到乡村文化振兴目的是激发农民的信心和力量。只有加强乡村文化的振兴，才能帮助农民树立发展信心、振奋精神、生发激情，为乡村振兴注入强大的精神动力。

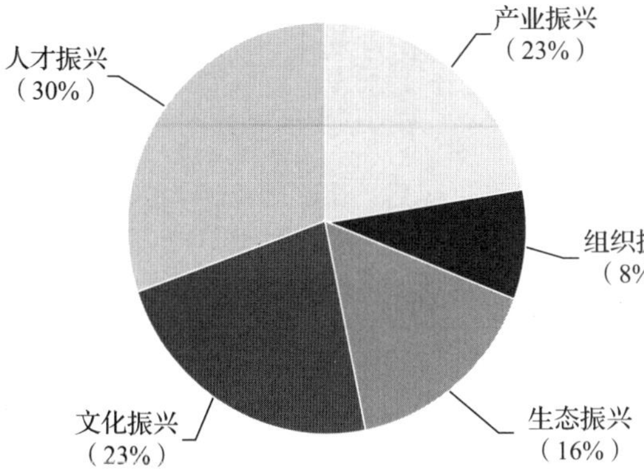


图 3　五大振兴投票结果

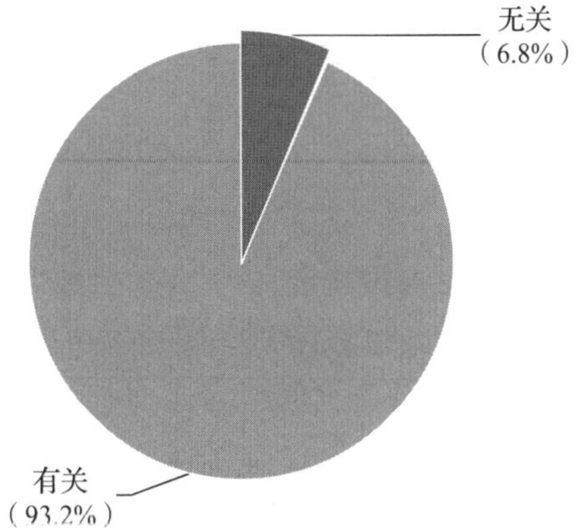


图 4　村民认为农村地区的经济发展是否和当地传统文化有关的统计结果

**2.胜台村为文化振兴开展的具体工作**

（1）制定胜台村红白理事会倡议书　明确指出，随着经济社会的快速发展和物质生活水平的不断提高，出现了个别婚丧嫁娶大操大办、讲排场、慕虚荣、比阔气的现象，这与中华民族传统美德的传承，与社会主义核心价值观的践行，与新时代文明实践的要求格格不入。为了在全社会大力弘扬新风正气，推进移风易俗，培育文明乡风、良好家风、淳朴民风，焕发乡村文明新气象，胜台村红白理事会提出了五项倡议，并就此五项倡议作出了具体说明：一要破旧立新，提倡婚事新办；二要崇尚节俭，提倡小事不办；三要厚养薄葬，提倡丧事简办；四要保护环境，提倡文明祭祀；五要党员带头，做好示范表率。

（2）胜台村红白理事会工作记录　胜台村红白理事会按上级指示精神，主要对“白事”“红事”简办，“其他事”不办开展了相关工作，对相应家庭进行宣传教育以及劝说，工作取得了很大的成果。下面摘录了其中一则工作记录，足以看出胜台村红白理事会工作的仔细认真：2020 年 2 月 7 日，该村孙家老人晚 8 点突然去世，其子女想大办葬礼。胜台村红白理事会得到消息后，按上级指示精神，根据“白事”简办的要求，第一时间到去世老人家吊唁，村主任做老人子女的工作，耐心劝解、说服其子女，禁止其亲朋好友大操大办。经过 3 个多小时劝解，其子女终于同意将葬礼一切从简，上报上级机关协调卫生局，连夜办理死亡证明，送去殡仪馆。第二日早上火化下葬，未聚餐，各自返回家中。

（3）“理”出文明新乡风　为进一步深化移风易俗工作，凝聚向上向善的文明乡风，鲅鱼圈区红旗镇胜台村坚持宣教并重、堵疏结合、标本兼治、全党动员、全民参与，开展以培育和践行社会主义核心价值观为根本，以整治婚丧嫁娶陈规陋习为切入点，声势浩大的移风易俗大行动，使婚事新办风尚渐显、丧事简办蔚然成风。

**3.以文铸魂，以文化人，以文兴业**

实施乡村振兴战略，要发挥文化凝聚人心、坚定信心、引导村民的作用，提振精气神，激发广大农民投身乡村振兴的积极性和主动性。充分发掘乡村传统文化的底蕴、精神和价值，赋予新的时代内涵，使其成为乡村振兴的强有力支撑。培育文明乡风、良好家风、淳朴民风，既要靠宣传倡导，又要靠实践养成。要加大文艺创作力度，培养乡土文化人才，提炼本土文化特色，着重加大村落的传统格局和历史风貌的保护性利用，并依托乡村文化禀赋，整合乡村文化资源，打造乡村特色文化产业。

（四）生态振兴

**1.生态振兴定义**

生态振兴是指在经济发展过程中，重视生态环境保护，对受污染生态环境加以恢复和修复，实现生态、经济和社会的可持续发展。生态振兴包括森林、湿地、草原、海洋等生态系统的保护和恢复，生态旅游的推广和发展，绿色经济的建立和推广等许多方面的内容。生态振兴的核心是建立生态文明，促进人与自然的和谐共生，实现经济、社会和生态协同发展。

**2.生态振兴要求**

强化党建引领力，全面开展生态文明建设。以党的政治建设为统领，持续巩固深化"不忘初心、牢记使命"主题教育成果，践行初心使命，创新工作思路，通过开展"青春心向党、生态正能量"等主题活动，大力向基层宣传生态文明建设的方针政策。围绕制度建设、文化建设、队伍建设、廉政建设，补短板、强弱项，全面推动生态文明乡村创建。强化党建凝聚力，积极推进绿色乡村建设。生态振兴是一个全面的系统工程，需要政府、企业和社会各方的共同努力。只有保护生态环境、推广绿色经济和发展生态旅游，才能实现经济、社会和生态的可持续发展，促进人与自然的和谐共生。

**3.国家政策**

本着"村风文明、村庄整洁、百姓满意"的宗旨，加大环境卫生整治力度，达到"一树一改两加大三提升"的目标。"一树"，即引导广大群众树立讲卫生、勤清洁、重环保的理念；"一改"，即彻底改善街巷环境脏、乱、差的面貌；"两加强"，即加强农村环境卫生整治队伍建设和制度建设；"三提升"，即农村环境卫生管理水平显著提升、村民环保意识显著提升、村庄面貌整体形象显著提升。要实现这些振兴目标，除了要相关领导人员起到好的带头作用，制定好方针外，也需要全民参与、全民行动，只有每个人都积极参与，才能产生好的效果。

**4.具体行动**

"环境就是民生，青山就是美丽，蓝天也是幸福。"辽宁省营口市鲅鱼圈区红旗镇胜台村把生态文明和产业发展强有力地结合起来，通过增加生态产品和服务供给，推进农业与旅游、文化等产业融合发展，形成一条具有当地特色的葡萄产业链，农户与由中国农业大学、沈阳农业大学、辽宁农业职业技术学院、辽宁省果树研究所等7家单位合作组建的葡萄科技小院专家团队交流经验、合作，致力于将当地特色葡萄品牌——红旗葡萄打出名声。在满足群众对良好生态环境需要的基础上，更深层次解决好人民日益增长的美好生活需要和不平衡不充分的发展之间的矛盾。这样，在推动生态振兴的同时，才能用绿水青山培育金山银山，才能真正用“生态美”换来“百姓富”，真正实现乡村的全面振兴。

**5.实现生态振兴的意义**

生态振兴战略对建设美丽乡村中国具有重要的指导意义。绿水青山基本分布在广大乡村，保护好绿水青山，是乡村生态振兴的基本任务，是新时代中国特色社会主义生态文明建设的重要内容。绿水青山就是金山银山的理念，揭示了保护生态环境就是保护生产力，改善生态环境就是发展生产力的道理。发展和保护密不可分，协同共生。坚持绿色发展，加强农村突出环境问题综合治理，生态宜居是关键。良好生态环境是农村最大优势和宝贵财富，要坚持人与自然和谐共生，走乡村绿色发展之路，让良好生态成为乡村振兴支撑点，坚持农业绿色发展理念。

（五）组织振兴

农业强不强，农村美不美，农民富不富，决定着全面小康社会的成色和社会主义现代化的质量。实施乡村振兴战略，要推进乡村产业振兴，推动乡村人才振兴，推动乡村文化振兴，推动乡村生态振兴，推动乡村组织振兴。

**1.组织振兴的概念**

组织振兴是指通过一系列的措施和手段，使得一个组织在经历了一段时间的低迷期之后，重新焕发出生机和活力，实现组织的可持续发展。组织振兴是一项复杂的过程，需要全面考察组织内部和外部的各种因素，采取一系列措施来推动组织的发展。

群雁要靠头雁领。建立健全党委领导、政府负责、社会协同、公共参与、法治保障的现代乡村社会治理体制，确保乡村社会充满活力、安定有序，乡村党组织就是主心骨。基层党组织是引领乡村振兴的关键。习近平总书记强调，推动乡村组织振兴，要“打造千千万万个坚强的基层党组织，提供源源不断的动力”。鲅鱼圈区红旗镇胜台村以基层党组织建设为引领，充分调动当地农民参与乡村振兴建设的积极性，走出了一条从“保姆式管理”到“全面发展”的乡村振兴之路，成为乡村振兴的成功典范，为新时代基层党组织引领乡村振兴发展提供了借鉴。

**2.组织振兴的具体实践**

乡村组织振兴，深入开展村民自治，必须健全以党组织为核心的基层组织体系，更好地按照党的意志和精神领导基层治理，动员组织广大农民，推动乡村振兴。

乡村组织振兴，必须强化乡村基层党组织和党员队伍建设。为此，要加大从本村致富能手、外出务工经商人员、本乡本土大学毕业生、复员退伍军人中培养选拔乡村党组织带头人力度；加大在青年农民、外出务工人员和妇女中发展党员力度，强化乡村党员队伍建设。

推动乡村组织振兴，还必须进一步完善村民自治制度，规范民主选举程序，健全村民议事、办事和监事等体系，推动乡村法治建设，提升乡村德治水平，促进自治法治德治的有机结合。

**3.组织振兴的意义**

组织振兴能够为乡村振兴提供坚实的组织保障。乡村振兴是一项复杂的系统工程，需要各方面力量的共同参与;而组织振兴可以激发和组织各方面的力量,形成合力。建立健全组织体系,可以统筹规划、协调推进各项工作,确保乡村振兴战略的顺利实施。同时,乡村振兴还可以提供专业的管理和运营支持,为乡村振兴提供可持续发展的动力。乡村组织振兴,决定着乡村治理能力和内生发展能力,与乡村人才振兴高度相关,对乡村产业、文化和生态振兴具有直接影响。要强化乡村基层党组织对乡村振兴的全面领导,推动乡村振兴。

总之,组织振兴在乡村振兴中具有重要的作用和意义。它可以协调各方力量、整合资源,推动乡村振兴的规划与管理,提供资金支持和技术指导,促进社会组织的建设,为乡村经济的发展和社会进步提供有力支持。通过组织振兴,可以实现乡村的可持续发展和全面振兴。

## 【悟·院】

### 以强农为己任,助力乡村振兴

2023 年 5 月,习近平总书记给中国农业大学科技小院的同学们回信,并在五四青年节到来之际,向全国广大青年致以节日的祝贺。习近平总书记寄语新时代中国青年,要志存高远、脚踏实地,把课堂学习和乡村实践紧密结合起来,厚植爱农情怀,练就兴农本领,在乡村振兴的大舞台上建功立业,为加快推进农业农村现代化、全面建设社会主义现代化国家贡献青春力量。习近平总书记的谆谆教诲和殷切希望滋润广大青年学子的心田,激励同学们在正确道路上健康成长,激发同学们与党同心、跟党奋斗的炽热情感和坚毅行动。

作为一名农业专业的学生,我顿时感受到强烈的使命感与责任感,因而当学校发布举行关于农业科技小院的社会实践任务时,我便加入鲅鱼圈葡萄科技小院的团队当中,并于 2023 年 7 月 19 日提前到达营口市的鲅鱼圈红旗镇,为社会实践的顺利进行做好准备。7 月 20 日上午,调研小组正式进入科技小院。我们首先了解到辽宁鲅鱼圈葡萄科技小院是在村集体经济体系下,依托胜台村党支部和胜台村经济联合社与乐陶葡萄有限公司的合作,对红旗葡萄进行葡萄品种的研究和利用电商平台对红旗葡萄进行大范围的宣传推广,而红旗葡萄是胜台村经济联合社整合全镇葡萄种植资源打造的绿色健康葡萄,种植面积达到两万亩,年产量达到 8 000 万斤。

了解到红旗葡萄获得的荣誉之后,我们便在小院研究生学长学姐的带领下进入到大棚中去亲身观察红旗葡萄的生长环境。小院目前研究的主要是阳光玫瑰和妮娜皇后。时值 7 月,葡萄的生长已经到达套袋的阶段,葡萄套袋可以有效防止果实被食蚧蚜小蜂、蜈蚣等害虫的为害,避免果实受到损害,让葡萄在出售时能够有更好的品相。除此之外,我们还了解到种植葡萄是一个循序渐进的过程,容不得一点的心急。在现代化农业的体系下,小院利用水肥一体化设备对大棚内种植的葡萄进行喷灌处理,同时也配备了通风扇和气体(二氧化碳)检测、温度检测等设备,对葡萄种植进行实时观测和对葡萄的种植适时作

知院
识院
悟院

# 沈阳农业大学　河北王庄科技小院

**实 践 学 校**：沈阳农业大学
**实践小队名称**：练就兴农本领社会实践小队
**小 队 成 员**：刘志权、卢晓萌、高云晴、杜欣悦出调整。

在之后的几天我们到农户的家中去采访了解最真实的葡萄种植情况，了解到目前葡萄的种植与出售更多的还是依靠本地厂商的收购，而本地的农户对于电商助农这一全新的电商趋势呈现出更多的利益趋向性。对电商助农的调研同时也是我们调研小组本次不远千里来到鲅鱼圈科技小院的目的，7 月 24 日我们在科技小院的账号上对红旗葡萄进行了宣传推广的直播，整个过程不仅让我们对红旗葡萄有了更加深刻的了解，电商助农直播这个全新的经营模式也大大地震撼了我，让我认识到我国是一个农业大国，农业、农村是全国的命脉所在，如果没有农业、农村、农民，城镇必将失去赖以生存和持续发展的基础。“小康不小康，关键看老乡。”建设美丽乡村，长期以来一直都是人民群众的期盼。

民之所呼，政之所向。千百年后，人们所向往的村美、水清、树绿的美丽乡村正在成为现实。“三农”作为国之根本的地位持续在加强，实施乡村振兴战略是促进农业发展、农村繁荣、农民增收的治本之策，必将进一步推动城乡融合发展。

新时代的乡村振兴是“五位一体”的全面振兴，要按照产业兴旺、生态宜居、乡风文明、治理有效、生活富裕的总要求，统筹协调，推动农业全面升级，农村全面进步，农民全面发展。

新时代，农村是充满希望的田野，是干事创业的广阔舞台，我们作为高等农林院校的学子，要练就强农兴农的过硬本领，在服务“三农”的生动实践中施展才华，以强农兴农为己任，拿出更多科技成果，为推进乡村全面振兴作出更多贡献！

（沈阳农业大学 22 级本科生 鲁卓然　文）

王庄科技小院
练就兴农本领
厚植爱农情怀

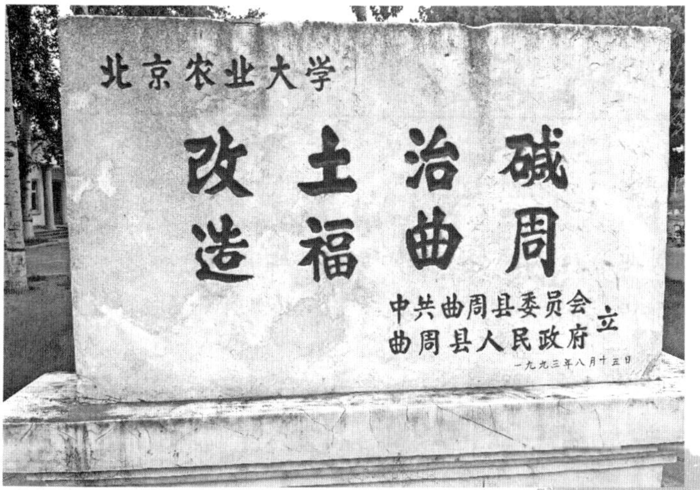
北京农业大学
改土治碱
造福曲周
中共曲周县委员会
曲周县人民政府
立
一九九三年八月十五日

联合国粮农组织
中国农业大学
科技小院创新创业国际培训班

## 【知·院】 小院简介

河北王庄科技小院于 2011 年 3 月在曲周县第四疃镇王庄村揭牌成立，以“大学＋地方政府＋合作社组织”的模式建设，以研究集成小麦、玉米高产高效高质栽培，开辟现代化农业生产道路为建设目标。小院由宁鹏担任负责人，3～5 名中国农业大学资源与环境学院的研究生常驻，3 名负责农业生产和科研的教师定期前来指导。

王庄村是黄淮海平原上典型的小麦玉米种植村落。小院建立后，把服务特色定位为小麦玉米绿色高产高效技术创新与应用，重点是将绿色高产高效技术向小农户田块转移转化。小院以冬小麦-夏玉米轮作体系高产高效技术创新、集成、示范与应用为特色。王庄科技小院成立以来，联合村民创办曲周县助农配肥中心，实现了技术物化；形成了不同播种模式的高产高效高质技术规程；共计创新集成技术 16 项，引进农业机械 13 台，基本实现粮食生产的全程机械化。

## 【识·院】 乡村振兴大背景下曲周精神的传承和土地托管的调查
### ——以曲周县第四疃镇王庄村为例

曲周县属海河流域，是典型的浅层咸水型盐渍化低产地区。历史上的曲周土地被旱涝盐碱所侵占，土地表面常是白茫茫一片。1970 年以来，针对黄淮海平原旱涝盐碱的综合治理和农业发展，国家组织过一场长达 28 年的农业科技大会战。以中国农业大学石元春院士、辛德惠院士为首的老一辈“治碱人”在曲周张庄大力协作、攻坚克难，在“改土治碱”的同时，留下的“责任、奉献、科学、为民”的曲周精神至今仍鼓舞着广大科技工作者。

2009 年，在中国工程院院士张福锁的带领下，全国第一个科技小院在曲周县白寨乡建立。在农村生产一线的，集科技创新、社会服务、人才培养于一体的创新平台——科技小院在曲周落地生根，实现了教书与育人、田间与课堂、理论与实践、科研与推广、创新与服务的紧密结合，并逐渐辐射带动全国涉农高校深化研究生培养模式改革。从此，发端于曲周的科技小院开始走向全国。2023 年五四青年节前夕，习近平总书记给中国农业大学科技小院的学生回信中，对学生来信说的“走进乡土中国深处，才深刻理解什么是实事求是、怎么去联系群众，青年人就要‘自找苦吃’”表示特别赞赏。

本文立足对曲周县王庄科技小院、中国农业大学曲周实验站的实地调查结果，阐释了在乡村振兴大背景下科技小院进一步发展的必要性以及随着乡村进一步发展出现的相关问题。针对这些问题，我们提出了相关建议，并以科技小院为中心，简要论述了将学习和科研与乡村振兴结合起来的必要性和重要性。

## 一、调研背景

党的十九大报告中首次明确提出了以“产业兴旺、生态宜居、乡风文明、治理有效、生活富裕”为目标导向的乡村振兴战略。党的十九届五中全会提出，要坚持把“三农”问题作为全党工作重中之重，走中国特色社会主义乡村振兴道路，全面实施乡村振兴战略。农民作为乡村振兴的主体，迫切需要增强其在乡村发展中对自身主体地位、主体能力和主体价值的认识，将农民主体意识嵌入乡村振兴的各项实践中来，有效激发农民群众的自主性、能动性和创造性。

强国先强农，农大作先锋。中国农业大学在乡村振兴的事业上有着一往无前、冲锋陷阵的使命担当。作为一名农业院校的学生，应当常常下基层、下乡村，在支农支教的社会实践中，体悟国家农业农村的发展，了解农民生活的难点、痛点，并运用所学为农业农村的发展、乡村振兴事业贡献自己的一份力量。

第四疃镇位于曲周县城北 10 km。镇域面积 73 $km^2$，耕地面积 77 130 亩，总人口 40 295 人，辖 40 个行政村。地势自西向东呈阶梯状下降，落差悬殊，地貌类型复杂多样。境内地势平坦，平均海拔 39.6 m，自西向东大致可分为五级阶梯：西北部中山区、西部低山区、中部低山丘陵区、中部盆地区、东部冲积平原。属温带半湿润大陆性季风气候，四季分明。

历史上的曲周县第四疃镇地处海河流域，由于受季风多变气候影响，曾长期遭受盐、碱、旱、涝危害，粮食不能自给，严重依赖“南粮北调”。自 1973 年开始，由农业部主持，组织 204 个科研单位和大专院校开展了跨部门、跨行业、多专业、多学科的大型协同科技攻关，成功实现黄淮海平原旱涝盐碱综合治理。从昔日“盐碱滩”到今日“米粮川”，中国农业大学用近 50 年的智慧和汗水在曲周大地上书写出科教兴农的恢宏诗篇，探索出的“科技小院”模式，为我国农业科技创新、人才培养和社会服务树立了杰出样板，凝练成的“责任、奉献、科学、为民”的曲周精神，激励着一批又一批知识分子到农村一线建功立业。

民族要复兴，乡村必振兴。乡村振兴对于中华民族的伟大复兴具有极其重要的意义。科技小院立足于农业生产的第一线，将“政产学研用”相结合，对乡村振兴起着十分重要的作用。调研科技小院，可以切实地感受乡村振兴的发展，实事求是地联系群众，更好地助力乡村进一步发展。

## 二、调研内容

### （一）农情民情与“自找苦吃”的小院精神

#### 1.农情与民情

邯郸市曲周县地处河北北部，毗邻河南，属“大中原文明”，有十分厚重的历史文化。在进一步的调研走访中，我们发现当地的村民有着典型的中国农民特征——朴实、勤劳、好客。我们调查走访的第四疃镇王庄村是一个典型的传统农业村落，农作物以“夏玉米、冬小麦”为主，除中国农业大学曲周实验站的“吨半粮”试验田外，其余农户的田地农业机械化水平较低。得益于中国农业大学曲周实验站和科技小院的建立，当地农民的除草、除虫害、施肥技术较为科学。1983年前后，曲周县第四疃镇王庄村开始实行家庭联产承包责任制，由于土地质量分布不均匀，为保证分地的公平性，在分地时造成村民所分得的土地很难连成片，这也极大阻碍了农业机械化和规模化的进行。由于科学文化素质较低等一系列原因，农户很难将土地进行流转托管，这也极大阻碍了农业技术的进一步发展。

**2.“自找苦吃”的小院精神**

科技小院作为全国性的平台，小院的学生们在读书期间，可以参加许多有关农业生产、农民创业相关会议，认识许多不同行业以及不同高校的人，在互相交流的同时也能够相互学习，然后继续应用到生活学习中。以本次我们在小院参加的“联合国粮农组织 中国农业大学科技小院创新创业国际培训班”为例，我们在培训班中进一步深入了解到农业创新的重要性，学习到了先进的农业创新知识，认识到与国际接轨的重要性。

冯佳如是中国农业大学驻派在科技小院的2022级研究生，经常下地科研，经常走访农户，是同冯佳如这样“进村读研”的小院研究生的家常便饭。每次看到她，我心中都会涌上一份敬意。二十几岁应当是一个女孩最爱美的年纪，但像冯佳如这样的农大研究生却选择扎根农业生产一线，不怕天寒地冻、风吹日晒，用自己学到的先进农业知识来教农民如何“种好田”，将自己的科研论文写在祖国的大地上。我想这正是“责任、奉献、科学、为民”的曲周精神在小院的进一步延续。正是有了这些小院研究生，我们的农业农村农民才与乡村振兴之间有了桥梁；我们所研发的更为先进的农业生产技术，才有可能被进一步应用到实际的生产生活当中；我们的农民，才有机会学习到更加先进的农业知识，认识到什么是科学种田、怎么才能科学种田。

（二）阻碍乡村振兴发展的因素

**1.基础教育薄弱**

党的二十大强调乡村振兴和教育优质均衡的重要性，国家特别重视义务教育的发展，为此国家出台了很多相关的政策文件。中国的义务教育发展，中城市地区教育发展良好，但是农村地区义务教育发展不乐观，农村的基础设施、教师水平、教学环境等多方面与城市相比还是存在着差距的。义务教育是适龄儿童都可享受的公共服务，是青少年成人成才的基础，是促进乡村教育振兴的推手，更是乡村振兴重要一环。只有发展好农村义务教育，乡村才会有更多的人才，乡村才可以振兴。

在走访的过程中我们了解到，以第四疃镇王庄村为中心，周边5 km内共有小学6所，中学7所。村中的留守儿童较多，王庄大约有农户249户，其中孩子在第四疃镇上小学的约62户，上中学的约102户（图1）。随着城镇化的进一步发展，村中的成年男性大多进城务工，村中仅仅留下了妇女、老人和儿童。农忙时节，妇女往往要下地干活，老人又往往行动不便，所以很难对孩子进行有效的教育和看管。尤其在夏季，因无人看管造成的儿童溺水事故时有发生。

随着经济社会的进一步发展，家长们的教育理念已经由“有学上就行”逐渐向“上好学”转变，尤其是在农村，往往越是辛勤劳作的农民，越不希望自己的下一代还继续成为

“面朝黄土背朝天”的农民。但因乡镇的人口外流严重，一部分儿童跟随进城务工的父母在城中上学，乡镇的小学和中学生源少，尤其是高中。极低的生源需求造成了极小的教学投入，久而久之教学质量难以上升，乡村教育的全面发展难以实现。以第四疃镇王庄村附近的中小学为例，我们走访的中小学中极度缺乏“音体美”教师，甚至许多“音体美”教师由“语数外”教师担任。我们调查了 200 户家庭，其中 50 户的家庭诉求是希望在暑期期间多为孩子增加一些素质教育、兴趣教育，而并非应试教育。

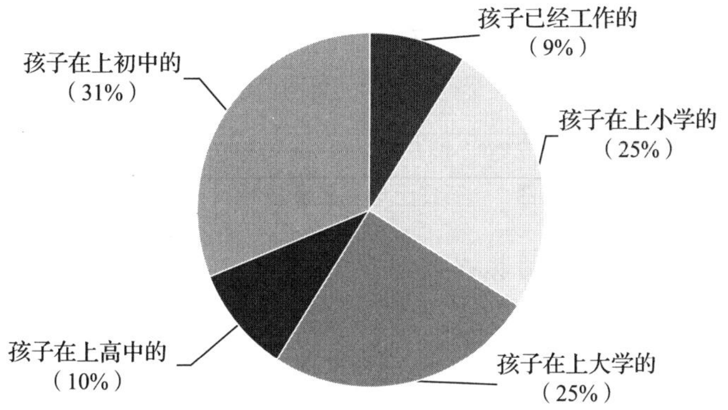


**图 1　王庄教育发展的情况**

**2. 土地流转和农业技术推广受阻**

即使中国农业大学在曲周设立了实验站和科技小院，但因为村民科学种植的意识还相对落后，受当地自然条件和人文因素等影响，当地农业技术的推广和农产品种植的规模化、机械化程度也远未达到调研预期，具体分析如下。

一是因为农民的意识较为落后，难以接受较为新鲜的事物，不主动学习先进的农业生产技术。科技小院作为农业技术推广的第一线，在许多农业技术的推广上发挥了巨大的作用，但因科技小院的科研任务较为繁重，在很多方面也很难照顾得全面。在对村民采访的过程中，许多村民向我们反映，因受外出务工等一系列因素影响，错过了防虫害的田间学校的培训。

二是土地流转受阻，土地无法规模化、成片地连接在一起。随着我国社会经济的发展，家庭分散式的经营方式已经不再适应当前阶段农业发展的需要，表现出了许多弊端。例如，抑制了农业机械化与现代化生产的进程，不利于农业生产效率与农业发展水平的提高等。党的十九大报告指出，要在巩固并完善农村基本经营制度的基础上，深化推进土地制度改革，不断完善“三权”分置制度，建设现代化农业产业体系、生产体系以及经营体系，促进农业规模化经营模式的多元化发展，培育新型农业经营主体，逐步健全农业社会化服务体系，将小农户与现代农业发展连接起来。

在调研过程中，我们听到了科技小院研究生向我们反映的情况——中国农业大学在曲周王庄设立了“千亩方”实验田，以每年每亩 800～1 200 元的价格托管农户 5 年的土地，但最后仅有 800 亩的土地成为实验田，部分农户并不愿意来签约将土地托管。于是，我们在全村 204 户农户中做了问卷调查，有 103 户愿意将土地进行托管，占总数的 50.5%，不愿意将土地进行托管的农户有101户，占总数的49.5%，依然占据很大的比例。不愿意托管的理由有很多，但大部分是认为给予的租金较少、心里对土地有感情、租金付款不及时等，具体的调查结果如图2所示。

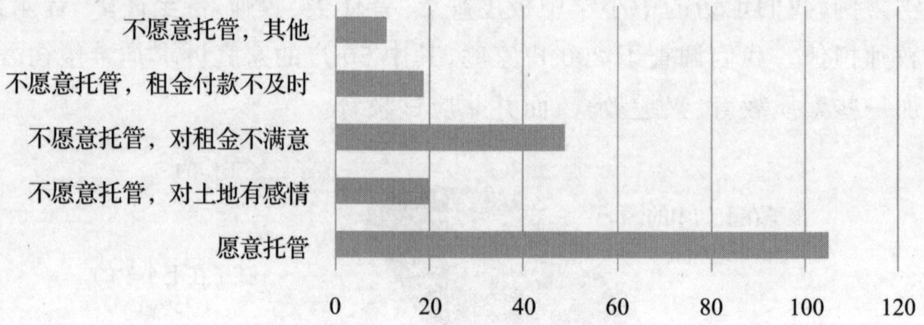


**图2　王庄土地托管意愿的调查**

(三)针对破除阻碍王庄村振兴发展的建议

**1.教育建议**

发挥教育的引领作用是实现乡村文化繁荣的关键，它能够破解在城镇化过程中农民的价值观丧失、心理焦虑等问题，乡村教育需要“发挥基础教育与高等教育两大主体的服务功能，不断缩小农村人口与城市人口在接受高等教育方面的差距，激发农村人力资本的潜力”。我认为破解乡村教育困境需要做到以下几个方面。

(1)要加大政策倾斜的支持力度，进一步加大对乡村教育的资金支持、人才支持。

(2)利用大学生暑期社会实践的契机，多开展支农支教的活动，以暑期社会实践来弥补乡村“音体美”教育的不足。

(3)利用科技小院在农业农村的一线力量，开展志愿服务活动，利用志愿服务活动推动乡村教育的进一步发展。

(4)各基层党组织、村委会应发挥好牵头的桥梁作用，组织有留守儿童的家庭集中开展丰富多彩的暑期活动。

**2.关于土地流转和农业技术推广受阻的建议**

农业是我国社会经济发展的基础性产业，促进农业规模化经营，提高农业现代化发展水平，是新时代农业发展的重要议题。土地托管作为新型农业社会化服务方式，是当前学术界探讨的热点问题，也是解决农业分散化经营的有效方式，能够推动农业规模化与现代化发展的进程。我认为要进一步打破土地托管的困境，还需做到以下几点。

(1)加大农业农村政策的宣传力度，进一步让农户了解到土地托管的好处。

(2)加大政策扶持力度，进一步加大资金投入。

(3)规范相关的法律法规，进一步改进租金不能及时支付到位的情况。

(4)提供多种托管及费用支付形式。

【悟·院】

## 请党放心,强国有我

科技小院是一个让我感到非常惊喜的地方。这个小院子里面有各种各样的科技产品,这让我感到非常兴奋。在这里,我看到了未来的科技发展方向,也看到了科技对我们生活的影响。

我们第一天上午到达河北曲周王庄科技小院,中午把行李放到学生宿舍之后就出发去和科技小院的研究生学姐会合。我们走了三公里的路,领略到了沿途的农田风光,可以感受到科技小院在引领着广大农户实现乡村振兴的步伐。

到达王庄科技小院,我们和学姐会合,和学姐交流了我们在科技小院这几天的实践想法,学姐也给予了我们相关建议,和我们分享了科技小院这几年的发展和生活上的点点滴滴。在返程的路上,我们与当地的村民农户进行了简短交流,还和在农忙的阿姨们聊了聊现在农户们的想法,大家每个人的脸上都洋溢着幸福的笑容。

在来到科技小院之前,我是不踏实的,我担心我们的实践工作会落实不到位,担心到这里会不会大家不配合,担心我们没有具体的方向。可是到这里就踏实了,因为每个人都很愿意和我们交流,愿意跟我们分享他们的生活和想法,学姐们也很愿意帮助我们,让我们觉得,虽然我们初来乍到,但一切都是那么的亲切,对这里的一切都拉近了距离。

我们参加了联合国粮农组织和中国农业大学联合举办的科技小院创新创业国际培训班。早上我们起床收拾了一下就出发了,和学姐约定九点在图书室会合,然后学姐带领我们进入了会议室。会议室的内部结构很新颖,是以小组合作的形式进行培训的,八九个人围坐一桌。我觉得这样的形式可以更拉近每个人的距离,可以更方便交流,也提高了培训的效率。这对于我们来讲也是全新的体验并且收获到了很多知识。

培训会之后,我们和郭总进行了交流,交流了有关调研方面的知识,也交流了农机具相关的知识。郭总给了我们很多建议,也分享了在上学期间总结下来的一些经验,我们听后受益匪浅。

随后,我们又回到了图书室,查阅了相关资料,对科技小院的发展有了更进一步的了解。

我们参观了曲周实验站。中国农业大学曲周实验站位于河北省南部的曲周县境内,始建于1973年,占地1 080亩,其中建筑面积8 000 $m^2$,是经原农业部批准建立的农业科研实验站,也是中国农业大学26个野外台站中3个处级单位之一。

建站以来,曲周实验站秉承农大人“解民生之多艰,育天下之英才”校训,扎根曲周,与地方政府和干部、群众一道,紧紧围绕黄淮海地区农业发展急需解决的重大问题,开展攻关研究。20世纪70年代,以石元春院士、辛德惠院士等为代表的老一代农大人忘我舍家,艰苦奋斗,改土治碱,为解决曲周县、黄淮海平原乃至全国粮食问题和农业区域发展作出了不可磨灭的贡献,得到地方政府和人民群众的称赞,获得了以国家科学技术进步奖特等奖为代表的一大批科研成果。20世纪90年代以来,在辛德惠院士带领下,曲周实验站在推动曲周县农业综合发展和城乡一体化过程中,作出了突出贡献。进入21世纪以来,以张福锁院士为首的团队，紧紧围绕保障国家粮食安全和资源环境安全两大目标，依托曲周构建高产高效现代农业理论、技术创新研究基地，建立以科技小院为载体的农业技术服务体系，取得了骄人业绩。新的历史时期，曲周实验站正积极与曲周县紧密合作，在我国农业由弱变强的绿色发展之路上，再立新功！

曲周实验站发展的历史，既是中国农业大学和曲周县紧密合作的历史，也是自 20 世纪 70 年代以来中国农业发展成就的缩影。

我相信未来的科技发展方向是非常光明的，科技可以让我们的生活更加美好，也可以让我们的工作更加高效。也很感谢科技小院所有帮助过我们的学长、学姐、领导、老师还有村民们，我们在科技小院收获颇丰！请党放心，强农有我！

（沈阳农业大学 22 级本科生 高云晴 文）

知院
识院
悟院

# 吉林农业大学　吉林梨树玉米科技小院

**实践学校**：吉林农业大学

**实践小队名称**："青春逢盛世　奋斗正当时"实践队

**小队成员**：赵明、尚琦智、刘沛言、刘新然、张宏鹏、孟飞、蔡佳兴、马新、赵子畅

黑土地研究院
资源与环境学院
COLLGEG OF RESCOURCES AND ENVIROMENT

## 【知·院】 小院简介

吉林梨树玉米科技小院于2009年由中国农业大学、吉林农业大学与梨树县共同成立。创建的初衷是要培养具有“三农”情怀的大学生，一方面让老师和学生在农田里开展试验；另一方面创建技术服务新模式，对当地农民开展科技培训和新技术推广。米国华教授、高强教授是大学生的带队老师，梨树县农业技术推广总站站长王贵满是这些大学生和农民之间的联络员。

在梨树玉米科技小院，关于“梨树模式”的推广是重要内容。“梨树模式”是在玉米种植过程中将秸秆全部还田并覆盖在地表，将耕作次数减到最少，田间主要生产环节全部实现机械化作业。“梨树模式”是一整套包括收获与秸秆覆盖、土壤疏松、播种施肥、防除病虫草害的全程机械化技术体系。从优化配方施肥到推广免耕播种，科技小院集合了10余项单项技术编成“高产高效技术规程”，对农民进行指导，安排研究生针对合作社开展一对一的服务。同时，科技小院还组织了“农户玉米高产高效竞赛”，培养了100余名农户科技带头人。除了科技小院，中国农业大学还与梨树县合作建立了一座1.5万$m^2$的综合功能站。这里可同时接纳上百人入住，越来越多的农业科研人员和大学生们在这里从事着教学、科研和推广工作。

## 【识·院】 吉林省四平市梨树县农作物种植问题调研报告

为了解东北地区农户玉米施肥现状，发现不合理施肥问题，指导农户科学施肥，在2023年7月16日至7月19日，我们采用随机抽样方式对吉林省四平市梨树县下辖10个乡镇进行问卷调查，共计100份问卷，其中农业站1份，合作社33份，家庭农场14份，农户52份。调查问卷分析显示：仅有14%农户采用“底肥＋追肥”方式施肥，有86%农户采用一次性施肥方式施肥；底肥主要以施用化肥为主，施用有机肥较少，其中化肥养分含量主要以26-10-12($N$-$P_2O_5$-$K_2O$)为主，追肥使用品种主要为尿素。此外，农民对秸秆覆盖还田的认知度和接受度不足。吉林省梨树县作为重要的玉米种植基地，种植和施肥过程中还存在很多问题，需进一步加强区域尺度的玉米优化栽培和节肥增效研究及技术推广，因地制宜促进玉米产业绿色可持续发展。

东北黑土区是我国主要的商品粮生产基地，是保障国家粮食安全的“稳压器”和“压舱石”。但是，长期掠夺式开发导致黑土地严重退化。以秸秆覆盖少免耕技术为核心的“梨树模式”为黑土地保护提供了重要途径，为我国耕地质量提升和农业高质量发展提供了技术支撑。调查研究是把理论和实际结合起来的不可或缺的中间环节，通过对农户进行调研和填写调查问卷的方式获得农业数据进行分析，可了解农村实际情况，发现问题并提供解决方案。

## 一、调研背景

玉米现已成为我国第一大粮食作物，种植面积占全国的30%，总产量占全国粮食总产量的27.8%。玉米是工业、食品和饲料等产业的生产原料，对保障国家粮食安全意义重大。吉林省典型黑土区7 202万亩，占耕地总面积的64%，贡献了全省粮食产量的80%。黑土地肥力丰富，含有丰富的营养元素和微生物，有助于提高作物产量和品质。不仅如此，黑土地还具有水分保持能力强、透气性好以及土壤构造优良等特点，这有助于减少水分蒸发和土壤的干旱。此外，黑土地还是最肥沃的土壤之一，适于耕种旱作物、水稻田等。黑土地对于大型机械耕作也有优势，因为地形平缓，土地连片，适于大型机械耕作。因此，黑土地对保障国家粮食安全具有十分重要的意义。

梨树县是吉林省中西部的一个大县，位于四平市北部，地处松辽平原腹地的东辽河西岸，土地肥沃平坦，素有"东北粮仓"和"松辽明珠"之称。截至2014年2月，梨树县面积4 209 $km^2$，辖14个镇、6个乡(乡镇共295个村)、1个省级经济开发区和1个工业集中区。截至2013年末，梨树县户籍总人口69.7万人，其中农业人口56.7万人，非农业人口13万人；全县耕地面积20万 $hm^2$；农村人均年纯收入达到4 339.33元。吉林省耕地总面积为11 247万亩，占全省总面积的29.53%，占全国总耕地面积的5.86%。

肥料是粮食增产的基础，也推动了现代农业的发展。随着人类对粮食需求越来越高，化肥的需求也逐渐增加，但是在追求高产量的同时忽略了作物养分需求与养分投入的关系。由于缺乏科学的施肥指导和受施肥越多产量越高的传统观念的影响，农户施肥存在很大的盲目性和随意性，导致了肥料增产效率和经济效益的降低，也带来了资源浪费和环境污染的问题。研究发现，农村科学施肥技术获得途径少、经济水平低、农业机械化水平低等都是限制先进施肥技术大面积推广的主要原因。近年来，有学者利用农户调查及统计资料，对肥料施用与粮食产量的关系进行了分析评价，通过农户抽样调查研究了区域种植结构、作物间化肥投入和施肥技术的差异性，发现了作物施肥上存在的问题，提出了对应的解决方案，对农业区域化肥研究具有重要意义。

## 二、调研内容

### (一)调查对象

吉林省四平市梨树县下辖12个乡镇，共计发放100份问卷，其中农业站1份，合作社33份，家庭农场14份，农户52份，具体发放对象见表1。

**表1　调查问卷**

| 梨树县各调研乡镇所包含合作社 | |
|---|---|
| 沈洋镇 | 梨树县沈洋富农种植农民专业合作社、沈洋镇海文家庭农场、梨树县东瑞农机种植农民合作社 |
| 林海镇 | 梨树县林海镇红成种植农民专业合作社、老畲村为民农民专业合作社、顺山村经济联合社、顺山村经济联合社、正元合作社 |

续表 1

| 梨树县各调研乡镇所包含合作社 | |
|---|---|
| 万发镇 | 诚辉合作社、梁满仓家庭农场、正元合作社、富昆农民种植合作社、李臣家庭农场、万发镇农业发展中心(农业站) |
| 小城子镇 | 富国农民专业合作社、梨树县宏盛源农民专业合作社、大彬家庭农场 |
| 十家堡镇 | 梨树县十家堡镇英福农机合作社 |
| 榆树台镇 | 梨树县曦乾农牧业专业合作社、梨树县连发种植农民专业合作社、存亮农牧业合作社、梨树县中意养殖农民专业合作社、幸福家庭农场 |
| 刘家馆子镇 | 梨树县刘家馆子镇永胜农民专业合作社 |
| 胜利乡 | 保丰家庭农场、梨树县毅德农机专业合作社、金航合作社、吉林利华家庭农场、梨树县海坤农机农民专业合作社 |
| 金山乡 | 梨树县金山乡永超种植家庭农场、宝裕种植家庭农场、梨树县金大地绿色生态种养殖专业合作社、梨树县富望农民专业合作社、金山乡旭日农民专业合作社 |
| 白山乡 | 达利农机合作社 |
| 泉眼岭乡 | 梨树县风来合作社、吉林省顺心家庭农场、吉林省万佳鑫家庭农场、晟邦家庭农场、明宇农民专业合作社 |
| 四棵树乡 | 梨树县鑫侬农村合作社、信良农村合作社、梨树县仁海种植农民专业合作社 |

## (二)种植环节

### 1.种植方面的现状和现存问题

(1)户本信息/规模　调查结果显示,农户的主要家庭收入来源是种植业,其次为家禽养殖,农作物以玉米为主。农业种植数量不多,面积较小,规模效益不高,分布不平衡。成员的综合素质不高,专业人才缺乏。组织人员素质不高与人才缺乏主要有两个方面的矛盾:一是不利于发展所需的组织管理与统筹协调,适应市场经济的意识和能力不强;二是制约了专业组织的创新性发展,需要一批具有较高文化素质,懂技术,懂管理,市场开拓能力强的复合型人才。家庭收入来源构成如图 1 所示。

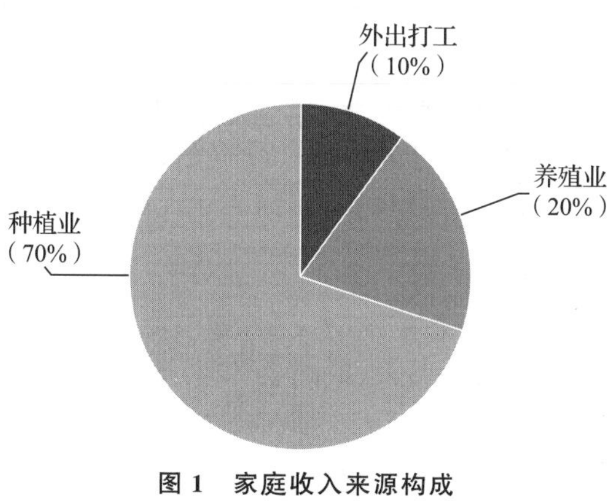


**图 1　家庭收入来源构成**

(2)秸秆处理方式　调查结果显示,秸秆的处理方式以作为饲料和售卖为主,打包售卖占比较高。在秸秆还田方面,存在以下问题。

100 份调查问卷中仅有两户秸秆还田率 100%,均为覆盖还田;50%被调查者秸秆全部打包作为养殖饲料售卖,平均每包 7.8 元;其余 48%被调查者秸秆处理方式为打包+还田双模式,还田方式大部分为覆盖还田,深翻还田较少,还田情况如图 2 所示。

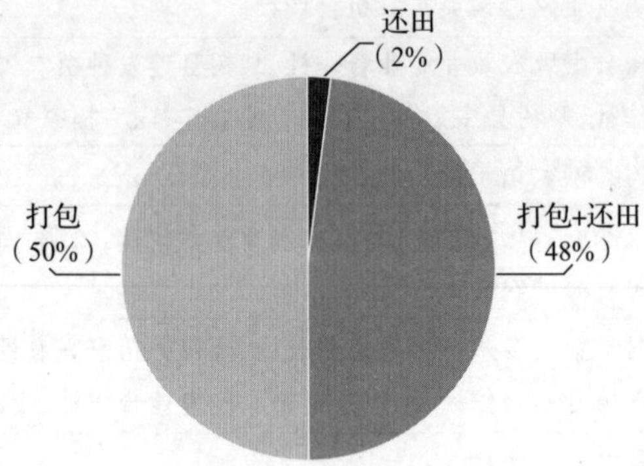


**图 2　秸秆还田情况**

(3)肥料施用现状　在施肥用料方面,四棵树乡 86%的农民采用"一炮轰"式施肥方式,14%的农民采用"底肥+追肥"施肥方式。"一炮轰"就是在玉米播种时,施用一次底肥,后续就不再追肥了。其主要优势在于比较省事,但仍存在大量问题。按照以往的种植方法,"底肥+追肥"的方式,底肥提供的营养可能不能支撑玉米整个生育期的养分需求,而在喇叭口期追肥以后,营养相对比较充足,完全足够整个生育期内玉米的需求,有利于玉米后期抽穗、灌浆、成熟等,可提高千粒重,达到增产的目的。如果是"一炮轰"施肥的方式,前期的营养供给比较充分,可能受影响不太明显,一旦到了灌浆期前后,可能就会出现营养不足的情况,导致玉米灌浆受影响,千粒重下降,也就出现了减产。而在实施"一炮轰"施肥的过程中,所施用的底肥,则和平常施用的底肥不一样,或者说底肥用量不一样。比如施用同样的复合肥,采取"底肥+追肥"的方式,底肥的用量也就只用 100 斤,而采取"一炮轰"施肥的方式,底肥的用量可能会增加到 150 斤。还有一点不同,"一炮轰"施肥采用的肥料,不是平时常见的复合肥,而是控释肥。控释肥的含义,从字面意思解释,即能够控制肥料的释放速度,也就是具有一定"固定"养分的能力,可以在一定程度上减缓养分的释放,延长肥效时间,以此达到玉米整季都不缺肥的效果。另外,并不是所有的地块都适合"一炮轰"施肥,比如土壤比较贫瘠的地块,自身的养分就少,即使用量增加,或者使用控释肥,肥效也无法持续到玉米生长后期。

**2. 种植方面的问题原因**

种植技术上严重经验化,缺乏新技术的应用,如未能进行合理的轮作、间作。四棵树乡农民拥有悠久的种植经验和种植技术,但随着环境、气候以及新的科学技术的变化和应用,一直固定不变的状态已不能适应现代化种植技术及生产规模的要求;缺乏尝试创新的勇气,担心新技术不能为提高玉米产量起到促进作用或不愿投入更多成本。

出现化肥使用问题的原因主要是农民在化肥使用上的技术不足,农业技术部门对化肥技术的推广不足。对于化肥使用出现的问题，不仅需要农民自己提高认识和改变方法，更需要国家的支持。这需要时间，也需要技术的发展。化肥使用问题的解决是一项长期工程。

农民对秸秆覆盖还田的认知和接受度不足、缺乏政策扶持和经济效益激励、秸秆还田技术推广不力、生态环境污染和农业可持续发展的矛盾、缺乏适合的秸秆还田设备和工艺以及传统耕作观念和习惯的影响，是秸秆利用问题出现的主要原因。调查问卷中反映出的梨树县农民玉米秸秆处理情况如图 3 所示。

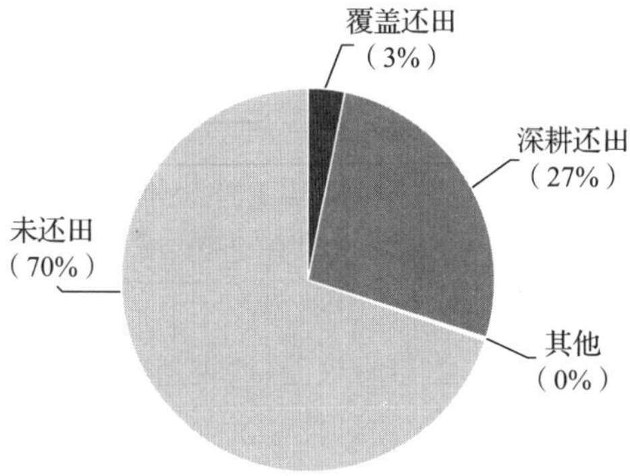


**图 3　梨树县秸秆还田情况**

黑土地退化，部分原因是农民掠夺式耕作，盐类物质留存导致黑土地恢复失灵。目前东北黑土地面临土地沙漠化、水土流失等问题。耕地利用中使用了大量禁用的化肥和农药，也导致了一系列生态环境问题。不少农户在种植过程中主要施用化肥，且多以复合肥为主，随着有机肥的投入量越来越少，导致土壤有机质含量减少，土壤物理性质恶化，结构变差，土壤耕性、保水保肥性能降低。相比有机肥，化肥养分较为单一，肥效快但不持久，长期施用化肥，且为了追求高产过量施用，容易造成土壤微生物种类和数量下降、土壤肥力降低、环境污染等。

（三）总结与建议

在施用肥料之前，了解土壤的养分状况是十分必要的。土壤测试可以确定土壤的氮、磷、钾等营养元素含量，进而判断是否需要施用肥料以及何种类型和数量的肥料。此外，还应了解土壤的 pH 和有机质含量，以便进行相应的调整。

施肥时机和频次的合理控制是确保肥料养分被作物充分吸收利用的关键。通常情况下，肥料的施用时间应与作物的生长发育阶段相一致，以充分满足作物对养分的需求。

根据作物的需求和土壤的养分情况，选择适宜的肥料种类是合理施用肥料的关键。常见的肥料种类包括有机肥、化肥和生物菌肥。有机肥富含有机质和微量元素，能够改善土壤质地和提供持久的养分供应；化肥则可以迅速补充作物所需的主要元素，但容易造成土壤贫瘠和环境污染；生物菌肥则是一种利用微生物进行有机物分解和转化的肥料，对土壤和作物具有多方面的益处。根据实际情况选择合适的肥料种类，并加以合理配比，可有效提高施肥效果。

农户对于保护黑土地意识不够强烈，不少个体农户在耕作过程中不清楚土壤有机质含量降低、土壤结构稳定性下降、土壤耕层变浅等问题对于粮食产量和农业发展的长远影响，而更注重眼前的经济效益，且依赖于传统的耕作方式，对保护性耕作等新技术接受程度不高，不主动、不情愿对黑土地保护工作进行投入。政府要提供耕地保护经济补偿，要坚持保护人有偿、受益人付费的原则，正常提供公共物品，对耕地生态效益和社会效益的主要提供者进行经济补偿，解决由公共物品特性带来的一系列问题。在观念上需要通过制度规定和经验推广引导农民认识到黑土地保护的重要性与必要性。改进耕作方式，推广轮作、间作等新技术，以提高土壤肥力，减少病虫害发生。同时，加强对农民的技术培训，提高他们的耕作技能。

在积极推进种养结合、农户经营结构优化的基础上，大力推进牲畜粪肥还田，既可解决粪肥污染问题，也可改善土壤质量，为生产优质产品创造条件。虽然有95%尿粪还田，但还田方式不统一，缺少粪便统一堆放点，增加了环境问题。政府应增加施用粪肥的补贴力度，加大宣传施用粪肥的好处。多施腐熟的有机肥，减少化肥用量。

加快引进、示范和推广机械化秸秆还田利用技术和机械，不断提高秸秆还田利用的技术、装备和工艺水平。首先，鼓励企业与高校、科研院所开展多种形式的产学研合作，加大秸秆就地转化技术和装备研发力度，促进科技开发与成果转化有机结合。其次，结合新型职业农民培训、科技下乡等活动，加大秸秆还田利用实用技术推广和培训力度，提高技术普及率，提升秸秆还田利用的科技含量。最后，进行秸秆还田试验，科研和生产等部门联合进行技术攻关，搞好机械的对比试验和选型定型，加强机型的研制改进，加快秸秆还田机的推广应用。

## 【悟·院】

### 厚植爱农情怀，练就兴农本领，做“自找苦吃”的农业人

强国必先强农，农强方能国强。习近平总书记在中国共产党第二十次全国代表大会上强调，全面推进乡村振兴，坚持农业农村优先发展，巩固拓展脱贫攻坚成果，加快建设农业强国，扎实推动乡村产业、人才、文化、生态、组织振兴，全方位夯实粮食安全根基，牢牢守住18亿亩耕地红线，确保国家粮食安全，把中国人的饭碗牢牢端在自己手中。习近平总书记在给科技小院的回信中，对科技小院也给予了肯定。

党的二十大对建设农业强国作出部署，这给予了自幼便向往农村生活的我鼓舞和激励。在学习了总书记的重要回信后，我积极参加了科技小院的暑期实践活动。活动过程中，我见到了各式各样的农业机械，深深地震撼于我国在农业方面的巨大进步和无限潜力，这更加坚定了我扎根农业前线的信念。在深入田间的过程中，在见到百万亩玉米地时，我大开眼界，加深了对农业的热爱。我们是骄傲的大地之子，我们是珍惜农业的栋梁之材，这两句话不仅仅是对学习农业的学子的赞美，更是我们的精神“食粮”。

在实践的过程中，我深深地感觉到了农业对我国的重要性。在测量玉米叶的光合作用速率时，烈日当空，晒得人汗流浃背。我的衣服全部被汗水浸透了，豆大的汗水顺着额

头流到土地上。即使再疲倦，我也要坚持着完成测量任务。练就兴农本领不仅仅是靠理论的支持，更是需要实践的锤炼。农业的背后是十四亿多中国人的食物安全问题。只有当我们真正进入到田地间，才能深刻感受到耕种的不易。兴农不能靠嘴皮子的功夫，更不是仅凭白纸黑字就能简单得出结论和报告。不搞形式主义，不做纸上谈兵之人，扎根农业，需要顽强的毅力和持之以恒的坚持。经过这次实践，我对农业又有了新的认识。

在总书记回信的精神指引下，我完成了这次社会实践。虽然我刚刚步入大学生活，仅仅是一名大一的学子，但我会牢牢记住这次社会实践活动带给我的深刻感受与体会，牢记总书记的嘱托和期望，努力学习理论知识，争取早日成为一名真正的农业人，为我国的农业事业贡献出自己的力量，在乡村振兴大舞台上建功立业。

人生一世，要喝最烈的酒、攀最高的山、走最远的路、啃最硬的骨头。青春在奋斗中激昂，时代在拼搏中书写。习近平总书记指出，幸福是奋斗出来的。十四亿多中国人民要不忘初心、牢记使命。而我作为其中的一分子，更是要牢牢记住我自己的初心，保持对农业事业的热爱，为中华民族的伟大复兴而不懈奋斗。

（吉林农业大学 22 级本科生 赵子畅 文）

知院
识院
悟院

# 东北农业大学
# 云南古生村科技小院

**实 践 学 校**：东北农业大学

**实践小队名称**：“学农护绿，科技助农”社会实践小队

**小 队 成 员**：陈宗悦、刘蕊、廖雨薇、乔宇合、费智涵、阿膺茹、邢瑞玲

东北农业大学
大学生"三下乡"
社会实践团
解民生之多艰育

## 【知·院】小院简介

古生村科技小院坐落于云南省大理市湾桥镇古生村。2021 年 12 月，为了落实习近平总书记 2015 年考察古生村时作出的“一定要把洱海保护好”的殷切嘱托，由中国农业大学、云南农业大学和大理州人民政府共同建立古生村科技小院。作为首个迈入 3.0＋版本的科技小院，其目标是在保护洱海的同时促进农民增收和农业绿色转型，通过科技赋能和人才支撑全面助力乡村振兴，创建洱海流域生态环境保护和农业绿色高质量发展协同国家样板。

古生村科技小院助力乡村振兴的思路是：同步抓生态振兴和产业振兴工作，在二者螺旋并进、协同上升的过程中，与其他三大振兴相互赋能，实现生态增值、科技增收和文化增韵；通过协同洱海保护与农民增收，全面助力乡村振兴。为此，小院以张福锁院士为首席科学家，组建多级导师指导团队，实现多平台合作、多学科交叉。目前，常驻古生村科技小院研究生 60 余名，主要来自中国农业大学、云南农业大学、云南大学、大理大学和西南大学等高校。小院工作受到各级、各界和媒体的广泛报道。

## 【识·院】学农护绿，科技助农

党的十九大报告提出实施乡村振兴战略，强调要坚持农业农村优先发展。农业科技是农业发展的基础支撑，在推动农业农村现代化过程中起着至关重要的作用。科技小院是促进乡村振兴的新载体、新形式，通过科技小院让智慧农业与绿色农业普及，是如今发展农业的重要手段。科技“高大上”，小院“接地气”，科技小院将农业专业研究生长期派驻到农业生产一线，是农业科研、科技服务与人才培养的创新模式。

为深入学习贯彻习近平总书记给中国农业大学科技小院同学们的回信精神，响应“强国先强农，农大作先锋”号召，东北农业大学资源与环境学院“学农护绿，科技助农”社会实践团赴云南省大理市古生村开展 2023 年暑期大学生“三下乡”社会实践活动。

实践小队将在古生村科技小院学习到的科技兴农知识，通过走访问询与宣讲宣传的方式，帮助更多村民掌握科技兴农知识，把课堂学习和乡村实践紧密结合起来，厚植爱农情怀，练就兴农本领，在乡村振兴的大舞台上建功立业，为加快推进农业农村现代化、全面建设社会主义现代化国家贡献青春力量。

## 一、调研背景

### 古生村

保留着浓厚的白族传统文化的古生村是一个拥有两千多年历史的古村落，村内有两条汇入洱海的入湖口，是研究面源污染防控与转型发展的典型区域。2015 年 1 月 20 日，习近平总书记来到苍山脚下、洱海之滨的云南省大理白族自治州大理市湾桥镇古生村，提议合影，“立此存照，过几年再来，希望水更清澈，更干净。”在“绿水青山就是金山银山”理念的指引下，过去的八年时间里，古生村从眼前的洱海到周边的环境，从产业到经济，都发生着巨大的变化。

### 古生科技小院

2015 年，习近平总书记在古生村提出，留得住青山绿水，记得住乡愁；一定要把洱海保护好，“立此存照，过几年再来，希望水更干净，更清澈。”这是习近平总书记来到洱海对所见之景发出的真诚的期冀，在这八年中，各个方向全面发展，各个单位倾力献策，为实现“洱海清”这一愿景不遗余力贡献着自己的力量。

据调查，洱海保护目前面临三大挑战：面源污染来源不清，影响不明；作物产值低，环境污染大；洱海保护与农民增收协同难。为解决这三大难题，中国农业大学、云南农业大学和大理州人民政府三方作为主要力量，联合科教、企业单位 300 多位科技人员建立研究院，齐聚洱海，共同接受这项挑战。

### 洱海绿色污染防控科技小院

坐落于云南省大理市古生村的洱海绿色污染科技防控小院由中山大学、武汉武大绿洲生物技术有限公司、大理人民州政府、中国农业大学和云南农业大学联合创立，本着为农民服务、为乡村振兴的初心在古生村落地扎根。本小院包括以生物科技为核心的绿色防控体系、以微生物技术为核心的绿色防控“5＋2”体系，通过绿色防控“5＋2”体系，实现农业高质量发展解决“三农”问题的三大主题，来帮助村民，振兴农业。

### 面源精控科技小院

近年来，大理州强化科技支撑，与中国农业大学、云南农业大学签订合作框架协议，组建洱海流域面源污染精控科技小院，多学科交叉、多主体联合，扎根一线、联合攻关，探索洱海流域农业面源污染综合治理新模式。

### 有机循环与有机农业科技小院

在我国西南部的乡村中就有这样一群人，他们联合我国多所科研院校建成了“有机循环与有机农业科技小院”，聚焦当地传统种植模式产量低、产值不高、产业链短等问题，创造性地提出了打造“流域有机资源全收集－绿色高效有机肥研发－绿色高值种植模式创新一绿色/有机食品牌”的农业全产业链模式。

**蔬菜科技小院**

蔬菜小院目前着力于研究洱海流域蔬菜种植四个方面问题：一是施肥现状、产值评估；二是周年养分吸收累积规律，损失阻控途径；三是高值绿色蔬菜的引种和生物强化；四是菜田土壤酸化现状及土壤改良。

**人文科技小院**

人文科技小院基于古生村具体实际，发挥自身优势，以党的二十大精神和习近平给中国农业大学科技小院学生的回信精神为指引，以合作共进为核心精神，将新时代发展理念与古生村实际情况相结合，形成包容、开放、共享的发展思路，进行人文科技小院的研究工作。

## 二、调研内容

本次实践前，实践团围绕“洱海保护、农业种植、乡村振兴”设计了问卷内容。在实践中，实践团随机走访古生村户，共收集到有效问卷78份，为实践团的调研提供了充足的支撑材料，有关调研问卷内容及统计情况见表1至表16。

（一）问卷内容及统计结果

**1.您认为保护洱海是否重要**

表1 调研问卷内容及统计情况

| 选项 | 人数/人 | 占比/% |
|---|---|---|
| A. 非常重要 | 78 | 100 |
| B. 一般 | 0 | 0 |
| C. 不重要 | 0 | 0 |
| D. 没有想法 | 0 | 0 |

**2.您认为洱海污染是否严重**

表2 调研问卷内容及统计情况

| 选项 | 人数/人 | 占比/% |
|---|---|---|
| A. 非常严重 | 8 | 10.3 |
| B. 一般 | 70 | 89.7 |
| C. 没有想法 | 0 | 0 |

### 3.您是否参加过保护洱海的活动

表3 调研问卷内容及统计情况

| 选项 | 人数/人 | 占比/% |
| --- | --- | --- |
| A.经常参加 | 12 | 15.4 |
| B.偶尔参加 | 39 | 50.0 |
| C.支持,但从未参加 | 27 | 34.6 |

### 4.您平常通过什么途径了解洱海保护的活动(多项)

表4 调研问卷内容及统计情况

| 选项 | 人数/人 | 占比/% |
| --- | --- | --- |
| A.报纸、杂志 | 31 | 39.7 |
| B.网络 | 39 | 50.0 |
| C.政府宣传 | 51 | 65.4 |
| D.亲朋好友 | 23 | 29.5 |

### 5.您认为洱海周边的环境污染是由下列哪些原因造成的(多选)

表5 调研问卷内容及统计情况

| 选项 | 人数/人 | 占比/% |
| --- | --- | --- |
| A.生活用水污染 | 55 | 70.5 |
| B.政府对环境问题的重视程度不够 | 23 | 29.5 |
| C.企业污染 | 27 | 34.6 |
| D.牲畜粪便处理不当 | 27 | 34.6 |
| E.游客及周边居民随意丢弃垃圾 | 47 | 60.3 |
| F.旅游资源过度开发(如邮轮及小船增多) | 20 | 25.6 |
| G.过度捕鱼 | 5 | 6.4 |

### 6.您认为目前洱海环保工作做得怎么样

表6 调研问卷内容及统计情况

| 选项 | 人数/人 | 占比/% |
| --- | --- | --- |
| A.很差,需要大力加强 | 0 | 0 |
| B.一般,有待加强 | 70 | 89.7 |
| C.很好,无须过多加强 | 8 | 10.3 |
| D.无所谓,与我无关 | 0 | 0 |

## 7. 您从事什么职业

表 7 调研问卷内容及统计情况

| 选项 | 人数/人 | 占比/% |
|---|---|---|
| A. 公司职员 | 0 | 0 |
| B. 服务业人员 | 3 | 4.5 |
| C. 工人 | 5 | 7.2 |
| D. 农民 | 27 | 35.4 |
| E. 学生 | 36 | 47.2 |
| F. 事业单位/公务员/政府工作人员 | 0 | 0 |
| G. 自由职业者 | 4 | 5.7 |
| H. 无 | 3 | 4.5 |
| I. 其他 | 0 | 0 |

## 8. 您的家庭成员中是否有人专门从事农业生产

表 8 调研问卷内容及统计情况

| 选项 | 人数/人 | 占比/% |
|---|---|---|
| A. 有人专门从事农业生产(专业农户) | 9 | 11.3 |
| B. 有人边务工边从事农业生产(兼业农户) | 30 | 38.7 |
| C. 没有人从事农业生产(非农户) | 39 | 50.0 |

## 9. 您家庭中种植的农作物主要是哪种类型(多选,非农户不答)

表 9 调研问卷内容及统计情况

| 选项 | 人数/人 | 占比/% |
|---|---|---|
| A. 粮食作物(水稻、玉米等) | 7 | 18.9 |
| B. 经济作物(烟草、花生、油菜等) | 0 | 0 |
| C. 蔬菜 | 30 | 81.1 |
| D. 水果 | 0 | 0 |
| E. 药用作物 | 0 | 0 |

## 10. 您在农业生产活动中是否考虑过环境污染问题(非农户不答)

表 10 调研问卷内容及统计情况

| 选项 | 人数/人 | 占比/% |
|---|---|---|
| A. 考虑过 | 35 | 94.6 |
| B. 没有考虑过 | 2 | 5.4 |

### 11.您是否了解绿色农业生产技术(非农户不答)

表 11　调研问卷内容及统计情况

| 选项 | 人数/人 | 占比/% |
|---|---|---|
| A.非常了解 | 0 | 0 |
| B.有一些了解 | 36 | 97.3 |
| C.不太了解 | 1 | 2.7 |
| D.完全不了解 | 0 | 0 |

### 12.您了解农业生产信息的渠道有哪些(多选)

表 12　调研问卷内容及统计情况

| 选项 | 人数/人 | 占比/% |
|---|---|---|
| A.报纸、杂志 | 20 | 25.6 |
| B.电视 | 27 | 35.6 |
| C.网络 | 55 | 70.5 |
| D.村委会宣传栏 | 27 | 34.6 |
| E.农业技术人员指导 | 36 | 46.2 |
| F.街坊邻居、亲戚朋友 | 12 | 15.4 |
| G.农资商店 | 4 | 5.1 |
| H.其他 | 3 | 3.8 |

### 13.您是否参加过农业生产知识/农业技术讲座/培训课程

表 13　调研问卷内容及统计情况

| 选项 | 人数/人 | 占比/% |
|---|---|---|
| A.参加过许多次 | 11 | 14.4 |
| B.参加过 1～3 次 | 16 | 20.8 |
| C.没有参加过 | 51 | 64.8 |

### 14.您是否考虑过采用以下绿色农业生产技术(多选,非农户不答)

表 14　调研问卷内容及统计情况

| 选项 | 人数/人 | 占比/% |
|---|---|---|
| A.选用优良品种(绿色、高产、优质、抗逆性强的品种) | 37 | 100.0 |
| B.节水灌溉 | 12 | 32.4 |
| C.测土配方施肥 | 23 | 62.2 |
| D.施用有机肥 | 16 | 43.2 |
| E.使用低毒农药 | 4 | 10.8 |
| F.秸秆还田 | 4 | 10.8 |
| G.固废回收处置(农药包装袋、地膜收集处理等) | 12 | 32.4 |

**15. 假如政府为了推广绿色农业生产技术,给采用绿色农业生产技术的农民发放一定补助,您是否愿意采用以下绿色农业生产技术(多选,非农户不答)**

表 15　调研问卷内容及统计情况

| 选项 | 人数/人 | 占比/% |
|---|---|---|
| A. 选用优良品种(绿色、高产、优质、抗逆性强的品种) | 37 | 100.0 |
| B. 节水灌溉 | 31 | 83.8 |
| C. 测土配方施肥 | 25 | 67.6 |
| D. 施用有机肥 | 19 | 51.4 |
| E. 使用低毒农药 | 7 | 18.9 |
| F. 秸秆还田 | 9 | 21.6 |
| G. 固废回收处置(农药包装袋、地膜收集处理等) | 17 | 45.9 |

**16. 大理旅游业的发展对您的生产生活是否带来改善,如果有,具体是哪一方面**

表 16　调研问卷内容及统计情况

| 是否改变 | 具体改善方面 | 人数/人 | 占比/% |
|---|---|---|---|
| 暂无 | — | 18 | 23.0 |
| 是 | 增加了收入 | 8 | 10.3 |
| 是 | 经济收入有所提高 | 12 | 15.4 |
| 有改善 | 建议继续发展旅游业 | 19 | 24.4 |
| 否 | 物价上涨 | 21 | 26.9 |

(二)具体问题分析

**1. 洱海污染及保护情况**

我们的受访群众遍布各个年龄阶段,涉及学生、农民、工人、自由职业工作者等多个职业。问卷发放具有随机性,分析结果具有较强代表性。

(1)从问卷调查结果来看,所有的村民都表示保护洱海是一件十分重要的事情,并认为目前洱海正处于生态修复阶段,污染治理状况取得较大成效,可以进一步加强洱海保护工作(表 1)。

(2)有 34.6%的村民表示自己支持洱海保护工作,但从未参与过(表 3)。

(3)有三分之一的村民表示很少使用网络,基本通过报纸、杂志来了解洱海保护情况,有 50%的村民表示通过网络来了解洱海保护的相关信息;有超过 65%的信息来源于政府宣传,说明政府的宣传工作普及力度大,普及范围广,具有较强公信力(表 4)。

(4)据统计,超过六成的村民表示是生活污水的不当排放以及游客及周边居民随意丢弃垃圾导致洱海水质恶化的(表 5)。

1)群众对绿色高值农业的了解及接受程度

统计结果显示,本次实践共计采访了 37 位专业农户及兼职农户,占受访群众的 50%。

(1)在问询中,实践团了解到大部分的农户已经将田地转让给云南农垦公司,现在大都从事与旅游相关行业及其衍生行业。

(2)在农户中，有超过八成的农户表示现在只是在田地中简单种植一些蔬菜，有不到两成的农户表示目前仍然在种植水稻、玉米之类的粮食作物(表9)。

(3)有94.6%的农户表示在进行农事活动时会考虑环境污染问题，说明村民具有较强的环保意识(表10)。

(4)有35.2%的受访村民表示参加过农业生产知识课程，但有超过六成的村民表示从未参加过农业生产培训的讲座(表13)。

(5)村民表示大都通过电视、网络、农业技术人员指导以及村委会宣传栏等来了解农业生产信息(表12)。

(6)对于近年来的绿色农业生产知识普及，村民对绿色农业生产技术有一定了解，但对使用低毒农药等并不十分深入(表14)。

(7)农户们对选用优良(绿色、高产、优质、抗逆性强的)品种，测土配方施肥以及施用有机肥有较高的接受度，并表示如果能给予一定的政策鼓励，对各项绿色农业生产技术的接受程度会有显著提升(表15)。

2)乡村振兴发展

实践团收集到的问卷调查结果显示：

(1)有50.1%的村民表示旅游业带动了乡村振兴，吸引了许多游客，在住宿、餐饮等行业均增收不少，并且表示由于洱海水质有了较大改善，生态环境质量有了显著提高。

(2)但仍有49.9%的村民表示旅游业发展的同时物价上涨，生活成本变高但工资没有改变，生活质量有所下降；且由于旅游业发展并不完善，大量的游客涌入会带来交通拥堵，出行不便(表16)。

(3)从与村民的交谈中，实践团发现随着民主法制推进，民众的个人素质变得越来越高，假期会有志愿者来协助洱海周边垃圾回收与处理工作，村镇变得越来越干净、整洁，村民生活的各个方面都得到了很大改善。但对于洱海周边房屋建设问题，村民希望对于由于保护洱海而停止修葺的房屋问题能得到妥善解决。

**2.古生科技小院**

洱海保护面临面源污染来源贡献不明、作物产值低而环境损失大和洱海保护与农民增收难三大挑战。为更好地应对这三大挑战，古生科技小院形成了洱海科技大会三大战役：以入湖氮磷负荷减少10%为目标，面向洱海流域、古生片区进行水质保卫战；以亩产值达万元以上，农田氮磷排放降低30%以上为目标，面向农村、农田进行高值农业攻坚战；以生态文化建设、生产生态化建设、促进农民收入持续快速增长为目标，进行乡村振兴阵地战。

(1)水质保卫战　主要面临面源污染监督体系不完善，治理行动滞后等问题。

(2)高值农业攻坚战　主要面临绿色不高值、高值不绿色的问题。对于粮食体系，村民们面临着虽然投入少、污染低，但产值也低的问题。对于蔬菜体系，村民们面临着产值较高，但投入多、污染大的不协调问题。

(3)乡村振兴阵地战　以往的村户停留在传统的种植模式，发展慢、产值低，急需转型。

**3. 洱海绿色污染防控科技小院**

(1)农民对科技手段并不熟悉　在调研过程中发现,虽然有些科技很先进,但也只是少部分农民会利用这些科技手段,且并不熟练。

(2)科研成果转化率低　研究体系非常完美,但从科研成果到转化为生产力还存在巨大的距离。

**4. 面源精控科技小院**

(1)村庄污染类型多、分布散、产生随机、难以监测,从而导致研究难度大、污染物来源不清、污染负荷贡献不明确等问题,急需开展村落高分辨率污染源解析研究,为村落污染精准防控、靶向治理提供科学基础。

(2)中国农业大学研究生汤博文表示,洱海面临一个问题,就是它的面源污染的来源不清、构建不明,不知道它有哪几个污染源,各自对洱海造成多少污染也不清楚。

**5. 有机循环与有机农业科技小院**

在实地走访调研学习中,实践团了解到科技小院研究出了不同污染风险区域的分类标准、不同作物的氮磷施用限量标准,研发出了养分智慧管控系统,普通农户只需要在手机上输入姓名和要种植什么作物,就能定位区域,进行精准的定量配肥。科技小院的工作者也希望即使将来他们走了,技术也能留下,让每一个农户都能受用。

(1)只有探索农业绿色高值生产模式,破解面源污染治理难题,才能带领群众增收致富。

(2)由于当地实施了退鱼塘还湖、退耕还林、退房屋还湿地工作,一些村民不能继续耕作,经济收入不稳定,必须得给他们找到新的收入来源,提高农民的生活质量。

(3)科技小院的学生们联合企业,给村民们开讲电商课,发掘打造乡村网红,手把手教村民们做直播、做剪辑,期望把古生村的绿色农产品通过网络推销出去。

**6. 蔬菜科技小院**

(1)施肥方面　由于洱海流域蔬菜体系种植面积占总面积的13%,因此对当地农民增收十分重要。但是长期大量施用有机肥导致了洱海流域土壤肥力不高,进而面临养分损失的风险。此外,有机肥养分供应与作物需求不匹配,导致了作物无法高产,环境损失也多。

(2)在周年养分吸收累积规律方面　洱海流域蔬菜种植现状为高复种、高投入、高收益,同时也存在高污染的问题。揭示菜田氮磷损失途径和特征,将有助于改善高污染的问题。

(3)高值绿色蔬菜种植方面　面临引种和生物强化,主要是如何构建高值体系、高值体系是否能满足消费需求、高值体系的生产方式与传统种植模式有什么区别。

(4)土壤酸化问题方面　由于洱海流域土壤多年种植蔬菜,导致土壤酸化日趋严重和土壤养分有效性降低,解决酸化和有效性问题已经成为洱海流域土壤改良的重点和焦点问题。

**7.人文科技小院**

人文科技小院主要工作包括以下五个模块。

第一模块是创建了知行研学、绿色发展等多种发展模式，统筹规划洱海流域的产业政策、生计决策、乡村规划、乡村治理、文化赋能等，共同将古生村建设成为农业绿色发展创新试验区；创新发展庭院经济、古生村旅游合作社，培养乡村能人，培育乡愁文化，助推古生村农业高质量发展。

第二模块是以研究产业经济、建言农业政策为出发点，聚焦农业产业、揭示产业规律、贡献研究智慧，努力将洱海流域传统温饱农业产业逐步转化为增产增收农业产业，最终打造为绿色高值农业产业。

第三模块是聚焦生计转型，推动能力建设，开展调研工作，提出实际问题，提出可行发展能力，践行三大行动计划，开展古生村饮水科普行动。聚焦民族特色、地方饮食特色，以白族火把节为契机，推出白族火把节、古生农家宴。农家宴包括八道民族菜，即大黑皮、酸辣鱼、白杜鹃花汤等。另外还准备了特色民族节目，包括两个大本曲、六个民族舞，充分调动群众热情。

第四模块以善用田野课堂、传承报国精神为中心，将思政课带到社会生活中，建立调研点、实践站，组织宣讲团，开设讲习所。古生村里“自找苦吃”的年轻人、心系“三农”的宣讲团将科学家精神贯彻到底，为思政课提供鲜活的教育内容，两者相辅相成，密不可分。

第五模块以传统建筑为着眼点，传承传统民族建筑智慧，助推洱海乡愁文化发展。工作人员对古生村古建筑进行了具体的测绘制图，将这些古建筑以数字化方式保存下来，并且对古生村进行了美丽乡村规划，设计出了乡村美育剧场、生态沟渠、耕渔文化角等绿色美丽的建设构想。

（三）对策建议

**1.调查统计结果**

1）洱海水质保护

（1）进一步加强保护洱海全民参与行动。

（2）加强生活污水排放监控体系，加强对游客丢弃垃圾的监督工作。

（3）借助新媒体大力宣传“洱海清，大理兴”，发挥媒体宣传的最大优势，让更多人明白保护洱海的重要性；同时，考虑到老一辈群众没有网络阅读的习惯，所以不能放弃传统媒体的宣传。

（4）加强对村干部的技能知识培训，发挥好村里领头羊作用。

（5）策划制订更丰富的洱海保护工作计划，让更多群众参与到保护洱海的活动中。

2）绿色高值农业发展

（1）降低农民参与农业技能培训的门槛，让更多的农户参与绿色农业的培训中，帮助他们掌握更多发展绿色高值农业的新技术。

（2）加强绿色高值农业的宣传工作，例如，网络科普、报纸杂志报道、村委会宣传等。

（3）政府部门加大对农户发展绿色高值农业的支持，在各个方面给予一定补贴。

3)乡村振兴

(1)合理开发利用旅游资源，带动乡村振兴，避免过度开发。

(2)合理规划道路，减少交通拥堵发生频率。

(3)控制旅游业发展所带来的当地物价上涨。

(4)创新发展“乡愁”体系，全面助力古生村生态、文化、人才振兴。

**2.古生科技小院**

(1)针对面源污染这一问题，古生科技小院构建了“六纵七横智能监测监管体系”，开展了面源污染治理新模式，其中包括“123 行动”的制定和“351 目标”的明确。

(2)小院设置系统检测网络和监测智能化，师生现场勘查取样，村庄面源污染精准监控，建立了完善的基础信息数据库。

(3)为攻克“绿色不高值，高值不绿色”这一问题，小院计划以水环境阈值为卡口，以周年面产值为目标，探明洱海流域作物养分供需匹配规律，创新绿色智能肥料与绿色增产增效技术，构建周年绿色高值新模式为思路，走农业科技创新路径；以引进功能品种打造绿色食品品牌，生态文化赋值，新农人增值，实现全产业链高值为目标，开创产业链创新道路。

(4)成立实体党支部、公众号(累计阅读量 24 000 余次)等众多重大成果，为洱海美好生活的实现和绿色生活意识的提高作出有效推进。

**3.洱海绿色污染防控科技小院**

(1)科技小院要真正做到一体化服务，不仅仅是将好的东西研究出来，更要在农民中大力宣传，以更通俗易懂的词句告诉大家这种方法的好处，为大家答疑，并且让大家熟悉这些科技防控方法，不拘泥于旧的防控方法，敢于创新也敢于接受创新。

(2)将科研体系更加现实化、简单化，用现代化农业实现乡村振兴就是要将体系变得更加容易运用，才能得到高转化率。

**4.面源精控科技小院**

(1)南京大学袁增伟教授团队加入中国农业大学张福锁院士牵头组建的洱海流域面源污染精控作业团队，主要负责村落污染精准解析与治理和有机固废资源化与绿色高值发展相关科技研究工作。围绕村落污染源精准防控，开发村落污染源大数据分析、全覆盖检测、全过程高分辨率模拟、有机固废全量资源化技术，为落地面源污染精准治理、有机固废高效资源化、绿色产业高值发展模式提供技术支撑。

(2)依托洱海流域面源污染精控科技小院，建立多团队协作、多学科交叉的面源污染治理和监督指导联合攻关模式，精准划定调查范围，构建精准的源头排放—输移—入湖全过程的“六纵七横”监测网，逐步形成完善的流域尺度面源污染监测体系，初步揭示了面源污染对地表水质的影响，摸清了主要农业源污染排放特征。

(3)中国农业大学研究生汤博文提出，面对洱海的问题，首先要把每个源确定，到底有哪些在排放，另一个就是确定每个源的排放量有多少，这是主要做的工作。知道每个地方的污染占比之后，就可以制定相应的减排措施。

(4)云南农业大学研究生徐浩文表示,除了做肥料的淋溶研究之外,也做了一个微生物方面的研究,比如说一些特征关键的一些微生物,看能不能提高,以期为提高水稻生产方面提供一些科学理论依据。

**5.有机循环与有机农业科技小院**

(1)目前我国的农业生产绿色观念尚处在起步阶段。中国绿色食品发展中心有关数据表明,目前我国使用绿色食品商标的产品只有3 000多个,生产量一年为2 000多万t,这个数字在我国农产品总量上还是不太可观。尤其在农村,大部分农民整体知识水平不高,对绿色产品知之甚少,大多数人环保意识还不是太强,为了节约成本而不重视环保。相关部门仍然需要进一步加强宣传教育工作。

(2)"大国小农"是我国的显著特征,人均耕地面积远远低于全球的平均水平,人均资源禀赋不足以及人地关系紧张是我国长期以来的现实问题。为了解决"大国小农"的温饱问题,就要增加粮食作物的产量,因此,长期以来在农业生产过程中大量使用化肥农药,导致我国土地盐碱化、土壤肥力下降、地下水被污染、农村环境被破坏等问题出现。面对农业资源过度消耗的现状,传统的农业发展方式已经不能适应现代化发展的要求,我国必须走绿色低碳循环发展的现代化农业之路。

(3)基础设施与农业发展相配套才能促进农业的发展。推进我国农业绿色低碳循环发展,要加大对基础设施的投入,及时检修和更换有问题的农业设施设备,利用农村集体经济的制度优势,将农民组织起来,整合农村土地资源,形成规模化经营,引进人才和资金,积极研发新技术和新的农产品,推动农业绿色低碳循环发展。

**6.蔬菜科技小院**

(1)针对施肥问题,蔬菜小院采用七步走战略,把握蔬菜体系氮磷盈余高的特点,设计绿色智能肥料,建立高值蔬菜体系绿色生产方案,在农户间进行推广,达到重构洱海流域高值绿色蔬菜体系的目标;然后在重构基础上进行生物强化,自上而下地实现洱海流域蔬菜体系绿色发展。

(2)针对探寻损失阻控途径的问题,开创创新模式,以养分盈余限量为卡口,以更高值轮作模式为目标,优化"蔬菜周年"传统种植模式,构建新型周年绿色高值蔬菜体系,实现绿色高值协同。

(3)高值体系的构建首先根据生育时期、营养价值、功能产品进行品种筛选,然后秉持绿色轮作、周年匹配、高产作物的原则来决定轮作模式,接着考量品质需求和种植时间来决定消费需求,最后根据种植密度和地膜选择生产方式。

(4)解决土壤酸化问题,优先考虑土柱试验和大田试验。在土柱试验中,用调理剂处理不同程度的酸化土壤,得出氮磷在土壤中向下迁移影响特征与不同酸化土壤对作物根际微环境的影响结果。大田试验主要解决调理剂处理对土壤理化性质的影响和对作物养分含量和产量的影响。

(5)自蔬菜小院建立以来,洱海流域蔬菜相关问题已得到解决或正在解决。国际上,如今技术的发展除了人工外,机械已派上更大用场,蔬菜小院可以根据实际情况逐步与国际接轨,发展方法的同时打开格局,而云南等山地地区也期待有新的人才研制出因地制宜的科技工具,造福人类。

**7.人文科技小院**

人文科技小院集时政热点、民族文化、科技发展、传统建筑为一体,多位一体,提出了建设古生村的具体方案并且予以实施,为构建古生村绿色体系、助推古生村乡村振兴起到了一定的促进作用。

## 【悟·院】

### 学有所悟,任重道远

——我意识到实事求是、联系群众,是开展一切工作的基础。只有知道农民真正需要什么,我们的科研活动才更有意义。

——这次活动不仅仅是一次农事体验、科技参观,更是一次对自身进行审视与反省、探索与发现的宝贵机会。

——乡村振兴,还有很长很远的路要走。身为农大人,一定尽最大努力,推动农业稳步前行。

——我感受到在这里的师生们都是发自内心的热爱农业,并将自己学到的理论知识应用到洱海保护的实践中。

——我们要加强专业知识的学习,注重实践经验的积累,为推动农业农村发展贡献自己的力量。

——在实践中,我走进科技小院,深入田间地头、村屯农家,收获颇丰!

——我深刻意识到了学农的意义所在,渴望在未来将自己的学习成果挥洒在祖国的大地上!

(东北农业大学 20级本科生陈宗悦,22级本科生阿膺茹、邢瑞玲、刘蕊、廖雨薇、乔宇合、费智涵 文)

# 南京农业大学 江苏如皋水稻科技小院

知院
识院
悟院

实 践 学 校：南京农业大学
实践小队名称：科“稻”秾民实践队
小 队 成 员：田郅尧、封兮寒、蒋林烨、李洁、李夏一、马瑞、庞旭彤、石欣瑀、王嘉茵、杨昊哲

江苏如皋水稻科技小院
如皋市农业科学研

南京农业大学
江苏如皋水稻科技小院

## 【知·院】 小院简介

江苏如皋水稻科技小院成立于2010年，主要针对江苏省水稻种植体系中所存在的养分资源管理不合理等问题，形成了以地力综合提升与作物高产优质高效为核心的水稻绿色增产增效创新技术与应用体系，总体成效如下。

(1)集成了以有机培肥为核心的绿色提质增效技术　构建了以有机培肥、氮磷钾养分总量控制和中微量元素协同，轮作体系水肥优化为基础的“增施有机肥、稻麦轮作、周年养分运筹协调”提质增效技术，实现了土壤肥力潜能充分发挥、减排和产量品质协同提升；在江苏省连云港市、宿迁市、徐州市、常州市、南通市和泰州市等地建设核心示范区1万亩，累计辐射推广面积超过100万亩，增产节肥效果较好，经济、社会效益显著。

(2)实时更新水稻生产技术知识　创建“农户调研—田间试验—技术扶持”模式，在农户调研和田间试验中寻找问题，解决问题。根据实际情况每年更新和预测农业灾害，给当地水稻生产给予全程技术支持。

(3)线上线下共服务模式　联合如皋市农科所，开展高产优质高效型水稻生产技术宣传，采用线上咨询、线下田间观摩和技术培训的方式，让小农户切实感受到用更低的成本获得更高的收益。

(4)培养懂技术的“下地专家”　鼓励研究生具备“稻田寻真知，田埂吃便饭”的精神，帮扶周边农民成为懂技术的“土秀才”，同时培养农学类研究生具备用知识造福农村的使命感和责任感。

## 【识·院】 如皋水稻种植农户调研报告

粮食生产是农业农村工作的一大重心，粮食安全直接关系到国计民生。水稻是我国主要粮食作物之一，受地块特征和农民种植习惯等因素影响，不同地区水稻产量限制因子可能出现分异，具体地区存在的限制因子仍亟待发掘。本文依托江苏省如皋市水稻科技小院，以何庄社区、夏圩村为调研点进行了调研。结果表明，当地存在肥料使用不科学、农村劳动力老龄化等问题。本科技小院项目的调研结果为如何进一步提高如皋地区水稻产量提供思路，并助力农业农村发展。

## 一、调研背景

### （一）如皋概况

水稻是我国食用人口最多的粮食作物。根据国家统计局2022年的粮食产量数据，水稻年总产量仅次于玉米，达20 849.5万t，单产达7 079.6 $kg/hm^2$（约合948.6斤/亩）。近年来，我国水稻年产量稳定在2亿t以上，同时品质不断改善，生产过程逐步走向机械化、智能化和现代化。聚焦到长江三角洲地区，此处地处长江下游冲积平原，土壤肥沃，属北亚热带湿润季风性气候区，气候温和，日照充足，雨热同季。该地区历史上为水稻重要产区，水稻种植历史悠久，有“鱼米之乡”的美誉。江苏省如皋市年均温16.3℃，年均降水量1 118.9 mm，拥有耕地面积119.5万亩，水稻种植面积达64.4万亩，亩产约1 250斤/亩（2021年）。如皋市2021年农村人口46.15万人，占比37.6%，高于全国的35.3%，是江苏省名副其实的农业大市（县），同时也是著名的长寿之乡。如皋市2021年农村居民人均可支配收入26 280元，人均生活消费支出19 412元，二者均低于南通市平均值。这些数据为调研报告提供了一定的基础背景信息。

### （二）江苏如皋水稻科技小院

江苏如皋水稻科技小院成立于2009年，为江苏省首个科技小院。科技小院将研究人员派驻到农村一线，与千百万农民一起实现绿色增产增效，是一种极具推广潜力的新模式。农户调研是科技小院推广农业科学技术的必要手段，以此来评估新技术的可行性和应用潜力。科技小院的优势在于可提供科学的种植管理模式，这一模式对周围农户产生的影响尚不清楚。本项目调研了如皋市水稻科技小院周边何庄社区和夏圩村的水稻种植情况，目的在于了解小院模式的影响力和传播阻力。

## 二、调研内容

### （一）调研方法及目的

本文调研所在地区为如皋市丁堰镇夏圩村和城北街道何庄社区，以走访农户并填写问卷的形式获得数据。数据大多来源于农民口述，少数数据可能不准确或与实际情况有所偏差，故我们扩大了样本量，以期得到更准确的结论。我们在乡镇内划定了几个区域，这些区域相对分散，以保证数据具有代表性（图1）。同时，在这些区域内保证有足够的样本数（大于等于6），以减少误差。在调研农户的选择上，我们走访了水稻种植散户和少数大户。散户的种植面积均小于10亩，而部分大户水稻种植面积达200亩以上。

本次调研户数为45户，从中筛选出有效问卷40份。调研内容主要参照前人研究的调研问卷内容进行设计。问卷共分为基本信息、水稻种植情况、施肥情况、机械化程度、水稻产量、劳动力投入、家庭经济状况几个部分。本次调研的目的为了解当地农户的水稻种植模式和种植习惯，找出可能存在的产量限制因子；得到当地农户的水稻生产数据，以期为科学的施肥措施和养分管理提供相关建议；与农户沟通交流，探讨农业技术在农村地区渗透的潜在阻力，为科技小院的推广工作提供可能的支持。

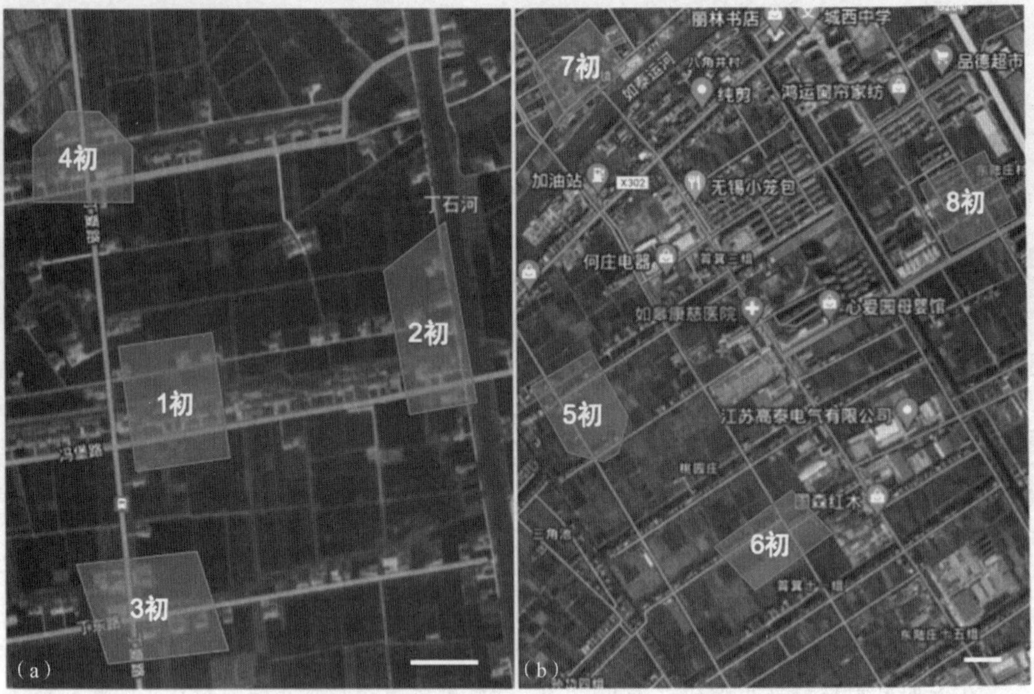


[(a)丁堰镇夏圩村的卫星图像;(b)城北街道何庄社区的卫星图像]

**图1　调研区域划分示意图**

## (二)调研结果

### 1.劳动力

(1)劳动力不足和老龄化可能限制水稻增产

如皋地区的劳动力数量有限。水稻种植劳动力人口平均占家庭人口的约2/5,其中部分属空巢老人[图2(c)]。种植散户中,每户从事水稻种植人数不超过2人,每个劳动力负责约1.96亩自留地水稻种植[图2(d)]。

如皋地区劳动力年龄分布不均衡,60岁以上劳动力人数约占总体的77.5%,劳动力年龄集中分布在71～80岁[图2(a)]。水稻种植是一项繁重的劳动,需要长时间弯腰和户外工作,劳动力老龄化对农业生产可能造成负面影响。年龄在71～80岁的劳动力可能是过去几代农户中的老一辈,他们在种植水稻方面有丰富的经验和技能。50岁以下的劳动力人数不足可能是因为年轻一代人更倾向于离开农村,选择非农职业或迁移到城市,寻求更好的工作和生活条件。农村青壮年人口外流会导致劳动力减少并加剧农业劳动力老龄化,这可能限制了水稻产量的进一步提高。

劳动力成本高。水稻种植大户的一些种植环节(施肥、农药等)需要额外雇人工,但是雇人的成本较高,每人花费1 000～3 000元的人工费,且雇的人做事并不十分积极。或许较高的人工成本能够促进水稻种植转向机械化生产,但目前机械化的成本仍然很高且一机难求,如何降低机械化成本和改进技术将成为重点。

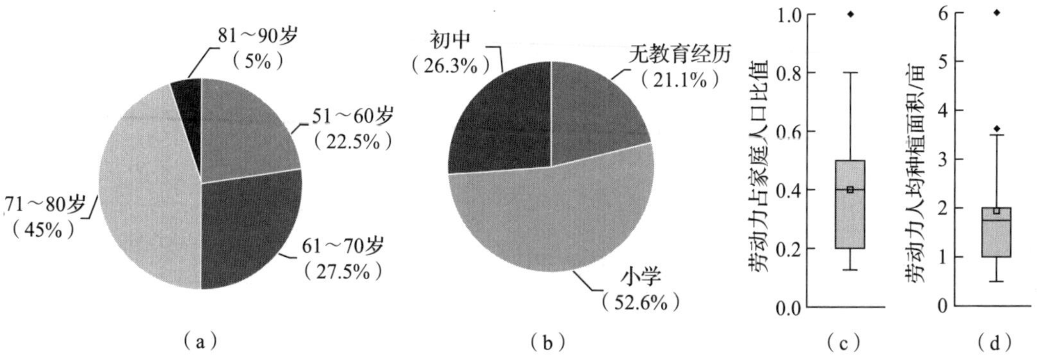


[(a)水稻种植劳动力的年龄分布；(b)水稻种植劳动力的受教育程度；(c)水稻种植劳动力占家庭人口比值；(d)平均每个劳动力所种植的水稻面积。($n$=40，排除了承包大户)]

**图 2 如皋水稻种植劳动力情况**

(2)受教育程度低可能限制农业技术推广

文化程度低是农民技术学习应用的主要阻碍因素之一。此外，传统价值观与信仰也是限制技术传播的一大原因，而该原因可以说是教育不足导致的。大多数水稻种植农户受教育程度为小学及以下(73.7%)，没有人达到高中的受教育水平[图 2(b)]。小学受教育程度低意味着从事水稻种植的劳动力在科学知识和技术应用创新方面相对薄弱。受教育程度低也是劳动力老龄化的一种反映，这限制了他们获取更高层次的知识和技术，从而可能影响到他们在农业生产中的效率提升。

农户主要劳动力受教育程度较低可能反映了农业现代化与教育之间的脱节。农业现代化需要与时俱进的知识和技能，包括农业科学和技术的运用、市场需求的把握、农业管理的专业化等。缺乏足够的教育支持可能限制水稻种植劳动力参与农业现代化的能力。

**2.机械化水平**

随着水稻轻型栽培技术的推广，如皋水稻种植从耕地到插秧基本实现了机械化(>80%)，其中收割环节机械化程度更是达到了 100%[图 3(a)]。在所有散户中，施肥、喷施农药还是依靠人工。但是种植大户拥有大片集中的耕地，会雇用无人机喷施，故从耕地面积上显示的机械化率远高于个体农户水平。

机械操作可以提高工作效率、减轻劳动强度，有助于提高农产品产量和质量。施肥和喷洒农药的机械化程度低可能是由于农户经济实力和资源有限。这些操作需要更复杂的设备和更高昂的投入，包括喷雾机、肥料散布机等，农户可能无法承担这些成本或者缺乏相关技术和知识。此外，施肥和喷施农药的单次劳动力投入相比耕地和播种小，农民更倾向于使用人工或简单的工具。机械化程度的差异可能会在不同的农业系统和农业发展阶段中长期存在。

**3.播种与管理**

农户水稻种植的每亩种子用量集中在 10～12 斤[图 3(b)]。水稻种植的地区和品种不同可能导致播种量的差异。不同地区的土壤质量、气候条件和水资源状况等都会对最适播种量产生影响，经验丰富的农户能选择最佳的种植密度。在调研的农户中，何庄社区

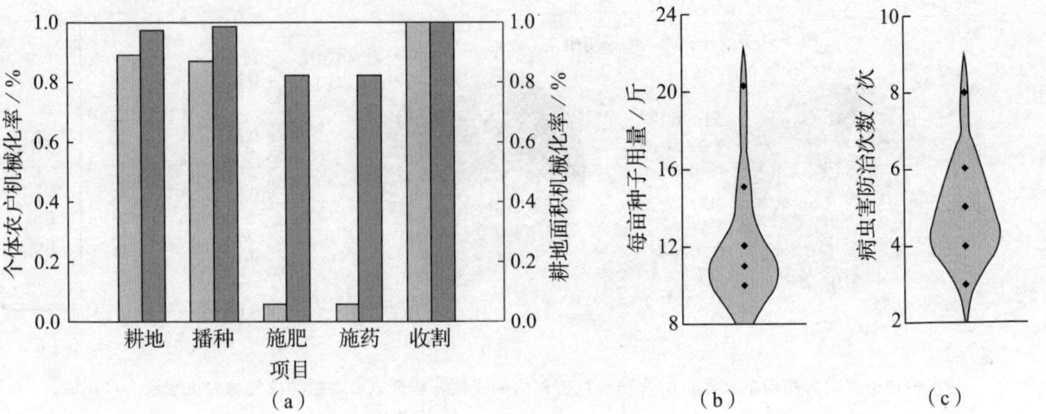


[(a)水稻在耕地、播种、施肥、施药和收割5个环节的机械化程度,个体农户机械化率为使用机械的农户在总农户中的占比,耕地面积机械化率为使用机械的耕地面积占调研农户总种植面积的比值;(b)每亩种子用量;(c)防治病虫害次数的分布,显示了数据点($n=40$)。]

**图3　水稻种植的机械化水平、每亩种子用量和喷施农药次数**

主要采用机插秧,而夏圩村主要采用手插秧、直播和抛秧。这可能是不同地区政府的推广程度不同和地区间经济差异造成的。

在水稻种植过程中,需要定期进行病虫害防治,大多数农户防治次数为4～6次[图3(c)]。不同地区不同年份病虫害压力存在差异。同一地区的某些年份,防治次数可能上调1～2次,大多由政府进行灾害预警和通知协调。在调查近年灾害的时候,部分农户反映出现稻飞虱和稻瘟病等灾害。这些灾害一旦发生,可能会严重影响后期的水稻产量,可见推广抗病品种和加强稻田管理至关重要。

除病虫害外,反映最多的灾害就是倒伏。倒伏一部分是自然原因,另一部分原因与水稻品种和养分管理有关。如前期施氮过多可能导致茎秆过长,贪青晚熟,不利于抗风而倒伏。虽然从有关部门了解到所有农民均有农业保险,但据农民口述,农保赔付率很低,遇到灾害基本上入不敷出。绝大多数农户整个水稻种植周期中只在施用第一次追肥时随施一次除草剂。

**4.施肥情况**

(1)施肥时间

基肥的施用时间在5月20日至6月30日,大部分集中在6月上旬,有的农户则明确表示不施用基肥。第一次追肥施用时间在6月1日至7月25日,大部分农户在6月底至7月上旬第一次施用追肥。第二次追肥施用时间在7月5日至8月18日,大部分集中在7月中旬。只有少部分农户进行第三次追肥,施用时间在7月10日至8月15日,大部分集中在8月的中上旬[图4(a)]。大部分农户施肥凭借传统经验和施肥习惯,也观察水稻长势,适时施用。有时成穗率不高时农民还会继续补施氮肥。总之,水稻施肥需抓住水稻养分需求的关键期,施早、施晚都不能达到最佳效果,而造成肥效浪费和产量减少。

(2)施肥种类

大多数农户偏爱施用氮肥(尿素或脲铵),单次施用多在40斤/亩(不同时期有所差异);

其次是复合肥，不同时期施用量不同，单次可达 100 斤/亩。基肥多用复合肥，其次是尿素。第一次追肥主要施用尿素，其次是复合肥。第二次追肥主要选择尿素、脲铵，其余约 1/3 的农户选择复合肥。第三次追肥主要施用尿素，只有少数施用复合肥[图 4(b)]。

氮肥使用对水稻生长具有重要意义。增加施氮量能促进结穗，但水稻结实率和千粒重会下降。氮素不是单独作用于植物，更多的是与其他营养元素共同促进植物生长。根据最小养分率，水稻各生长时期土壤中最缺乏的元素将成为限制因子，这些元素综合作用影响着最终产量和品质。农户施肥大多是靠经验，要想使苗长得壮，籽粒结得多，就需要优化养分管理。不同氮肥的含氮量、氮素的释放速率等均不相同，适时适地适量施用就成为难点。最好的方法是推广测土配方施肥，明确土壤中可能缺乏的元素，结合水稻生长习性和各营养元素需求量，确定施肥时期和施肥量。

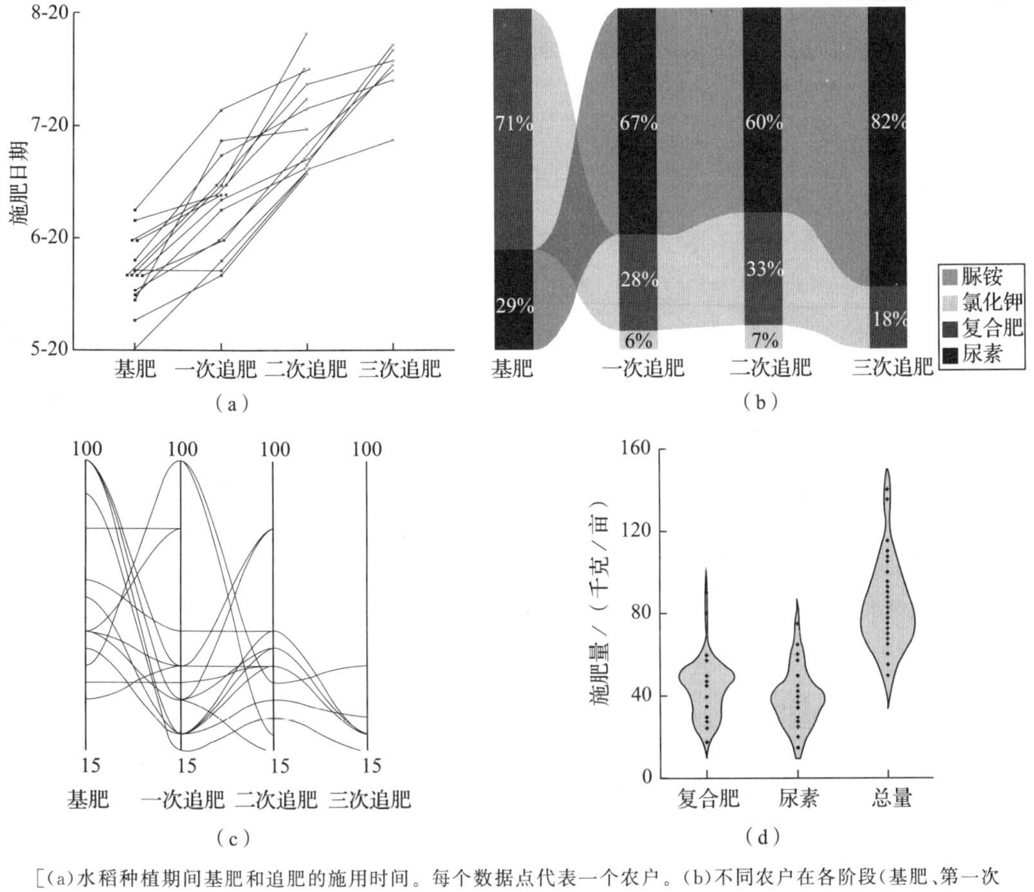


[(a)水稻种植期间基肥和追肥的施用时间。每个数据点代表一个农户。(b)不同农户在各阶段(基肥、第一次追肥、第二次追肥、第三次追肥)施用的肥料种类情况。(c)不同施肥阶段的每亩施肥量(单位：斤)。(d)主要肥料种类(复合肥、尿素)的每亩施肥总量(基肥＋追肥)。($n=40$)]

**图 4　水稻施肥日期、种类和施用量**

(3)施肥量

不同阶段施肥量的分布情况[图 4(c)]表明农户在种植水稻时对肥料的需求和使用量存在一定的差异。基肥施用量在 90～100 斤/亩的农户全部施用复合肥，而施用尿素的农户大部分为 30～40 斤/亩，还有部分农户施用复合肥的用量集中在 50 斤/亩左右。复合肥和尿素施用量分异的原因可能是不同的营养元素配比。基肥施氮可以满足水稻苗期快速生长的需求，而施用复合肥可能有利于补充轮作作物消耗的养分。有趣的是，几乎所有在基肥施用复合肥的农户在第一次追肥时都选择了施用尿素，而基肥施用尿素的农户大多在第一次追肥时施用了复合肥，并且两次施用量之和大多数农户是相似的，因而整体图像的变化呈现波动状[图 4(c)]。总体来看，复合肥的平均总施用量(43.6 kg/亩)略大于尿素(39.1 kg/亩)，而二者总量的大小分布更加均匀[图 4(d)]。

(4)对氮肥的偏爱可能忽视了微肥和有机肥的作用

调研发现，只有极少数农户表示会给稻田增施有机肥或微肥，这实际上表明农户并不重视微肥和有机肥的施用。事实上，微量元素在水稻生长发育过程中发挥着重要作用，而有机肥能够改善土壤结构，能防止过量施肥导致的土壤板结。适当施用微肥和有机肥可能对水稻生产起到正向促进作用，如孕穗期喷施锌肥可以显著增加水稻产量。除此之外，水稻还对硅有特殊的需求，适施硅肥可以强化茎秆，促进水稻生长和抗逆，改善土壤性质，促进营养元素吸收。

**5.秸秆还田**

调研区域内水稻秸秆基本上实现了全部还田。部分小农户(种植面积小于 2 亩)因种植面积小，秸秆由政府统一收集管理，其余农户的秸秆均由机械粉碎后还田，从根本上杜绝了秸秆焚烧的现象。然而，物理粉碎后直接还田可能导致土传病虫害的发生，还田速率慢可能导致小麦种植过程中发生冻害。因此要倡导秸秆科学还田，健全收储运体系，引领秸秆综合利用，提质增效。

**6.产量与收入**

农户种植水稻的亩产在 800～1 500 斤，大部分集中在 900～1 300 斤，其中 1 100 斤为农户的普遍亩产量[图 5(a)]。农户种植水稻的单位面积种植收入在 1 100～2 200 元/亩不等，其中在 1 440～1 650 元/亩的农户占大多数[图 5(b)]。小农户中，水稻有很大一部分留给自家食用，并不售卖；在销售人群中尤以自销和零售商购买居多。此外，农民家庭收入普遍偏低，这可能是受稻米市场价格的限制，一部分也与农民自身意愿有关，部分农户自产自销，更加关注稻米的品质和口感，而非增加产量。

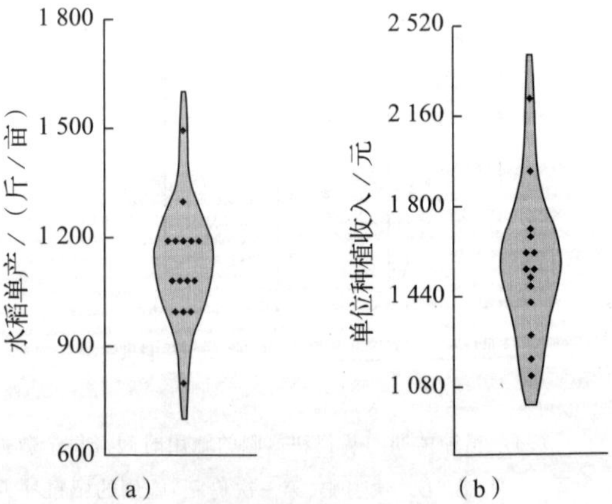


**图 5　水稻单产和单位种植收入**

注：单位种植收入$=\frac{\text{水稻种植收入}}{\text{水稻种植面积}}\times\frac{\text{水稻总产量}}{\text{水稻销售量}}(n=40)$

（三）讨论

通过本次调研，我们发现，如皋地区水稻种植存在劳动力人数不足、劳动力老龄化和劳动力受教育程度低的问题，这可能对农业科学技术推广造成阻力。当地农户缺乏科学的施肥思想和方法，可能导致肥效浪费和面源污染，限制水稻产量的进一步增长。根据调研结果，提出以下分析和建议。

（1）种植管理方面　针对农户遇到的灾害情况和病虫害问题，建议加强防治，例如合理使用农药或采用生物防治方法。可使用矮秆抗倒伏、抗病虫害、更耐逆境的水稻品种；减少除草次数，可以考虑使用覆膜、喷施除草剂等方式来降低劳动投入和成本。秸秆还田有助于土壤保育和养分循环利用，但物理粉碎后直接还田的养分循环利用速率低，且直接还田后可能因秸秆中的虫卵还留在土壤中，使病虫害发生呈加重趋势。建议农户在相关人员的指导下针对有病害的作物秸秆在还田前进行配套的处理措施，并适量添加腐熟剂，从而减轻稻田病虫害情况并提高秸秆还田的资源利用效率。对于养分管理，结合如皋水稻科技小院的研究成果，建议每亩增施 10 kg 氯化钾，作基肥和促花肥，并按 5∶5 比例施用；有机肥 100 kg/亩，过磷酸钙 50 kg/亩作基肥一次施用；尿素 35 kg/亩，按基肥∶分蘖肥∶促花肥∶保花肥＝4∶2∶2∶2 施用。

（2）经济效益方面　鼓励农户采用高产优质水稻品种，加强科学施肥、合理灌溉和病虫害防治等措施，提高亩产水平，以增加稻谷产量和经济效益。积极拓宽销售渠道，可以与当地农业合作社或粮食收购企业合作，争取更好的销售价格和市场出口机会。

（3）技术支持方面　提供针对不同水稻品种的种植技术指导，包括育种选择、播种技术、肥料施用、病虫害防治、灌溉管理等方面的指导。组织专家现场指导，建立示范田，解答农户在种植管理过程中遇到的问题，为他们提供实时的技术指导和解决方案。推广高效节水灌溉技术，修缮水利设施、沟渠等，帮助农户提高水稻的灌溉效率和水分利用效率。机械平整土地，适当迁居。未来要使耕地连成一片，便于大规模机械化耕作，以节约资源和劳动力。推广使用无人机集体喷施农药化肥，让各农户种植进程趋于规范统一。

## 【悟·院】

### 扎根乡野，架起以“农”为名的桥梁

习近平总书记给中国农业大学科技小院学生的回信，无疑是对农业战线、从事农业科技教育和产业发展的全体人员的激励。在学习习近平总书记回信后，我所在的科“稻”秾民小分队响应习近平总书记号召，毅然前往江苏如皋水稻科技小院“自找苦吃”，走进乡土中国深处，进行小院模式学习和以“减肥增效·绿色生产”为主题的农户科普调研。

实践活动开始前，我们倾听了小院联合培养单位如皋农业科学研究所张俊所长、如皋市绿色科普协会张兴建会长分别对单位发展情况的详细介绍，小院院长费立伟博士对小院近 15 年的发展情况以及小院在乡村振兴中作用的相关汇报，并由小院研究生叶薛凯、马安凌洋分别对土壤肥料的基础知识以及水稻高产高效施肥技术对我们进行简单培训。

参观小院试验田时，我们近距离接触水稻，了解水稻相关知识，观察不同养分管理措施下水稻生长状况，并在小院师兄们的带领下调查水稻群体分蘖动态。参观过程中，我们与小院师兄们现场讨论交流学习，真正做到学用结合，把课堂学习与田间实践结合起来，用专业知识去解决实际问题，并对实际问题运用专业知识进行解答。

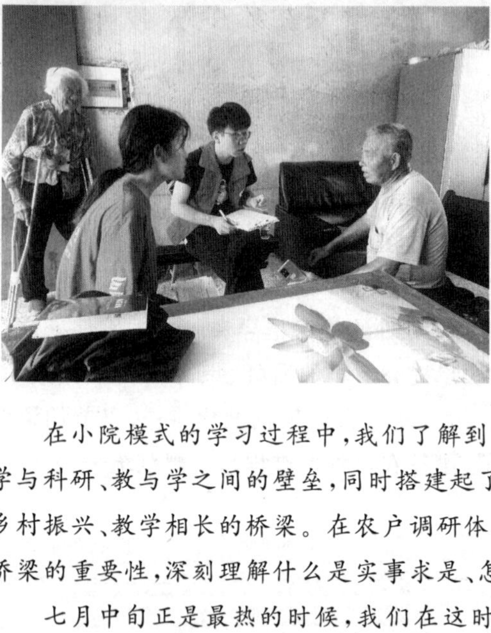

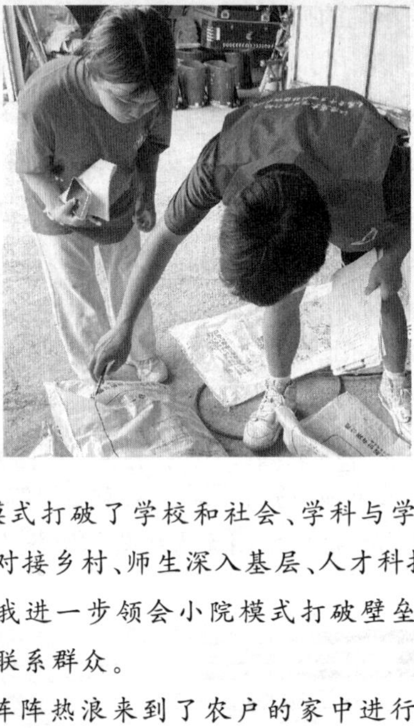

在小院模式的学习过程中，我们了解到小院模式打破了学校和社会、学科与学科、教学与科研、教与学之间的壁垒，同时搭建起了高效对接乡村、师生深入基层、人才科技服务乡村振兴、教学相长的桥梁。在农户调研体验中，我进一步领会小院模式打破壁垒、架起桥梁的重要性，深刻理解什么是实事求是、怎么去联系群众。

七月中旬正是最热的时候，我们在这时迎着阵阵热浪来到了农户的家中进行调研。湿热的天气着实难熬，但看着同样顶着烈日在田间认真干活的农户们，我们说不出一句怨言。环境的恶劣可以克服，语言不通却是本次农户调研的一大难关。首先是普通话与如皋方言的不通。我们大都从小学习并使用普通话，很少使用方言，北方的同学对南如皋方言更是一头雾水。其次是专业用语与农户习惯用语的不通。我们缺乏访谈调研的经验，调研内容如肥料的名称局限在课堂学习的理论知识，对于农户们的俗称知之甚少。

但我们不惧困难，在调研前期邀请到家在如皋且调研经验丰富的杨辰雨学长作为翻译官与教练员，为我们与农户之间搭起沟通的桥梁；与此同时，熟悉南方语系的同学在率先领会方言意思后也主动做起了小小翻译官。在调研后期，我们大部分成员已经能独立进行走访调研，少部分有困难的同学则承担记录宣传和物资搬运的工作。尽管在调研之初有些农户仍会有疑惑与防备，但我们依托前期的经验，打破语言不通，打消农户们的疑虑，最终顺利完成了农户调研任务。

调研结果分析中，我们发现当地从事水稻种植的农户大多为家庭中的年长者，调研时看着他们对自家水稻种植情况如数家珍，问到自家土地肥力情况时两眼放光的自豪感，感动的同时我也不由地担忧起来——等到他们干不动时，这一片片水稻田该何去何从？此外，我们还发现当地大多采取秸秆物理粉碎后直接还田的方式，这种方式可能会加大稻麦轮作模式中小麦耕作时冻害发生的概率，也可能因直接还田后秸秆中的虫卵还留在土壤中，使农户们最为担心的病虫害发生呈加重趋势。此时科技小院作为农户与农技之间桥梁的作用尤为突出，农户如果能够在相关人员的指导下针对有病害的作物秸秆在还田前进行配套的处理措施，并适量添加腐熟剂，不仅可以减轻稻田病虫害情况，还可以提高秸秆还田的资源利用效率。小院发展之路任重道远，需要更多的农科学生厚植爱农情怀、练就兴农本领，借助小院模式搭建桥梁，实现强农目标！

通过本次社会实践，我深刻体会到前辈们撰写的一份份调研报告来之不易，感受到农户们对于稻田病虫害防治的殷切期望，感召到作为农业资源与环境专业的学生在平衡农户增产增收与环境保护方面的使命与担当！在今后，我也要像科技小院每年在站时间超过 200 天，2010 年至今已累计培养的 31 位研究生师兄师姐一样，知农爱农守初心，强农兴农担使命，成为农民与农技推广的桥梁，为加快推进农业农村现代化，为全面建设社会主义现代化国家时刻准备着！

星火传承先辈荣光，展现青年先锋力量。请习近平总书记放心，强农有我！请党放心，强农有我！

（南京农业大学 21 级本科生 封兮寒 文）

知院
识院
悟院

# 安徽农业大学 庐江稻麦轮作科技小院

**实 践 学 校**：安徽农业大学

**实践小队名称**："务皖江科技支农，筑居巢红色青春"社会实践小队

**小 队 成 员**：茆一钒、靖丹阳、卫正宇、曾天越、尹梦、张祥、张旋旋、林珊、张杨洁、孙雪情

学习二十大 永远跟党走 奋进新征程
2023年大学生志愿者暑期"三下乡"社会实践活动
院级团队

庐江现代农业技术合作推广服务中心
学习二十大 永远跟党走 奋进新征程
2023年大学生志愿者暑期"三下乡"社会实践活动
院级团队

## 【知·院】 小院简介

安徽庐江稻麦轮作科技小院成立于2018年，是安徽农业大学首批建立的科技小院。它依托皖中综合试验站，以安徽农业大学一站一盟一中心的农业推广模式为基础，与中国农业大学张福锁院士团队、六国化工股份有限公司、安徽喜洋洋农业股份有限公司、中盐安徽红四方股份有限公司等合作共建，开展稻麦绿色生产、农业面源污染防治等研究。

## 【识·院】 务皖江科技支农，筑居巢红色青春

2023年是全面贯彻落实党的二十大精神的开局之年，也是进入全面建设社会主义现代化国家、向第二个百年奋斗目标进军的重要一年。安徽省巢湖市烔炀镇在科技创新为乡村振兴赋新能方面取得显著成效，利用当地的地理位置优势结合科技创新不断优化农副产品。本团队在此次“三下乡”社会实践活动期间，一方面进行现场走访，充分了解当地乡村振兴的基本情况、农副产品的科技创新具体实施方法和取得了哪些成效，以及创新型的养殖和农业带来了怎样的经济效益；另一方面通过调查问卷、走基层等形式深入了解当地居民对党史文化和红色文化的了解，感受红色基因在徽州这片红色土地上的薪火相传。

## 一、调研背景

为深入学习宣传贯彻习近平新时代中国特色社会主义思想，贯彻落实习近平总书记关于青年工作的重要思想以及习近平总书记在庆祝中国共产主义青年团成立100周年大会上的重要讲话精神，鼓励广大青年学生在社会实践中受教育、长才干、作贡献，争当有理想、有本领、有担当的新时代青年，进一步增强青年的历史责任感和使命感，引导广大青年学生树立和落实科学发展观，学习实践社会主义荣辱观，同时进一步发挥社会实践在加强和改进大学生思想政治教育中的积极作用，我们积极响应学院团委号召，开展了此次实践活动。

安徽庐江稻麦轮作科技小院位于江淮麦稻轮作区庐江县南圩村，是安徽农业大学首批建立的科技小院，成立于2018年。它依托皖中综合试验站，以安徽农业大学一站一盟一中心的农业推广模式为基础，与中国农业大学张福锁院士团队、六国化工股份有限公司、安徽喜洋洋农业股份有限公司等合作共建，开展水稻、小麦绿色生产以及农业面源污染防治等研究；利用课题组现有技术成果，在巢湖流域开展水稻绿色生产与面源污染防治技术集成与示范。

此次实践，团队以安徽庐江稻麦轮作科技小院作为平台，以“一线建小院，小院筑大院”为建设思路，通过科技小院打通科技服务“最后一公里”，零距离、零门槛、零时差和零费用服务农户及产业，推动科技成果的转化应用，让实践团成员在社会课堂中受教育、长才干、作贡献，在观察实践中学习科技创新。

我们深入安徽庐江稻麦轮作科技小院参观学习，了解创新发展模式——“综合试验站＋科技小院”，学习其将此模式作为科技创新、技术示范、推广应用和教育培训的重要载体推进农业现代化。团队成员走出课堂到实践中去，深入农村，和当地的村民紧密相连，进一步了解农民的需求。该小院师生每年驻扎庐江南圩和实验站200余天，围绕着巢湖流域水稻绿色生产面临的主要问题，与当地农民同吃同住同劳动，联合多主体共同开展科技创新和社会服务，线上培训农民500余人次，线下培训农民200余人次。科技小院集中攻关了“水稻种植氮磷养分流失控制技术体系”，构建了“巢湖流域水稻绿色生产—农业面源污染治理技术模式”。作为青年一代，我们应当时时刻刻关注国家“三农”问题，以“三稳”护“三农”，求好不求快，真抓实干全面推进乡村振兴，为实现中华民族伟大复兴贡献自己的青春力量；牢固树立“科技即产业”的理念，推进以科技创新“三农”，以科技引领乡村振兴。因此，我们本次前往安徽庐江稻麦轮作科技小院的目的有如下几点。

(1)了解农业实践情况　深入了解庐江县南圩村及周边地区农业实践情况，特别是稻麦轮作模式的运行情况，包括种植技术、管理经验、产量和品质等。

(2)科技推广与指导　传递先进的农业科技成果和创新技术，提供农业指导和技术支持，帮助农民实现增产增收。

(3)促进合作　促进学院、学校乃至外界对安徽庐江稻麦轮作科技小院的关注度甚至合作关系，通过交流，共同研究农业领域存在的问题，促进农业发展。

(4)问题识别与解决　了解科技小院面临的问题和挑战，通过向学校乃至向社会各界反映，帮助他们找到相应的解决方案，推动农业可持续发展。

(5)实践锻炼　对于大学生而言，前往农村进行实地调研是一种实践锻炼，能够让我们更深入地了解农村现状、存在的问题和需求，培养我们的实际操作能力和社会责任感。

总之，为了促进科技创新在农业领域的应用，提高农业生产效益，推动农村地区的可持续发展，我们毅然决然地前往安徽庐江稻麦轮作科技小院及南圩村等周边村庄，开启调研之旅。

同时，我们还将另一实践地点选在巢湖市。巢湖市有优越的生态自然条件，相关农产品创新企业是我们调研的重点。

## 二、调研内容

### (一)选取烔炀镇作为调研对象

烔炀镇(图 1)的"科技"扎根泥土，为乡村振兴赋能，取得显著成就。安徽巢湖市烔炀镇人民政府心系群众，一心一意为人民服务，积极为当地人民解决实际问题，努力把民生实事做到群众心坎上。所有党员干部把民生小事当心头大事，用心用情办好事办实事，真正与群众心贴心。镇政府对外引进农业科技人才和强化农业生产装备，利用烔炀镇当地地理优势带动相关产业，例如鱼虾蟹循环共生等一系列特色产业带动当地经济发展。如今，烔炀镇经果、稻虾等特色种养业不断完善，村民和党员干部一起撸起袖子加油干，互帮互助谋发展，乡村的致富之路、振兴之路越走越宽广。

图 1　烔炀镇风景

烔炀镇紧紧围绕农业产业发展规划，大力推进农业现代化，实施科技强农行动。在农民最期盼、最急需的农业科技和应用上下功夫，促进农业提质增效。为响应大力实施科技强农战略号召，曙光村利用无人机对小麦田进行农药喷洒，确保小麦高产增收。放眼广袤田野，不见农人忙碌的身影，只有无人机来回穿梭，大显身手，成为春耕新"主角"，农业科技让农业生产的效率大大提高，用实际行动促进粮食增产、农业增效、农民增收，助力乡村振兴。

（二）“三下乡”活动取得显著成效

炯炀之名，源于境内的两条河流炯河和炀河在镇南交汇成炯炀河，注入巢湖。烟波浩渺的巢湖湖畔，蜿蜒的炯河、炀河交汇处，江淮古镇炯炀镇老街不老、产业更新、民歌悠扬、文艺“养人”，历史沧桑交织时代新景，这便是脱贫后的炯炀古镇。

**1. 创新一子落，发展满盘活——工业强镇**

炯炀镇强力推进“工业强镇”战略，当好企业服务员，倾心助力促发展，精心打造产业转移承接地和高质量发展先行区，推进镇域工业经济高质量发展。如安徽尚德轨道设备制造有限公司注重科技创新，与国内各大铁路、公路设计研究院以及高校建立“产学研”体系，联合合肥工业大学建立新型高合金类材料实验室，自主研发的三台新材料装备，产品应用于川藏铁路、商合杭高铁、京雄铁路、连徐铁路、盐通铁路等多个国家级重点工程。企业自主研发的新型整体式铝合金球冠衬板技术，率先将整体式球冠结构引入桥梁支座产品中，有效地解决了国内技术难题。

踔厉奋发勇担当，凝心聚力启新航。炯炀镇不断改进工作作风，切实为民办实事，为企业优环境，持续用心、用情、用力，贴心为企业服务，破解发展难题，在发展镇域工业经济中再续华章。图 2 为镇内某一工业机械厂。

**图 2　炯炀镇内工业机械制造厂**

**2.“科技”扎根泥土，为乡村振兴赋能——农业富镇**

我们来到巢湖市炯炀镇高瑞农业科技有限公司，负责人葛瑞海讲解了该公司的农作物研发及生产模式等（图 3 和图 4）。农业的根本出路在于农业现代化，现代化的关键在于农业科技。

图 3　实践团成员与种植养殖大户葛瑞海交流

图 4　负责人葛瑞海所获荣誉

夏日悠悠，清风徐徐。我们小队走进巢湖市烔炀镇三份村扶贫产业园(图 5)，只见一朵朵月季竞相开放，一排排藤木接连成片，一座座大棚鳞次栉比……棚内棚外，工人们忙着修剪花枝、喷灌浇水、播撒农药、直播选品，满是一片热火朝天的繁忙景象。产业园负责人何宏圣向我们介绍道："目前产业园内共育有 1 000 余种欧洲月季品种，园区内月季主要通过电商平台直播销售，由工人打好包后快递发往全国各地，每年收入可达 30 万～40 万元。"产业发展了，村民的腰包也鼓了。八月，工人们为即将到来的销售旺季辛勤劳作着。据悉，旺季期间产业园每日用工量在 30 人左右，工人主要来自三份村、凤凰村等周边村居农户。同时，产业园还吸纳了近 10 名脱贫户工作，他们通过务工工资与年底入股分红补贴，每人每年收入可达 25 000 余元。

图 5　烔炀镇扶贫产业园一隅

(三)基于调研目的和社会现状发放调查问卷

**1.调查方法**

(1)文献法　在调研的过程中，研究人员可通过对文献资料的分析来更好地发掘课题内在的东西。团队利用搜索引擎等专业网站进行检索，在中国知网以"红色文化的弘扬和传承"为关键词进行文献搜索。

(2)Excel 问卷分析法　我们将调研问卷进行回收和整理之后，再运用 Excel 进行数据统计，并对问卷进行分类分析，得出被调查对象对红色历史文化的了解度及其态度，从而更准确地分析红色文化的传承情况，并得出结论。

调查路线与调研开展方式见图 6。

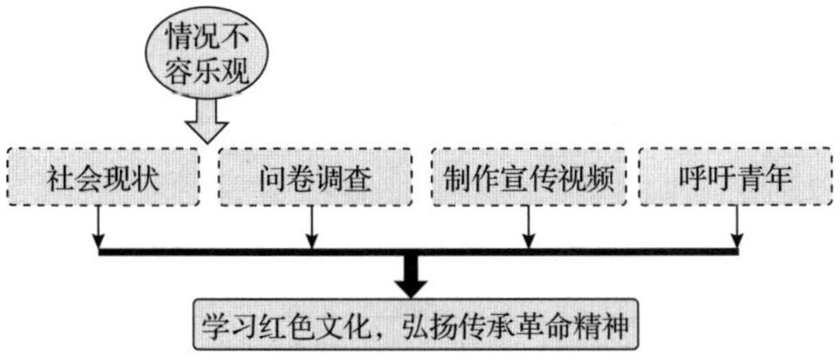


图 6　调查路线与调研开展方式

**2. 调查问卷数据分析**

此问卷分为两部分：①对现代农业公司＋农户发展模式的认识；②当地居民对当地红色文化底蕴及安徽红色历史发展情况的调查。

(1)让科技进入田间，用知识普照大地　科技是第一生产力，在农业领域也是如此。聚焦精准农业、节水农业、农产品加工、智慧农业、农村资源环境等领域，我们深入田间地头、村民房前屋后开展实地探索，反馈结果见图 7。可以看出，受访者对于农业机械以及高产种子有高度认可，说明这两部分应用比较成功；对于与生产息息相关的气象支持度也很高，但对于技术指导并不是很了解。究其原因，农业技术人员只是对于科技和惠民政策有较高造诣，而对于实操经验则是远不及农户，因此技术比较生硬死板。但这并不影响科技的进一步推广。由调查结果可以看出，农户对科技支农的认可度较高，普遍认为科技应用能够提高农业生产力。同时，他们也普遍希望能够获得符合当地产情的科技培训和技术支持，以便在实际生产中获得更好的反馈。我们走访时也发现，科技支农政策在农村地区存在一定程度的推广和实施差距。究其原因，一方面，农民对于一些政策的宣传和了解不够充分，对政策效果的评价也有所偏差；另一方面，如补贴经费不到位，宣传力度还不够等也成为工作中的一些阻碍，导致当前科技支农政策在农村地区的实施还存在一些困难和问题。针对这些问题，我们特地开展了深入调查和分析，并向相关负责人提出了一些建议和措施，以期为完善科技支农政策尽一份力，提高农民从中获得的收益。此外，他们发出的一些关于科技支农领域最朴素的心声，也为后续科技推广工作的改进提供了重要参考。

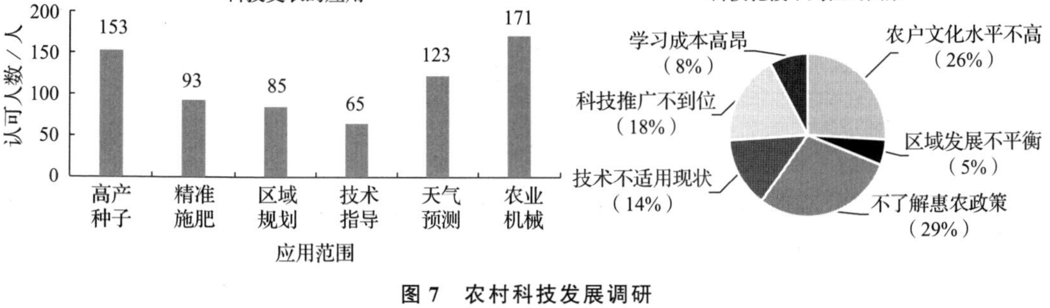


图 7　农村科技发展调研

(2)巢湖红色底蕴调查　在巢湖三杰的故居,我们调查了本地居民对“巢湖三杰”的生平、功绩、影响以及对于红色文化的传承等的态度,总体结果如图8所示。

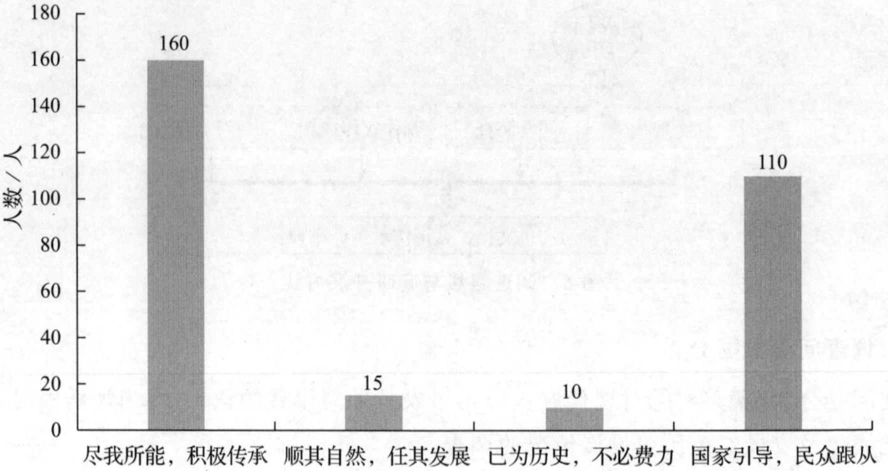


**图8　当地居民对红色文化传承的态度**

由图9可以看出,本地居民对于“巢湖三杰”的了解程度非常高,有25.0%的人认为自己对于“三杰”了解甚多,有所了解的人的比例也高达64.0%,由此可见“三杰”在其家乡是非常令人瞩目的榜样。同时也可以看到,当地居民及游客普遍对红色文化存有一定兴趣,对红色文化的发展抱有信心,愿意学习、传承红色文化,愿意为红色文化的发展贡献出自己的一份力量。但同时,我们也要看到,在红色文化的传播过程中依然面对诸多阻碍,若要更好地传承红色文化,必须创新红色文化的传播形式,采取恰当的方式让红色文化更深入人心,真正走进群众心中,成为与生活、工作、学习息息相关的一部分,在红色土地上薪火相传。

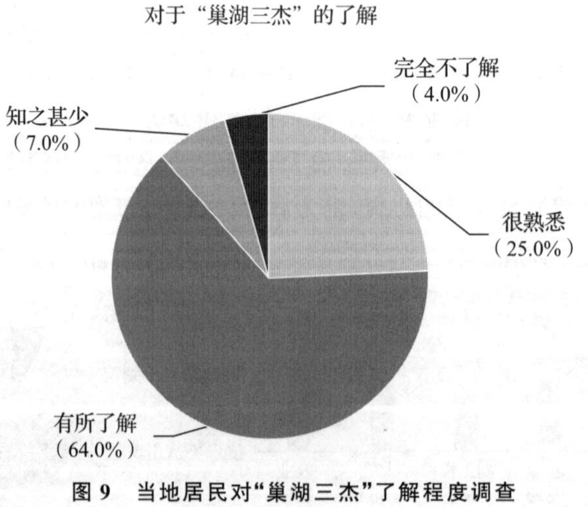


**图9　当地居民对“巢湖三杰”了解程度调查**

**3.调查结果及现状分析**

以上数据说明科技支农的应用存在一些困难,农民习惯于传统耕作方式,不太愿意接受新型科技介入，政府及党员干部应加大走访进行宣传。同时，以上调查数据也暴露出红色文化宣传形式对大学生的吸引力不足、红色文化的传播形式单一，以及在红色文化的传播过程中依然面对诸多阻碍，包括红色文化本身属性的问题和地方政府对于该文化宣传的力度问题。

若要更好地传承红色文化，首先应该创新红色文化的传播形式，不拘泥于传统课堂、书本，让红色文化通过影视剧或短视频等其他新媒体途径走进人们视野，利用讲座、线下展览等手段注重媒体宣传，建设红色基地，采取线上线下相结合的方式让红色文化更深入人心。同时，要增强红色文化自身吸引力，让红色文化真正走进群众心中，成为与生活、工作、学习息息相关的一部分。

团队成员根据此次调查拍摄红色宣传小视频，通过讲故事的方式去讲解，并以安徽小岗村为历史背景讲解中国在改革开放以后取得的成效。视频以新颖的题材，以来自不同的时代空间的凤霞和忆昔作为视频的主人公，通过在安徽农业大学上学意外获得那本封存记忆的日记本，二人展开了跨时代的对话，在视频中带领大家去感受新中国在中国共产党的带领下，逐渐完成中华民族伟大复兴的历史使命。

（四）挖掘多维角度，体悟重要精神

**1. 科技支农**

为增强对乡村产业发展和现代农业公司加农户发展模式的认识，我们和巢湖市烔炀镇高瑞农业科技有限公司开展了校企交流与联谊等活动。我们向对方宣讲有关党的二十大及党的创新理论中科技支农部分的内容并进行讨论，从而进一步加深对这方面内容的理解；参观公司文化展示厅、荣誉墙、养殖场监控系统，举行交流座谈会等，详细了解该农业示范区企业文化、运作模式、公司＋农户的发展运作模式、科技支农方法。在该示范区，同学们通过老师的讲解和该农业现代化示范区技术总监的介绍，了解到了该产业园的运作模式、产业规划和企业发展，他们的目标是力争建设成为生态美、产业化、百姓富、机制活的现代化农业产业园。

党的二十大对建设农业强国作出部署。我们农科大学生应志存高远、脚踏实地，把课堂学习和乡村实践紧密结合起来，厚植爱农情怀，练就兴农本领，在乡村振兴的大舞台上建功立业，为加快推进农业农村现代化、全面建设社会主义现代化国家贡献青春力量。

**2. 创新创业**

党中央提出，要重视企业家精神，支持和引导广大人民群众创新创业，尤其是要关注中青年创业者的发展。安徽荟农生物科技有限公司是由安徽农业大学学生所创办的，公司宗旨是：内化于心、外化于行，筑牢政治信仰，锤炼党性，把讲政治作为第一要求，把忠诚可靠作为第一标准，锐意进取，扎实工作，磨砺好初心与使命，为学校世界一流学科和高水平大学建设提供坚实的组织保证。该公司也是本团队的助力单位之一，本团队负责人茆一钒同时也兼任此公司的大创项目负责人，公司法人卫先生也参与了此次下乡考察，是我们团队的一员。

习近平总书记高度重视“三农”问题，强调“任何时候都不能忽视农业、忘记农民、淡漠农村”。正是在该背景下，我们在巢湖沿岸地区选择富有代表性的巢湖市烔炀镇作为我们的创新理论实践地点，化理论为实践，让我们的团队对党的相关理论有更进一步地深入理解；同时我们依靠现有的创业项目并以此为根据点，进而调研农业与生物科技结合下的专业领域。

我们团队赴烔炀镇前李村进行科技农业创业调研，并邀请巢湖市经济与信息管理局技术人员、烔炀镇前李村驻村干部等进行指导。烔炀镇前李村位于合肥滨湖湿地森林公园内，气候适宜，公园里有国家一级保护植物水杉、珙桐、银杏等珍贵树种，以及再力花、德国鸢尾、荷花等水生植物。同时，该村周围的大片土地都是围湖造田而来的，由于开发过度，泥沙淤积，造成巢湖水面和沿湖湿地不断萎缩，当地居民和干部响应国家号召实行退耕还林，造就了现在森林公园的一部分。

**3. 环境保护**

生态文明建设必须实现人与自然的和谐和共同发展，这就要求在生态文明建设过程中必须遵循自然规律与社会规律，用科学发展观来指导保护区建设的实践，走可持续发展的道路。因而，生态文明建设必须摒弃只注重环境保护的传统生态城市发展观念，真正实现人与自然和谐、人与自然共同发展。为此，我们团队秉持党的创新理论关于环境保护方面的内容，从污水处理与湿地资源保护两个方面来完善当地“环境保护”方面的内容。

图 10 为当地环境保护现状。

**图 10　当地环境保护现状**

首创长岗水务有限责任公司的污水处理厂采用改良氧化沟工艺。该工艺具有结构简单、运行费用较低，耐冲击、处理效果稳定等优点，脱磷除氮效果明显；深度处理工厂采用反应沉淀池＋转盘滤池工艺，通过投加除磷药剂降低尾水中总磷的含量；转盘滤池选择是瑞典 Hydrotech 转盘式微过滤器，该型滤池占地小、过滤面积大、出水水质稳定，能够有效减少尾水中悬浮物的含量。

净化水的全过程包括：首先，采集来的污水通过中格栅间和细格栅间将污水中的杂物分离掉；然后，初步处理过的污水通过进水泵房进入曝气沉沙池和厌氧池，将污水中的泥沙颗粒沉淀并去除污水中的臭味，这些属于污水物理处理方法；最后，这些经物理方法处理后的半净化水再通过生物处理法，经过生物池、二沉池、平流沉淀池、紫外消毒渠成为真正的净化水，一部分排放到市环城水系，其余大部分输送到洨河。另外，污水处理厂生产出的污泥还能作为肥料用于农业生产，这为污水废弃物处理提供了一个新思路。由此可见，污水处理厂的作用非常大，是关系城市发展和居民生活必不可少的重要一环。

## 【悟·院】

### 让“科技”扎根泥土，为乡村振兴赋能

暑期社会实践活动是培养青年一代才干的好渠道，是提升思想，树立服务社会的思想的有效途径。此次暑期的“三下乡”活动，我们实践团以“务皖江科技支农，筑居巢红色青春”为主题，分为两部分进行：首先将庐江县稻麦科技小镇作为此次活动的平台和依托，然后前往巢湖市开展调研和党史理论普及宣讲。活动目的是让“科技”扎根泥土，为乡村振兴赋能，加深对党的认识，深刻体会党的宗旨，坚定共产主义理想和中国特色社会主义信念，乘上巢湖的“红船”，让革命薪火代代相传。

**1.一线建小院，小院筑大院**

创新是引领发展的第一动力，只有在实践中不断创新方法，才能适应“三农”工作新情况。团队成员前往庐江县稻麦科技小镇，了解其创新发展模式——“综合试验站＋科技小院”。创新也是乡村全面振兴的重要支撑。在广阔的田野上，发现解决问题，整合利用资源，创新机制体制，推动人才下沉，科技下乡，努力提高“三农”工作本领，使广大农民更有获得感，不断为乡村振兴发展注入新动能。

**2.游红色故地，传承古色文化**

团队成员来到巢湖市烔炀镇李克农故居，参观学习红色历史文化，缅怀传奇红色英雄。学习革命先烈们为了国家和人民不怕牺牲的精神，了解李克农将军的生平大事，从故事中感受革命先烈为国家的建立和繁荣昌盛而奋斗的壮丽生涯，在展馆中感受革命先烈们的牺牲和奉献精神，并在其鼓舞下激励自身奋力拼搏，为实现中华民族的伟大复兴贡献自己的力量。“相看白刃雪纷纷，死节从来岂顾勋？君不见沙场征战苦，至今犹忆李将军。”青年一代应加深对党的认识，深刻体会党的宗旨，坚定共产主义理想和中国特色社会主义信念，了解英雄事迹，传承红色基因，继承先烈遗志。

**3.脚下沾泥土，肩上扛责任**

我们团队成员经过5天的实践学习，认识到了安徽庐江稻麦轮作科技小院的创新发展新模式，科技小院中培育的是乡村人才振兴的力量，在服务乡村振兴中解民生、治学问；巢湖市烔炀镇利用科技促进农业高质高效；在李克农故居感受革命先烈们的牺牲和奉献精神。正如《人民日报》所述，“中国现代化离不开农业农村现代化，农村现代化关键在科技在人才”。科技和人才，正是科技小院为农村带来的宝贵财富。一方面将科技成果加快转化为农民群众可用的技术，另一方面通过技术培训、科普服务等活动，提升农民科学素质，为当地打造“带不走”的乡村振兴人才。作为新时代的青年，一定要努力学习科学文化知识，增强实践能力，为早日实现中国梦贡献自己的青春与才智。

（安徽农业大学 21级本科生 尹梦 文）

知院
识院
悟院

# 安徽农业大学 庐江灵台科技小院

实践学校:安徽农业大学
实践小队名称:"悟主席回信精神 助乡村绿色振兴"社会实践小队
小队成员:徐志豪、靳宇皓、吴佳泽、聂鑫柳、路新月、马世妍、甘立虎、马之倩

安徽農業大學
学习二十大 永远跟党走 奋进新征程
2023年大学生志愿者暑期“三下乡”社会实践活动
院级团队

## 【知·院】小院简介

庐江灵台水稻科技小院与巢湖的直线距离为 500 m，由中盐安徽红四方股份有限公司和安徽农业大学共建。小院主要针对环巢湖流域化肥施用量过高、土壤有机质含量低、水肥流失、水体富营养化等问题，在稻麦/稻油/稻绿等轮作条件下，开展秸秆、有机肥、生物炭、绿肥还田以及化肥减量化研究。同时，通过与企业合作，进行长期定位试验，为现代农业提质增效提供解决方案，为提高作物产量和品质，降低污染，增加农民收入提供技术支撑。小院建设运行以来，共有 20 名学生入驻小院，其中 10 名学生已经毕业，现有常驻学生 7 人，专家团队 7 人。2023 年，小院在巢湖流域土壤有机质提升、土壤物理性质改善、肥料截留、水肥流失改善等方面取得了良好的成果。2023 年小院相关人员共发表学术论文 8 篇，申请获批专利 10 项，获批国家级、省部级以及市级项目支持 2 项，获批经费 180 余万元；线上培训农民达 500 余人次，线下培训农民达 200 余人次；接受采访报道 5 次；撰写日志 2 000 余篇，接待西南大学、中国农业大学等学校师生共 100 余人次；举办展览、宣传等科普活动 2 次。

## 【识·院】农村绿色发展中减肥减药问题研究

当前，推进化肥农药减量化是加快农业全面绿色转型的必然要求，是加强生态文明建设的重要举措。但广大农民在化肥品牌的选取，化肥、农药剂量的添加，以及相关包装的处理意识中存在许多不足。基于庐江县同大镇灵台村村民的日常农事习惯，我们采用问卷调查、实地观察等调研方式，总结了庐江县同大镇灵台村农户施肥和购肥的主要影响因素、农作物种植的收益和农药包装瓶（袋）回收的具体情况，并提出通过影响农民的种植习惯，实现农药、化肥“双减”，达到实现农业绿色发展目的的相关对策。

## 一、调研背景

化肥因为是速效肥，对于作物所需要的营养已经通过科学的手段掌握并将其配比进行了合理搭配。所以，只要按照技术要求在一定时期施用相应的化肥，就可以完全保障农作物生长的营养需求。同时，随着生活条件的改善，粪便向农家肥的转化链条被化肥掐断，大范围的农家肥概念终结。

化肥虽然在提高作物产量、保障国家粮食安全方面确实贡献巨大，但过量施用化肥会导致土壤水溶性养分等物质通过雨水和水灌溉溶到地下水和河流中，造成水体富营养化和藻类滋生，破坏水环境。据统计，中国每年因不合理施肥造成 1 000 多万 t 的氮素流失到农田之外，直接经济损失约 300 亿元。此外，过多施用化肥还会渗入浅层地下水中，使得地下水硝酸盐含量增加。同时，农家肥属于长效肥、缓释肥，含有作物所需的营养素方面不齐全，难以保障农作物在生长旺盛期对营养元素的大量需求。目前要想将大范围的农业生产再回到以前的纯农家肥时代已经不可能了。

使用后的化肥农药废弃物或多或少有农药残留，其包装瓶袋也难以降解，可谓“危险废物”，农民们将使用后的农药瓶药袋随手丢弃在田间地头或河塘沟渠边，会造成土壤和水体污染；如果丢弃在饮用水源的水库环境中还会造成饮用水安全隐患，含有重金属成分的，其潜在污染危害时间更长。

而我们一般所说的农药包装废弃物，是指与农药直接接触或含有农药残余物的使用后的废弃包装物，主要包括瓶、罐、桶、袋等，包含 500 g/袋以下的肥料包装袋。使用最广泛、数量最多的是塑料瓶，另外还有玻璃瓶、塑料袋、塑料桶等，其中塑料农药瓶的种类根据材质又分为聚乙烯瓶、聚酯瓶、阻隔瓶等。这些具有稳定特性的材质可以保证农药安全地从工厂、物流到农民手中，但因为处理成本高、回收价格低，用完后的这些包装物得不到及时回收处置而散落在自然环境中，加之其特性稳定、不易降解，导致其长时间存在于土壤田地中，破坏土壤结构，影响作物生长。

长期受污染的土壤明显呈酸性化。土壤养分随污染程度加重而减少。土壤孔隙度变小，从而造成土壤结构板结。同时，农药在土壤中的残留将对土壤中的微生物、原生动物以及其他的节肢动物如步甲、虎甲、蚂蚁、蜘蛛、环节动物（如蚯蚓）等产生不同程度的危害。有机磷农药污染的土壤中，动物种群数量明显减少。残存在土壤中的农药对作物的生长也十分不利，过量滥用除草剂，或者用除草剂含量很高的废水灌溉农田，会对作物生长产生非常大的影响。当土壤中农药残留较大时，作物果实中的农药水平也较高。

近年来，“绿水青山就是金山银山”的理念深入人心，人们愈发重视环境保护并注重减少各类污染。农业方面，农业科学技术不断进步，越来越多的有利于农、造福于地的技术被发明出来，并展开推广使用。

试验证明，对小麦、水稻等主要谷物科学减肥减药并施以改进，可以提高作物的抗倒伏能力，增加产量，并显著降低某些疾病的发生率，同时对土壤环境有明显的改善作用。对其他经济作物如葡萄等，通过合理减肥减药，也可以实现增产的目的。由此可见，技术支持下的科学减肥减药对农业生产及环保事业是有显著促进作用的。

因此，对于减肥减药技术的宣传与推广是十分必要的，同时，对农民的传统经验与先进技术之间的冲突有多强烈也是急需了解与解决的。

## 二、调研内容

### （一）庐江县灵台村基本情况

#### 1.农户基本特征

（1）家庭规模小，以中老年农户为主 随着城市化进程的不断推进，大量中青年走向城市，在城市里工作生活，不再务农。随之而来的是农村家庭规模越来越小，家庭常住人口以中老年和少年儿童为主，从事农业生产的人员主要是中老年农户。在调查的31户农户中，年龄分布如表1所示，其中50岁以下为1人，50～70岁为20人，71～90岁为9人，90岁以上为1人。

表1 调查人群的年龄占比

| 年龄 | 人数 | 百分比 |
|---|---|---|
| 50岁以下 | 1 | 3.23% |
| 50～70岁 | 20 | 64.51% |
| 71～90岁 | 9 | 29.03% |
| 90岁以上 | 1 | 3.23% |
| 本题有效填写人次 | 31 | 100.00% |

（2）受教育水平普遍不高 庐江县灵台村农户受教育水平如图1所示，可以发现当地受教育水平普遍偏低，绝大部分为小学及以下学历，无高中以上学历。

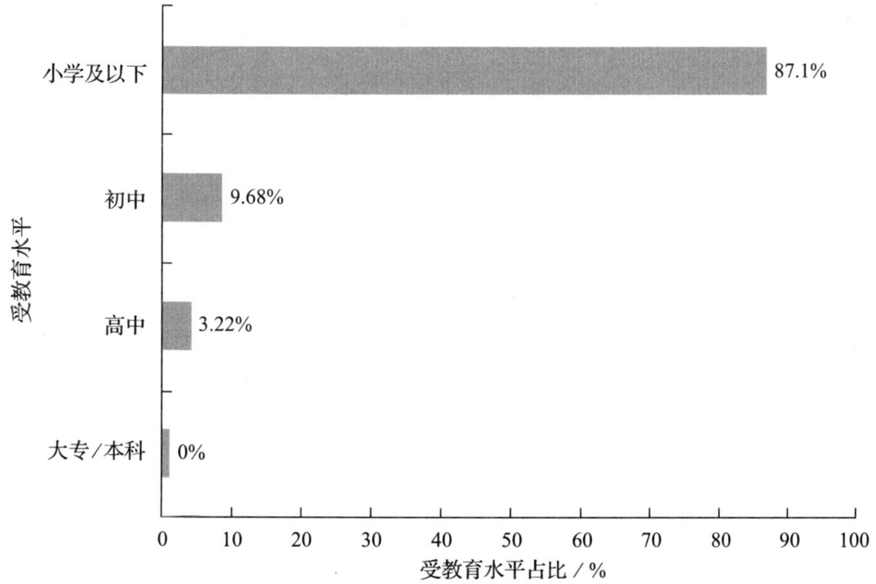


图1 调查对象的学历统计

(3)农户兼业化现象普遍

粮食作物生产季节性强、生产周期长、自动化程度高，并且与经济作物种植收入、工业从业收入相比，种粮收入过低，导致多数在农村生活的劳动力人口从事农业以外的职业，农户兼业化现象普遍存在。本次调查结果显示，多数农户在种植农作物之外，会在当地打一些零工以贴补家用，包括帮承包大户进行插秧、除草等工作，以获得额外的收益。

**2.种植作物种类**

巢湖流域属于亚热带气候，降水充沛，河流密布，土壤肥沃，有良好的水、热、光照条件，适于农作物的生长，尤其是水稻的生长。庐江县灵台村农户均以水稻作为粮食作物，在此基础上进行经济作物的种植，如莲藕、无花果、葡萄、秋月梨、豆角等，并且结合虾类养殖和稻田种植，创新采用稻虾连作模式，不仅能降低施肥的数量，还能改善生态环境。

**3.农户种植面积**

如图2所示，在调查的31名农户中，多数种地面积在50亩以下，其余的为承包大户，种植面积达到百亩以上。

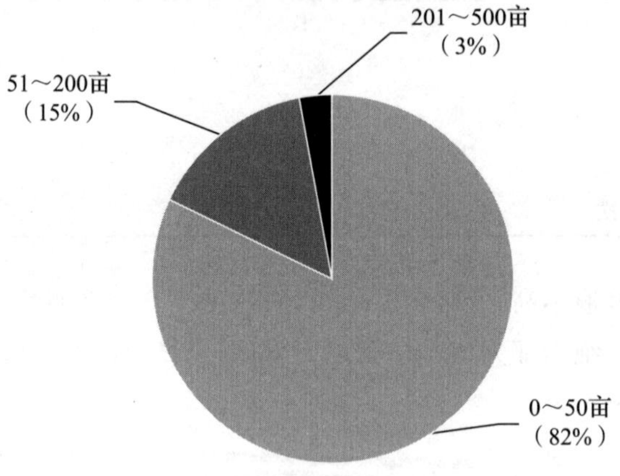


**图2　种植面积占比**

其中，调查的31名农户，大多数进行水稻种植。其中，种植大户还进行莲藕、无花果等特色产业的种植，而种植小户则进行蔬菜的种植，如豆角、韭菜等。种植大户的施肥量通常有技术人员进行指导，遇到的最主要困难是产品的销路问题，正在努力创新售卖途径。而种植小户面临的主要问题是无专业技术人员的指导、化肥农药成本过高以及在经济方面遇到困难。

(二)灵台村农户化肥购买决策行为特征

**1.亲朋推荐和销售商介绍是农户获取化肥产品信息的主要途径**

农村社会是熟人社会，农户长期生活在一个村落里，相互间通过血缘、姻亲等联系紧密，生活简单封闭，信息获取渠道较少。农户在选购化肥产品时，了解、评价产品的信息主要来自自己的使用经验、亲朋推荐、销售商推荐介绍和电视广告。相比电视广告、化肥产品宣传单而言，农户自己的使用经验、亲朋推荐、销售商推荐是产品信息的主要来源渠道，并且更容易获得信任。化肥生产厂家的田间示范活动能够让农户直观地感受到产品的性状、特点和效果,也容易赢得农户的信任。

**2.农户的品牌选择**

庐江县灵台村农户十分重视化肥的施用效果。如表 2 所示,农户通常根据自己所种植的作物品种、面积来确定化肥的种类与数量。庐江县灵台村的农户,使用最多的是复合肥、尿素,通常为多种肥料混合使用(表 3)。对于化肥品牌选择,农户通常依据自己和亲朋的化肥施用结果来判断化肥质量,选择多为中化、红四方、史丹利等大品牌、可信赖的化肥,然后备选购买其他的化肥品牌(表 4)。极少数的农户一直使用一种化肥,几乎所有农户都会偶尔换用其他品牌,以求获得更好的施用效果。

**表 2　化肥采购和农业生产的主要依据**

| 选项 | 小计/人 | 比例/% |
|---|---|---|
| 自己经验 | 27 | 87.1 |
| 政府农技员推荐 | 1 | 3.23 |
| 科技小院推荐 | 0 | 0 |
| 附近农资店推荐 | 1 | 3.23 |
| 参照肥料说明 | 1 | 3.23 |
| 亲戚朋友推荐 | 0 | 0 |
| 生产大户/农技示范户推荐 | 1 | 3.23 |
| 手机网络 | 0 | 0 |
| 其他 | 0 | 0 |
| 本题有效填写人次 | 31 | 100 |

**表 3　农户对化肥种类的选择**

| 选项 | 小计/人 | 比例/% |
|---|---|---|
| 单一肥(氮肥、磷肥、钾肥等) | 1 | 3.23 |
| 复合肥料(磷酸铵、硝酸钾、铵磷钾肥) | 17 | 54.84 |
| 农家肥(绿肥、人粪尿、厩肥、堆肥、沤肥) | 2 | 6.45 |
| 以上都使用 | 11 | 35.48 |
| 本题有效填写人次 | 31 | 100 |

**表 4　农户对化肥品牌的选择**

| 选项 | 小计/人 | 比例/% |
|---|---|---|
| 一直购买一个品牌 | 1 | 3.23 |
| 偶尔换用其他品牌 | 29 | 93.55 |
| 其他 | 1 | 3.23 |
| 本题有效填写人次 | 31 | 100 |

**3. 化肥价格是农户最敏感的因素**

在农村，单一务农的农户收入普遍偏低，即使兼业农民在农村集体经济、私营经济不好的地区，其他收入也不是很丰厚。另外，许多农户考虑到农业生产的低投入产出比，导致农户对化肥价格很敏感，如表5所示，在调查的全部农户中，几乎所有人都表示化肥价格近年来持续上涨，价格太贵。

**表5　农户在购买化肥中遇到的问题的统计**

| 选项 | 小计/人 | 比例/% |
|---|---|---|
| 没有问题 | 0 | 0 |
| 价格太贵 | 30 | 96.77 |
| 质量低劣，没有效果 | 0 | 0 |
| 想要的肥料缺货 | 0 | 0 |
| 其他问题 | 1 | 3.23 |
| 本题有效填写人次 | 31 | 100 |

**4. 农户非常关心化肥售后服务**

农村老年农户比较多，他们体力有限，身体的协调性、敏捷性、力量、耐力等大幅下降，而粮食主产区的农户家庭耕地比较多，化肥使用量普遍大，他们无法自己完成化肥运送、施肥等活动。因此，老年农户更加关注化肥售后服务，如送肥到地头、提供施肥服务等。此外，对于施肥方法、用量方面的问题，农户希望有专业的人进行指导，如果买到不合格的化肥产品，他们希望能获得及时的退货与更换服务。

**5. 化肥施用方便性日渐成为农户选择化肥的标准**

如表6所示，由于很多农户把农业作为兼业，为了不让农业生产过多地耽误自己的工作时间和精力，越来越多的农户开始关注化肥施用的方便性，因而复合肥、配方肥等易于施用、能够机械化施用的化肥产品更受欢迎。

**表6　农户化肥使用的方便性**

| 选项 | 小计/人 | 比例/% |
|---|---|---|
| 非常不方便 | 0 | 0 |
| 比较不方便 | 2 | 6.45 |
| 不确定 | 6 | 19.35 |
| 比较方便 | 11 | 35.48 |
| 非常方便 | 1 | 3.23 |
| （空） | 11 | 35.48 |
| 本题有效填写人次 | 31 | 100 |

**6. 购买时间集中**

庐江县灵台村农户对化肥产品的需求具有强烈的季节性，需求刚性也比较强。如表7所示，大多数农户表示，化肥购买通常为按需购买，购买的途径比较方便，少数人是按年购买并放置在家。

表 7　农户购买化肥频率

| 选项 | 小计/人 | 比例/% |
| --- | --- | --- |
| 按年购买 | 5 | 16.13 |
| 按需要购买 | 21 | 67.74 |
| （空） | 5 | 16.13 |
| 本题有效填写人次 | 31 | 100 |

**7.熟识的乡镇农资经销商为主要购买渠道**

农户在决定在何处购买化肥时，会综合考虑以下方面：是否有亲朋好友从事化肥销售，自己以往购买化肥的经销商是否可靠，亲朋对于化肥销售商的评价，自己的购买经验等。化肥质量重、体积大，消费时间十分集中，因此化肥生产厂家往往选在靠近化肥消费地设置销售网点，如乡镇、村里的农资店。就近购买化肥不仅可以省去长途搬运化肥这项重体力劳动，而且可以节省购买时间。从农户的购买心理考虑，大部分农户都会担心所购买化肥的质量，以及在化肥出现质量问题时如何保障自己的利益，他们认为熟人最为可靠，也不怕化肥出现质量问题找不到人负责，所以农户往往会选择自己熟识的、信任的乡镇或村里的农资经销商。

**8.购买化肥时关注的主要信息**

购买化肥时需要关注的主要信息，如表 8 所示，庐江县灵台村的农户最关注化肥的养分含量，以选择适合自己种植作物的化肥。此外，还需要关注化肥的肥料名称、商标、生产日期、批号等，多选择大品牌、值得信赖以及生产日期较新的化肥。

表 8　农户购买化肥关注的信息

| 选项 | 小计/人 | 比例/% |
| --- | --- | --- |
| 肥料名称及商标 | 3 | 9.68 |
| 养分含量 | 25 | 80.65 |
| 其他添加物含量 | 1 | 3.23 |
| 生产许可证编号 | 0 | 0 |
| 生产者/经销商名称、地址 | 0 | 0 |
| 生产日期及批号 | 1 | 3.23 |
| 肥料标准 | 0 | 0 |
| 警示说明 | 0 | 0 |
| 其他 | 1 | 3.23 |
| 本题有效填写人次 | 31 | 100 |

**9.用肥习惯和农户的增产预期决定化肥购买量**

化肥在农业生产中的唯一作用就是促进农作物生长，促进农民增产增收。如此单一的产品用途预示着农户对化肥的需求量仅与作物的生长需求量、耕地地力、农户的用肥习惯以及增产增收预期有关系。客观上讲，农作物生长有其特定的营养需求规律，营养供给不足则生长缓慢，收成欠佳。然而，营养过剩、施肥过多同样会伤害作物而影响产量。所以，理论上化肥需求量仅与作物生长期间的营养需求、耕地地力有关系。针对此，如表 9、表 10 所示，几乎全部农户均对施肥使用量有很好的认知。总体而言，农户家庭耕种土地的规模决定了化肥的总购买量。农户在购买化肥时会估算投入产出比，如果预期增加化肥投入能够带来收入的同比例或更大比例的增长，那么就会增加化肥购买量，比如粮价上涨、化肥价格大幅下跌等。农户的用肥习惯是其在长期的农业生产中所形成的化肥施用经验的总结和应用。随着化肥产品的不断更新换代以及施肥技术的不断改进，如果传统农民能够得到适当的培训，农业生产所需的化肥量将会减少，化肥购买量也将减少。

**表 9　农户对施肥量的认知**

| 选项 | 小计/人 | 比例/% |
|---|---|---|
| 用得越多对于农作物的生长越好 | 1 | 3.23 |
| 施肥要有一个合适的量 | 28 | 90.32 |
| 少用为好，有副作用 | 2 | 6.45 |
| 本题有效填写人次 | 31 | 100 |

**表 10　对施肥量的影响因素**

| 选项 | 小计/人 | 比例/% |
|---|---|---|
| 农产品价格 | 9 | 29.03 |
| 作物长势 | 20 | 64.52 |
| 化肥价格 | 19 | 61.29 |
| 基本无影响 | 2 | 6.45 |
| （空） | 1 | 3.23 |
| 本题有效填写人次 | 31 | 100 |

### （三）灵台村农户施肥习惯具体分析

#### 1. 村民是否创新农业种植方法

如图 3 所示，在调查的 31 名村民中，有 90.32%的村民没有创新的农业种植方法，一

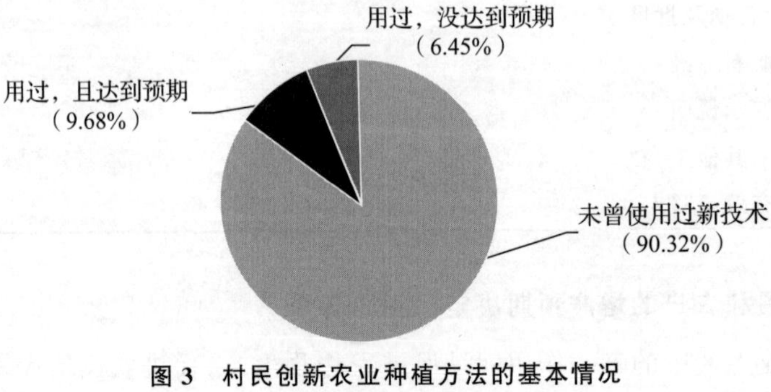


**图 3　村民创新农业种植方法的基本情况**

直使用一种方法进行种植；仅有 9.68％的村民有创新，但其中有 6.45％的村民未取得预期效果。这表明绝大多数村民在生活生产中并不注重使用新的种植方法。

**2. 村民从事农业生产时想得到哪方面的帮助**

如图 4 所示，在调查的 31 名村民中，有 23 位村民在生产中想要得到相关生产资料的补贴，占总调查对象的 74.19％；有 12.90％的村民想了解市场信息情况；9.68％的村民想要得到技术指导帮助。可以看出，现阶段村民在实际生产中最需要政府给予的补贴帮助。

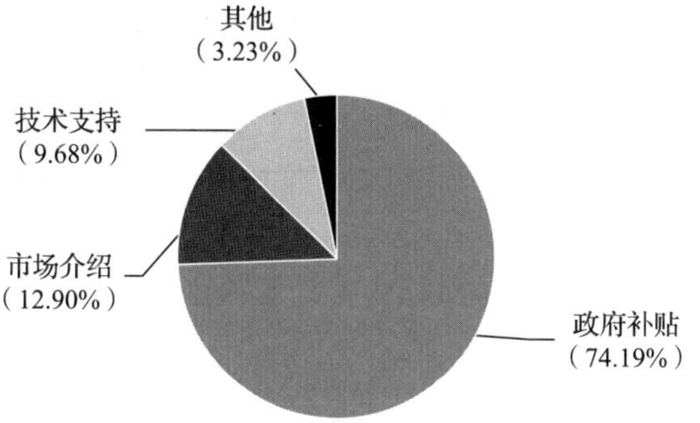


**图 4　村民从事农业生产时想获得的帮助情况**

**3. 村民对过量施肥会污染土壤的了解程度**

如图 5 所示，在调查的 31 名村民中，有 38.71％的村民认为过量施肥对于土壤没有污染，51.61％的村民认为过量施肥会破坏土壤并且污染水环境，9.68％的村民认为过量施肥会导致作物的产量下降。由此可见，村民对于肥料过量使用对环境产生的影响和危害作用并不是非常了解。

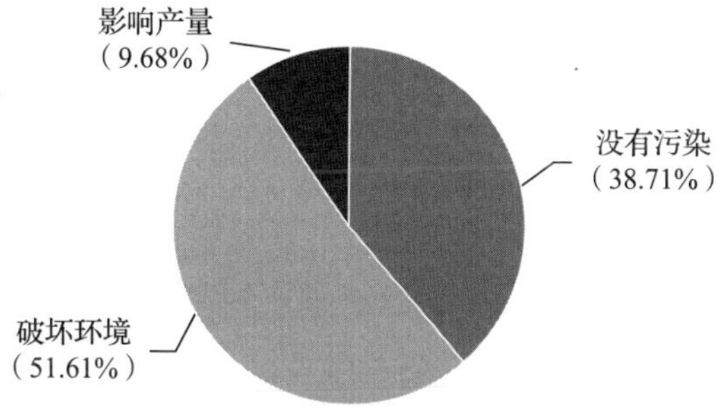


**图 5　村民对过量施肥会污染土壤的了解程度**

**4. 村民是否愿意为了避免污染而改变施肥习惯**

如图 6 所示，在调查的 31 名村民中，54.84％的村民表示不愿意为了减少污染而改变施肥习惯；29.03％的村民表示无所谓；仅有 16.13％的村民表示愿意为了减少污染而改变施肥习惯。可以看出，超过一半以上的村民更关心作物的生长情况而非污染程度，这对建设生态良好的环境来说是一大需要解决的难题。

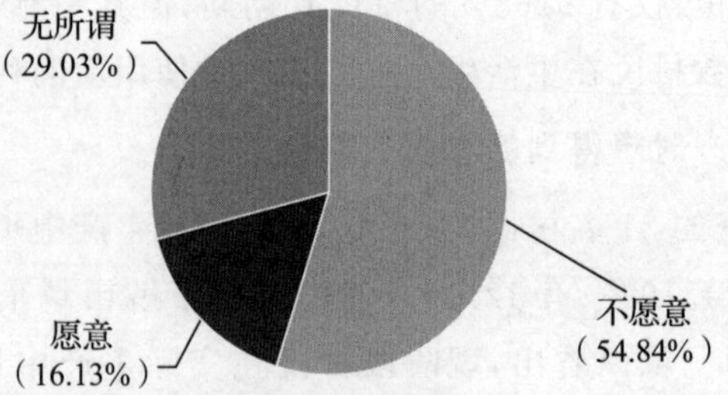


**图6　村民对于为了减少污染而改变施肥习惯的意愿程度**

（四）灵台村村民种植作物收益情况具体分析

**1.经济作物相较于传统农作物的收益**

如图7所示，在调查的31名村民中，有12位村民认为经济作物比传统农作物的经济收益高，占总调查对象的38.71%；14位村民认为两者收益差距不大，占总调查对象的45.16%；16.13%的调查对象认为经济作物收益不如传统农作物。因此大部分村民选择种植经济作物。

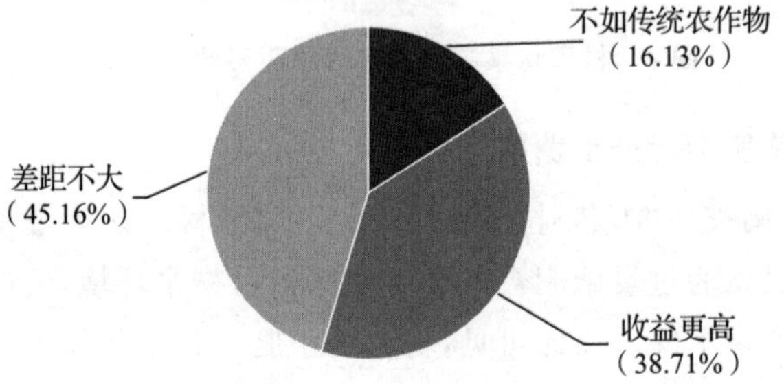


**图7　经济作物相较于传统农作物的收益**

**2.经济作物相较于传统农作物的成本价格**

如图8所示，在调查的31名村民中，有45.16%的村民认为经济作物的成本比传统农作物高出一点；32.26%的村民认为两者差距不大；16.13%的村民认为经济作物的成本不如传统农作物；仅有6.45%的村民认为经济作物的成本比传统农作物高出很多。这也使村民们更偏向于种植经济作物。

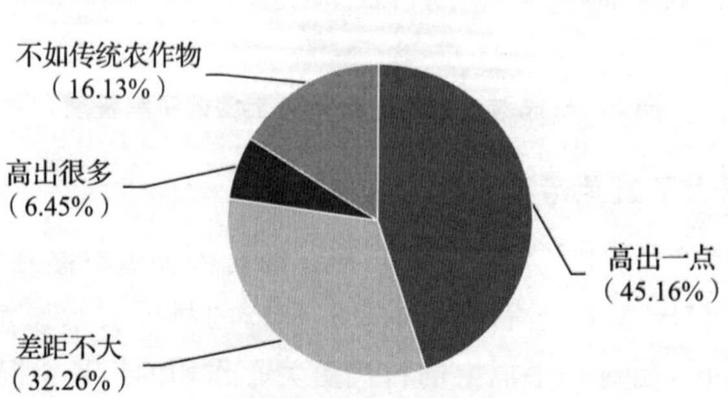


**图8　经济作物相较于传统农作物的成本价格**

（五）基于灵台村农药回收的相关调查

**1.走访村民调研**

（1）村民认为农药瓶被回收的方便程度　如图 9 所示，在调查的 31 名村民中，有 22 位村民认为农药瓶的回收是不方便的，占总调查对象的 70.96%；仅有 3 名村民认为农药的回收比较方便，占 9.68%；还有 6 位村民表示不确定。因此村里农药瓶的回收工作进展并不顺利，回收价格低、回收距离远、收集农药瓶不便等因素都使农药瓶回收的难度上升。

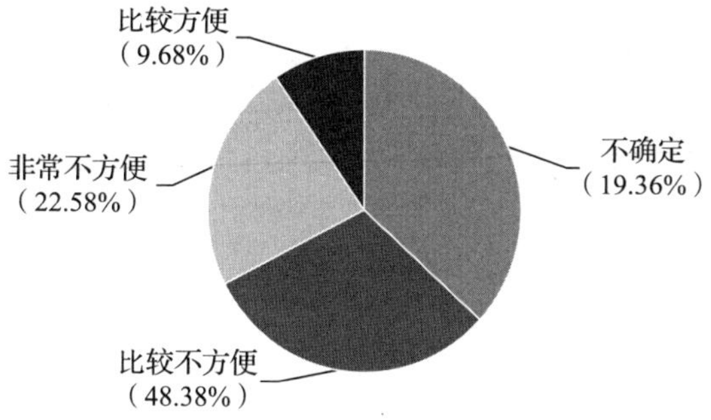


**图 9　村民认为农药瓶被回收的难易程度**

（2）村民集中回收废弃农药瓶意愿　如图 10 所示，在调查的 31 名村民中，若村委会派人进行农药瓶回收，有 74.19% 的村民表示愿意将日常使用的农药瓶集中起来；22.58% 的村民表示一般；3.33% 的村民表示将农药瓶集中起来太麻烦了，不愿意进行。

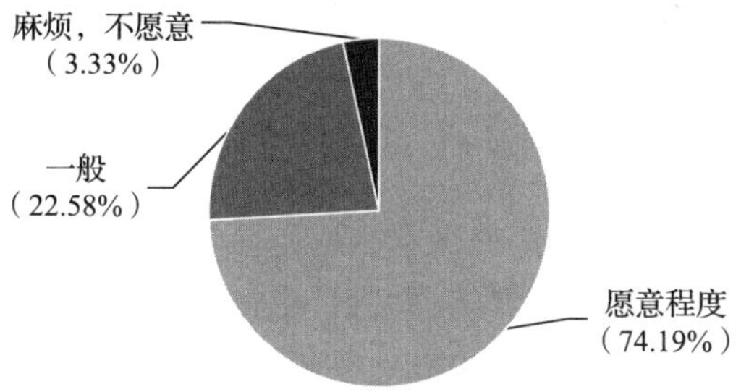


**图 10　村民集中回收农药瓶的意愿程度**

（3）队员实地考察　队员们通过对田埂的不同区域进行搜寻和采样活动，收集了很多的农药瓶和农药废弃包装袋（图 11）。显而易见的是，大部分农民习惯于将使用后的农药瓶药袋等废弃物随手丢弃，且此情况在一些地区很是普遍，是有关方面管理的“盲区”。

为了进一步调查农药对土壤的影响情况，我们对村庄里两块平均占地约 20 亩的田地进行搜寻，其中①田为南北走向，②田为东西走向。综合两块农田的农药残留物分布和土壤受污染的情况，我们可以得出以下结论。

首先，农药包装废弃物聚集较多的田地土壤的作物生长情况远不如无污染土壤的情况，并且生物分布数量也明显不像无污染土壤那样密集，可以看出农药包装废弃物中仍会携带部分种类的农药残留在土壤中，不易分解，不利于农作物的生长。

其次，农药可分为杀虫剂、生长调节剂、除草剂等几大类，由于所含的关键成分有所差

**图 11　所采集并分类的农药废弃物**

异，所以不同种类的农药对土壤的影响程度也是具有一定区别的。我们观察发现，有些含有有机氯农药成分的废弃包装物虽然年份久远，但是对土壤的污染程度依旧巨大。因该类农药毒性高，性质稳定，在土壤中的残留时间很长，其造成的危害极难随着时间的流逝而淡化，从而使生态系统的正常循环遭受严重破坏。因此，该种农药残留物附近的土壤的可供农作物生长发育的环境极差，小苗大多枯黄杂乱，几乎没有什么生机盎然的农作物存活。

（六）灵台村农业绿色发展的建议

为了维护生态环境的平衡，应当倡导绿色生产，尽可能减少农药的使用量，积极开展农业防治和生物防治。另外，加大创新投入力度，尝试培育抗虫抗病性强的农作物新品种，有效降低农药污染。不使用国家禁止使用的农药，如有机磷或有机氯农药等。加大市场监管和惩罚力度，阻止违禁农药在市场上的流通。对于已经受到农药污染的土壤，可以改种绿肥、增施有机肥或采取其他耕作措施，尽可能地降低农药进入作物以及转移到食物链的可能性。

**1.宣传“合理使用农药、保护生态环境”**

大力向农民宣传滥用、乱用农药、化肥的危害,使他们认识到问题的严重性,积极引导他们科学合理施用农药、化肥。

**2.修建沼气池**

修建沼气池,通过沼气渣与水的科学配比,用沼液喷洒农作物,同时利用管道输入蔬菜基地,然后滴管式进入土壤,可有效降低化肥、农药的使用,提高农产品的质量。

**3.选用有效的农药喷施器械**

尽可能提高农药利用率,选用合适的施药器械,减少农药化肥的浪费。选用施药器械时,应该综合考虑采用先进植保机械防控技术,减少农药残留。

**4.推行绿色防控**

绿色防控就是以农业生态系统为基础,采用农业防治、开发利用新型肥料和进行生物防治,最终达到减少农药、化肥使用的目的。害虫、病原物的天敌是在长期的生物进化过程中形成的,对人体没有伤害,对农产品品质没有影响,对生态环境也没有破坏。

**5.农药、化肥减量的单项技术**

农作物农药、化肥减量的单项措施除了上述提到的还有很多,如香根草生态工程技术、性信息素诱杀技术、种子处理技术、环保型农药助剂减量增效技术、送嫁药技术、抗病虫品种鉴定与利用技术等。

**6.推行共作新模式**

在单一作物种植的基础上,推行共作新模式,将养殖业与农业相结合,达到维护生态平衡、减肥减药的目的。同时注意培育优良新品种,促进农业绿色发展和生态有机平衡。

**7.科学施肥、因土施肥,合理使用化肥**

根据目标产量和作物养分需求规律,根据土壤养分状况,结合测土配方施肥成果,合理调整氮磷钾养分配比和用量,优化施肥时期及施用量,采用水肥耦合技术,科学施肥。

**8.有机肥替代化肥,减少化肥施用,提升耕地质量**

大力推行秸秆还田,加大有机肥积造和施用,积极推行有机肥替代化肥(有机肥替代氮肥比例在10%～20%为宜),有机无机配施,因土施肥,优化土壤C/N化学计量比,合理施用有机肥,提高肥料利用率,培肥地力,提升土壤综合产出能力,持续推进化肥减量增效行动。

**9.因地制宜推广机械设施**

农民习惯某种撒肥方式是因为该方式方便快捷,要想改变农民这一习惯唯有其他方式省工、省时、省力,方能有效。要大力推广化肥机械施用技术。按照农艺农机融合、基肥追肥统筹的原则,加强化肥撒施机械研发,因地制宜推进化肥机械施撒,减少养分挥发和流失。

**10.生产配方肥,方便农民施用**

要改变农民多年养成的施肥习惯并非易事,需要化肥生产、流通企业,农技推广部门等共同努力。除了推广先进的施肥技术外，首先要研发生产出有针对性的、配方专用化的化肥产品，方便农民施用。

（七）对农药废弃物回收建议

**1. 建立乡镇回收站**

回收站原则上设置在乡镇政府所在地，由乡镇政府负责管理、安排人员与选择贮存场地。结合农村人居环境整治，宣传发动群众，将抛弃在农村垃圾堆、田间地头、河塘沟渠的废弃农药包装物送往乡镇农药废弃包装物收集站，所有收集袋均印上剧毒标识，防止重复利用。

**2. 建设农药废弃包装物回收处理厂**

可以在县内建设农药废弃包装物回收处理厂。

**3. 建立乡镇农药废弃包装物转运机制**

根据农时和农药废弃包装物产生量，及时将乡镇回收站收集的农药废弃包装物，通过专用的有毒有害垃圾转运车，运送至指定处理厂，进行无害化终端处理。

**4. 保障经费**

对回收所需回收费、运输费、处理费等运行经费予以保障。

## 【悟·院】

### 请党放心，强农有我

春为岁首，农为行先。红旗飘扬，党旗猎猎。吾辈青年之精神食粮，始于时代征程中，坚定的信仰；始于时间浪潮里，不变的方向。

——题记

时光知味，岁月沉香。百年春秋过，江山万里红。在倥偬岁月里，是党的光辉引领着我们赓续前行，勇担时代的责任和使命。

青年何为？习近平总书记在给中国农业大学科技小院学生回信中，赞赏青年人“自找苦吃”的精神，希望同学们志存高远，脚踏实地，把课堂学习和乡村实践结合起来，厚植爱农情怀，练就兴农本领，在乡村振兴的大舞台上建功立业，为加快推进农业农村现代化、全面建设社会主义现代化国家贡献青春力量。回信之言谆谆恳切，引人深思。我于此庄重立誓，新时代新征程，请党放心，强农有我。

记忆尤为深刻，那时仲夏初茬，七月未央。我随学校小队一起前往庐江灵台水稻科技小院，度过了为期 8 天的乡野时光。在这个全然陌生的地方，我收获满满，学习到了很多以前未能接触到的农业知识。

我们沿着一条狭窄的泥土小道走进了广袤的田间地头，青翠的景象映入眼帘。稻田里水波粼粼，微风吹过，泛起阵阵涟漪。脱去鞋袜，挽起裤脚，踩进柔软却又坚实的田埂中，我的内心充满新奇与激动。在常驻小院的研究生学长们的带领下，我们一起观察了水稻的茎叶动态，了解了关于水稻种植过程中的一些问题和应对措施。原来水稻的种植也很有讲究，我们食用的大米，颗粒细小分明，但背后艰辛苦楚难言其重。一粥一饭当思来之不易，爱农之情须常驻于心。

我们还参观了当地的稻虾养殖基地。在水稻田上，农民们身穿单薄的衣服，手持秧苗，在田中忙碌地来回穿梭。他们弯着腰身，有的在清除杂草，有的在低头细心插秧。一捧捧的秧苗从他们手中轻轻抖落在水田，新生命的孕育里，也满载着农民们丰收的愿望。我们跟着一位伯伯学习了如何插秧和分辨杂草，青葱的秧苗在我的指尖拂过，流水在脚下漫淌，我的内心油然而生一种自豪感，不禁觉得，这样肆意挥洒汗水，日出而作日落而息的生活也是一种愉悦和享受。在天地间耕作，待时间之馈赠。收获之期，仿若见证了自己孩子的成长。汗水的浇灌使作物更显生机，农民们的内心中也一定喜悦无比。

我于田埂肩头展望，农业领域里所播种下的爱与希望，是无数生命种子书写下的一封情诗，农耕历程期复一期，农业给予华夏民族的大爱纸短情长。人人皆知，强农爱农之举功在当代，利在千秋。人民美好生活的需要离不开农业的发展，我们行走在田亩间，嗅到的是作物盎然生机的清新氛围，更是国家富强、民族振兴、青年有为的理想滋味。

广袤神州大地上，乡村振兴日益呈现新图景。青年一代不负青春，高举党的二十大旗帜，为乡村农业的发展注入力量。凝聚众智，集聚众力，爱农之心永葆活力。广大农民生活定能芝麻开花节节高；农业强，农村美，农民富的美好画卷必将更加恢宏。

生逢盛世，正逢其时。吾辈青年应当主动担起复兴之任，坚定听从党的指挥，弘扬伟大的爱农助农兴农强农精神，牢记使命，脚踏实地，笃学敏行。以奋斗之基，创梦想之光。请让我再次许下誓言，请党放心，强农有我！我辈少年郎，晔晔如扶桑。

（安徽农业大学 21级本科生 聂鑫柳 文）

知院
识院
悟院

# 福建农林大学 福建平和蜜柚科技小院

**实 践 学 校**：福建农林大学
**实践小队名称**：云边志愿服务实践队
**小 队 成 员**：林荔珊、周茉、刘翔、汤思佳、陈筱诺、吴熠梵、王天淏、钱子燕、曾晨露、刘烨东

漳州平和东湖农产品有限公司
福建农林大学
“三下乡”社会实践队

## 【知·院】 小院简介

2019年6月，由中国科学技术协会、中国农村专业技术协会主导，由福建省科学技术协会、福建农林大学国际镁营养研究所、福建省农村专业技术协会、漳州市科学技术协会、中国农业大学和平和县坂仔镇政府共同组建，依托平和县科协和平和县坂仔镇五星村民委员会，成立福建平和蜜柚科技小院。

科技小院在张福锁院士和廖红教授指导下，8名指导老师入驻，每年常驻学生6～9人，在土壤酸化调控、养分综合管理、品质调控等方面开展系列研究工作，创新并集成了“减肥压酸，补镁增效”的蜜柚绿色减肥增效技术和“蜜柚改土专用有机肥＋冬种油菜＋禁用除草剂”的提质增效技术模式，两项技术模式在平和县开展技术推广和示范工作，减少肥料投入60%以上，节约化肥成本11亿元。

科技小院通过线上与线下相结合方式开展蜜柚绿色提质增效技术推广工作。线上在微信公众号累计发送推文180余篇，总阅读量达130 000余次；科技小院师生通过网络直播平台直播蜜柚绿色种植技术4期，受众40 000余人次。线下与政府合作在全县15个乡镇开展技术培训会172余场，总受众达16 778余人次。

## 【识·院】 关于云边小院——蜜柚全产业链绿色高值发展的调查研究

大自然是人类的重要家园。宁要绿水青山，不要金山银山，正是对大自然的一种重要肯定，也是对“绿水青山就是金山银山”理念的深刻表达。这深刻揭示了保护环境就是保护生产力、改善生态环境就是发展生产力的道理，证明了绿水青山与金山银山二者的辩证统一。环境就是民生，青山就是美丽，蓝天也是幸福。良好生态环境是民之所愿，是人民共有的财富，是全面建成小康社会的重要体现。保护生态环境，是发展之需、是自然之愿、是你我之责，更是功在当代、利在千秋的发展之道。

良好生态环境是民之所愿，是人民共有的财富，是全面建成小康社会的重要体现。平和县被誉为“中国琯溪蜜柚之乡”，然而农户为了追求高产，过度施肥，导致土壤酸化、水源地硝酸盐超标，生态环境受到严重威胁。如何实现生态环境和蜜柚产业双赢，是摆在现实面前的巨大难题。云边志愿服务实践队深入科技小院、农户以及企业进行实地考察，将理论与实际相结合，以科技助力绿色发展，力求改变农户现有的困境，恢复平和县的生态环境。

## 一、调研背景

平和琯溪蜜柚是芸香科柑橘属柚类中最优良的品种之一，系福建省平和县著名的地方传统名果，至今已有500多年的栽培历史。琯溪蜜柚也是中国目前唯一获得国家农作物品种审定的柚类良种，并以其独特的品质，蝉联五届全国柚类评比第一名，综合指标居全国领先地位，被誉为“柚中之王”。近年来，平和县蜜柚种植面积、年产量以及总产值均呈上升趋势，已成为平和县农业的主导产业，是平和县经济发展的支柱，是当地农民收入的主要来源之一，全县90%的农业人口从事涉柚产业，农户收入的80%依靠蜜柚产业。但山地过度开发造成了水土流失加剧、土壤肥力降低、农业面源污染严重等问题。近年来，平和县蜜柚生产上过量施用化肥的现象极为普遍，常年大量的肥料投入导致平和县土壤速效性养分含量有较大提升的同时，也导致平和蜜柚果园土壤酸化严重、土壤板结、土壤养分不均衡等一系列问题。因此，福建平和蜜柚科技小院的出现，是理论与实践的相互融合，是理想与现实的交相辉映，更是现代智慧结晶的具象化体现！

人不负青山，青山定不负人。面对新的环境经济形势以及人民日益增长的对优美生态环境需要，如何推动实现更高质量、更有效率、更加公平、更可持续、更为安全的发展，做到坚定不移推进生态文明建设，践行绿色发展理念，推动绿色发展，成为“三下乡”实践队伍寻找生态保护和绿色发展平衡点的驱动问题。为实现乡村经济振兴和绿色发展协调共进，为积极学习贯彻习近平总书记给中国农业大学科技小院学生的回信精神，助力蜜柚全产业链绿色高质量发展，传承“强农兴农”精神，体现新时代大学生风采，福建农林大学资源与环境学院的赴漳州市平和县坂仔镇云边志愿服务实践队将学习课堂延伸至实地，助力乡村振兴。

## 二、调研内容

### （一）现状改良情况

#### 1.平和偏远乡镇土壤条件以及水质环境都有极大改变

经过实践队员以及科技小院的宣传和推广，新一代蜜柚复合有机肥逐渐推广覆盖至偏远乡镇，83%的农户使用优质配比肥料，土壤酸化情况出现极大好转，蜜柚种植不断向着生态友好方向发展，土壤结块消失，土壤养分逐年增加，土质极大改善，当地水质中的硝酸盐以及氮素含量相比于之前下降50%，水质得到改善。

#### 2.农户对生草覆盖技术操作更加规范

生草覆盖技术可以提高养分转化率，降低生产成本，提高蜜柚产量和品质。更多的农户参与大豆、蜜柚间种，通过大豆的根瘤菌固氮提高蜜柚养分吸收率，减少土壤酸化，防止氮源流失。此外，漳字号高标准果园采取“公司＋合作社＋果农＋技术支持”的种植模式，首创“一果一级一价格”，鼓励果农种植好蜜柚，卖好价格，以企业牵头保障农户收益，带领果农科学种植蜜柚，规范蜜柚生产，打造好口碑、高质量、稳收益、有保障的琯溪蜜柚市场，实现生态保护和绿色发展协同共进。

**3. 创建蜜柚糖度分级标准**

为蜜柚迈向高端水果市场建立科学的划分标准。建立蜜柚果皮颜色糖度分级系统，降低蜜柚分级损耗；建立蜜柚溯源系统，实现蜜柚的“优种优价”。目前成果还在试验阶段。政府与企业带领果农科学种植蜜柚，规范蜜柚生产，保护产地环境，实现发展与保护并行。实践队深入企业实地考察，将理论与实践相结合，以科技助力绿色发展，恢复平和县的生态环境。

（二）现阶段存在问题

**1. 平和当地经济作物种植缺乏系统规划**

为迎合市场而转变种植作物，收益极易受市场风向影响。农户盲目跟随市场导向选择种植作物，导致该经济作物价格急剧下跌，农户增产不增收。

**2. 蜜柚间种过程较为艰辛**

蜜柚种植需要长时间精心照料，并需要每日进行检查，人力物力消耗较大且成活率低。农户精心种植却无法收获适当价格，影响了农户生产积极性。

**3. 平和当地历来大面积种植单一作物**

当地没能因地制宜选择合适作物，造成资源浪费，消耗大量人力物力却无法得到合适收益，当地蜜柚种植过于单一，在生草覆盖技术得到运用推广后生态环境仍相对较弱。

（三）改进方案

**1. 利用区域品牌效应，促进地区经济发展**

随着市场竞争程度的日益加深和竞争层面日益扩大，打造区域品牌势必成为推动区域经济发展的重要手段，而区域品牌蕴含的品牌效应则是该手段下的强力助推器，应打造独属于平和琯溪的蜜柚品牌，利用区域品牌效应促进经济发展。打造“基地＋企业＋市场”的运营模式，实现各环节精准把控，搭建全流程的生产销售系统，降低生产成本，提高农民利润，保护农民收益，规范生产流程，推动绿色发展。

**2. 政府、企业牵头，科技小院提供技术协助**

因地制宜发展农业，科学引导农户种植更适合当地气候、环境的农产品。实践队以及科技小院加强普及强度，扩大普及范围与小院影响力，加深农户对实践队与小院的信任程度，带领农户科学种植。用活现有的资源，从蜜柚种植园到企业生产间打造能带来绿色发展的产业链，推进农村一二三产业融合发展，促进平和琯溪蜜柚产业升级和高质量发展，增强乡村振兴的内生动力。

**3. 完善蜜柚溯源技术和蜜柚糖度分级技术**

通过平台运营建立起平和琯溪蜜柚全程质量安全可追溯系统，为原产地品牌保护保驾护航，从重量、甜度、外观等维度将橘、柚类产品分为不同等级，推动水果标准化，以对应不同的市场。利用物联网、大数据、云计算等技术完善蜜柚大数据采集和监测，对平和县蜜柚全产业作更科学的指导，推动平和蜜柚产业数字化转型升级，更重要的是要做到原产地保护，让得天独厚的琯溪蜜柚打出品牌优势。

【悟·院】

## 做一颗充满希望的种子，在田间地头生根发芽

中国人的根与魂在乡村，耕者有其田，仓廪实而知礼节。农村是一个国家的根基，是一个民族传承与成长的基础。如何成为知农爱农的新时代青年，如何以己之所长助力乡村振兴，或许，在习近平总书记给科技小院学生的回信中早已有了答案。青年人就要“自找苦吃”，自觉做理论学习的“求知者”、乡村故事的“宣传者”、乡村振兴的“逐梦者”，书写属于这一代人的农业农村现代化答卷。

以“我将无我，不负人民”的坚定信念，做理论学习的“求知者”。想要在乡村振兴的大舞台上建功立业，就要坚持理论学习，练就过硬本领。一个院落，几间农房，一头连着师生，一头连着田间地头，我与科技小院的故事由此开始。低矮的丘陵，葱郁的柚园，那是一个连风也会夹杂着芸香科特殊香味的人间秘境。我们驾驶着“农野小敞篷”——一辆有些年纪的三轮车，驰骋在一片翻滚的绿色里，几缕斜阳裹挟着落日的余温给归来的果农带上满身金色。老伯背着空药箱转悠着自己的宝贝蜜柚们，碰巧与饭后“无所事事”四处转悠的我们打了个照面。柚子最近长势可好？遇到啥病？该不该施肥？该施啥肥？如同邻里之间谈谈家长里短打发饭后时光，几句简单寒暄却是平和无数果农寻找良方秘药的好机会。在生产种植中，难免会碰到各种问题，这些问题农民都知晓，但很多时候他们凭借自身力量解决不了，科技小院让果农有了“主心骨”，有了新方法；科技小院的研究生们与果农同吃、同住、同劳动，在乡间田野解答一个个难题。在短暂的社会实践过程中我切身感受到理论学习与实践结合的重要性，面对复杂多样的病理、生理问题，只有做好理论学习的“求知者”，以“咬定青山不放松”的执着，才能成为农民需要的、有助于农业农村现代化的“新时代农学人”。

“些小吾曹州县吏，一枝一叶总关情。”果农的手握住我们的手，嘴角向上弯起幸福的笑，不厌其烦地说起大伙耳熟能详的夸赞：“我们种了一辈子柚子，那柚子根下连老祖宗都没能发现的秘密，竟让你们给搞懂了。”“我种了一辈子柚子了，没想到现在科技发达了，坐果多了，成本低了，兜里有钱啦。”这一刻，我们的内心也无比幸福，能够将己之所能回馈国家、回馈人民，心中的自豪感油然而生。当然，我们所想要的远不止于此。让产业兴，让日子富，从穷乡僻壤到万村同富，实现共同富裕是人民群众的共同期望；让水更清，让山更绿，从靠山吃山到富山养山，让美丽可持续是人民群众心之所向。科技小院进入平和后推广有机肥使用，改土调酸，生草覆盖，蜜柚园生态系统更加丰富，土壤酸化得到显著改善，蜜柚品质显著提升。在蜜柚种植更加科学化后，平和遇到新问题、新挑战，果农精细科学种植却未能获得更好收益，琯溪蜜柚作为地理标志农产品默默无闻，果农因为琯溪蜜柚市价波动改种其他品种……如何让企业带动农业，让果农优种得到优价？如何打造独特的琯溪蜜柚品牌，让蜜柚与琯溪相互成就？如何带动农户因地制宜选择农作物，让琯溪资源得到充分利用？……新的机制在诞生，新的活力在释放，农业这门人类社会最古老的产业

和时代的知识创造一次次碰撞，在一代代人的接力中行稳致远。

以“但愿苍生俱饱暖”的胸襟，做乡村振兴的“逐梦者”。闪亮的梦想，依靠奋斗打磨。或许我们没有李白那般“天生我材必有用”的豪情壮志，也没有范仲淹那般“先天下之忧而忧，后天下之乐而乐”的君子之风。我们只想成为一颗种子，落在田间地头，不断磨砺自己，学习理论知识，丰富自己，让理想之花盛开在希望的田野里。我们生若蜉蝣却渴望在实现乡村振兴的宏伟征程里建功立业，成为一个有益于国家、有益于人民的新时代农人。

（福建农林大学 21级本科生 钱子燕 文）

## 相约平和，谱“强农有我”之篇

枕边的日记，微亮的灯盏，节奏轻慢的纯音乐，推开一扇岁月的门，依稀有旧梦的痕迹。时间在某一刻暂停，等我读完习近平总书记给中国农业大学科技小院学生的重要回信，再重新流动。我，打开了日记，提笔，回顾那“三下乡”的故事。

第一篇，初见平和，是老树荫凉下的肥料袋，是院子里晾晒的五谷，是烟火气，满地的人间生香。在党的二十大召开的这一年，我看到金灿灿的光洒在这片大地上，树林与丘陵都被笼罩在暖色光泽之中。通过高考，我成为福建农林大学的一分子，切实感受到喜迎党的二十大的历程中高校对党的十八大精神的贯彻，学校每个暑期都会组织同学们组成各个重点实践团队进行“三下乡”。而我成为福建农林大学云边志愿服务实践队的一员前往漳州市平和县五星村开展了“三下乡”暑期实践调研。

扎根奉献，心怀“强农有我”之心。初到福建平和蜜柚科技小院，认识了来自全国各地的师兄师姐，看到了茂盛的柚子园，参观了试验田。小院虽小，但背靠的是充满希望的柚田，依托的是涉农高校的科技与人才力量，孕育着广袤乡村美好的未来。这里的指导老师和师兄师姐们用心经营小院，把农村视为家乡，把自己当作农民，这便是他们的初心。他们以自己的实际行动证明了农村也可以走在科技最前沿，农民也可以成为科技的推动者和发展者，而我也立志要做“知农爱农”的“新农民”，推动乡村走好乡村振兴之路。

第二篇，攻坚克难，练就“兴农本领”。深入田间地头，我们寻找到缺镁元素的柚子树叶片，研究了蜜柚生长时发生的“裂果”现象，还向小院研究生学习柚子树套袋的步骤。这也是我第一次了解到原来在蜜柚的生长过程中还需要人工一个一个给它们穿上“衣服”。

正值7月上旬，此时正是蔬果定果后迅速膨大的壮果期，进行套袋最为适宜。所以，为了“不枉此行”，我与团队一起帮助农户对蜜柚进行套袋。下午三点的太阳正当头，仅仅是一个下午，我就感受到了疲惫，难以想象柚农们是怎么日复一日地在田间劳作，也正是这次的体验让我意识到了在实践中发现问题、解决问题的意义，也深刻领悟到为什么习近平总书记要强调“青年人就要‘自找苦吃’”。

第三篇，竭尽全力，打造“兴农有我”之势。身为涉农高校的一分子，我一直心怀兴农梦想，希望通过播撒“科技种子”，让更多“新农人”成为“兴农人”。在调研的这段时间，我先后前往漳州平和东湖农产品有限公司和平和数字乡村农业科技有限公司进行调研交流，深入了解柚农们目前面临的问题、蜜柚果实品质指标建立的过程以及规模农场精准管理，学习电商渠道建设和电商人才培养机制，深刻感受到了何为要推动“数商兴农”，以及其对于农户的重要性，所以我不断助推手机成为“新农具”，直播变成“新农活”，希望尽快成为一名“藏粮于技”的“新农人”。

第四篇，将蜜柚种满“心田”，施好“科技”肥。在平和的日子里我积极响应习近平总书记的号召，走进乡土深处，深入村屯农家。在与平和县五星村赖师父交流时，赖师傅脸上所洋溢的笑容从未落下。从一开始的担忧质疑，到之后与科技小院学生们共进退；从一开始的“只是一群连碰到这个机会都没有的年轻人，能懂什么”，到后来的“他们对农业的热情，踏实肯干、吃苦耐劳的科研精神深深感染了我，化肥带来的蜜柚增收让我深深相信他们。”我深刻感受到了科技小院的力量，身为青年学子，我会继续当好助农的“科技员”，凭借先进育种技术、农机农技，多多引领农户参加农业科普讲座，走进乡村、走进田野，在希望的田野上谱写青春之歌。

厚植爱农情怀，练就兴农本领，千千万万的大学生用青春见证祖国广袤大地的建设成就。如今的平和县，一颗柚子，成就一个产业，富裕一方农户。虽然我暂时还没有改善柚农困境的能力，但是我会继续追寻绿色科技助力乡村振兴的道路，用细心、耐心和恒心“点灯”，为新农人的增收之路指明方向，进一步传播科技小院的故事和爱农情怀。

第五篇还未动笔，我提笔写下——华夏波澜壮阔，少年仍需向前。这是我第一次来到平和，以后可能还有机会再来到这里。道阻且长，行则将至。我明白生逢伟大时代的少年应树立远大理想，应将自己的小我融入祖国的大我，与时代同步伐，与人民共命运。身为一名中共预备党员，在今后的日子里，我将把百姓装满“心间”，让乡村填满“心头”，不断走进柚田，再走出来，到各个地方去，继续传播乡村振兴精神，让沾满泥土的青春更加光彩夺目。

我，合上日记，熄灯，一夜无梦，魂落种花家。

（福建农林大学 21级本科生 汤思佳 文）

知院
识院
悟院

# 青岛农业大学
# 山东乐陵小麦-玉米科技小院

实践学校：青岛农业大学

实践小队名称：“矢志三农”社会实践团队、“基层连线，共携曙光”实践服务团

小队成员：孟庆庆、付恒、邢璐凡、曹梦迪、姚亚雯、于金太、苑嘉楠、董雅宁、董世强、张昊、王秦政、杜保业、夏培润、苏畅、高克明、何海燕、张钰、杨宜涵、马雯静、薛圣科

乐陵市
技小院
赴乐陵科技小院实践服务团

## 【知·院】 小院简介

2014 年,由中国农业大学牵头,以青岛农业大学为依托,山东省第一家科技小院落户乐陵市。至今,山东乐陵小麦-玉米科技小院开展农技培训 260 多场、培训村民 2 万多人次,解决农户实际问题 1 500 多个。科技小院也从乐陵辐射至全省,服务范围涉及小麦、花生、蔬菜、虾蟹等多个产业领域。

乐陵小麦-玉米科技小院学生通过前期覆盖乐陵市全域 17 个乡镇街道的 4 500 余户农户的生产现状调研,针对乐陵市小麦、玉米生产中的“卡脖子”问题进行了分析,发现当地农业生产种植在播期、播量、水肥管理、植保管理等方面存在较大变异。科技小院入驻前,农户粗放的管理方式导致播种、耕地质量差,种子、肥料等农业生产资料投入高,产量、效益低,并大大增加了环境排放。针对以上情况,科技小院师生深入生产一线与农户同吃同住同劳动,并在小麦、玉米的各个关键生产时期前,根据当前粮食作物生长情况,开展农业技术培训会,抓准关键时期,做到精准服务,许下乐陵市全域一小时之内到地头服务的承诺并坚持至今;根据每年病虫害发生发展情况,开展专题农业技术培训会和田间技术指导,录制新农村大喇叭音频提醒农民及时做好相关的防治工作,最大限度减少因为病虫害原因导致的减产。

## 【识·院】 立根乡野,锻炼本领

通过对“习近平总书记给中国农业大学科技小院学生的回信”精神的学习,青岛农业大学资源与环境学院组建的团队在山东乐陵小麦-玉米科技小院就“农技推广认知”与“农村合作社”两个问题分两地展开调研任务,进一步了解基层的实际情况,走进中国乡土深处,将理论知识与实际情况结合起来;并以科技小院为中心,在周边乡镇开展乡村公共志愿服务活动和农业农村科技支持活动。

## 一、调研背景

中共中央总书记习近平给中国农业大学科技小院的同学们回信说："得知大家通过学校设立的科技小院，深入田间地头和村屯农家，在服务乡村振兴中解民生、治学问，我很欣慰。"习近平总书记提出殷切希望，希望同学们志存高远、脚踏实地，把课堂学习和乡村实践紧密结合起来，厚植爱农情怀，练就兴农本领，在乡村振兴的大舞台上建功立业，为加快推进农业农村现代化、全面建设社会主义现代化国家贡献青春力量。农村的发展离不开专业人才，近年来，我国实施乡村振兴政策，农村在环境和经济上都取得了很大的进步。

在当今现代农业的不断发展下，农业的生产技术与生产水平正在飞速提升，但是我国农业技术的创新与基层群众的需求仍然有很大的差距。在当前新农村建设的大环境下，推动农业技术推广，使其高效服务于农业生产，发挥其对农业发展的重要作用是必然趋势。农业技术推广能够使农业生产方式向着科技化方向发展，不仅可以提高农户的生产水平，还可以进一步推进农民增收。

自改革开放以来，我国政府一直积极支持和推动农业合作社的发展，不仅出台了《中华人民共和国农村集体经济组织法》和《中华人民共和国农民专业合作社法》等法律法规，还明确了合作社的法律地位、组织形式、组织管理等方面的规定，保护了合作社的合法权益。近年来我国还提出一系列优惠政策，为农业合作社提供更大的发展空间。在这种战略支持和全面实施乡村振兴的视角下，随着我国农业产业化、规模化发展，农村合作社逐渐成为农民合作发展的主体。其中，农民专业合作社作为集体经济组织形式之一，受到了广泛关注。

作为新时代的农科生，在未来的工作岗位中将是一名基层的农技推广人员，一定要将所学知识与实际相结合，为农业农村发展作出自己的贡献。为助力拓宽脱贫攻坚道路，有效衔接乡村振兴成果，由青岛农业大学资源与环境学院的十名公费农科生组成的"基层连线，共赴曙光"实践服务团奔赴乐陵科技小院进行实践。在驻扎乡镇期间，深入农村，了解现实，努力在调研实践中锻炼自己，提升自己。实践团的队伍分别驻扎在杨盘、郭寺、南夏，为了更好地了解各村村民对农技推广和农业合作社的态度，我们在杨盘地区对农技推广进行调研，郭寺地区是在师兄们的带领下对农业合作社进行调研。

## 二、调研内容

### （一）调研实施过程

调研开始前我们先是走访了当地的农资店，利用提前准备的问题，向农资店老板进行学习和了解当地的基本情况。然后，实际走访多家农资店了解到，因为台风刚过，当地村民刚刚追肥完毕，他们的销售对象都是多年来村里的老顾客，以施用复合肥为主。当我们再询问有机肥的销售情况时，农资店的老板回答基本一致："农户近期看不到效果，没有农户愿意买有机肥，进而就不进货有机肥了。"在走访中我们了解到，乐陵当地政府每年会召开培训会，而参与学习的就是各个农资店的老板，村里没有专家指导，农资店老板就是农户的专家，他们会向农户推荐新产品以及新技术，但是农户依然是根据自己的老方法施肥。我们请教村委会的前辈和村民，根据调查目的了解了当前国家或地方政府在此地发展方面的政策导向(包括是否鼓励和支持农业合作社的发展和普及等)，也了解了该村农业合作社的成立时间、组织形式、整体规模、经营管理状况、分红政策等。

为进一步深入调研，我们围绕“是否进行过农技推广、是否了解测土配方施肥、当地是否有农业技术宣传墙”等问题，制作了关于农技推广的调研问卷；对“是否加入了农业合作社、对农业合作社的态度、种植经济效益、对合作社的建议”等几个问题，设计并制作了关于农村合作社调查问卷。我们确定了调查对象和样本规模，明确计划调查的村民范围(整村)和数量(因为村里有部分村民不在家)。我们一边走访调查，与村民面对面访谈，一边在村民许可的情况下，通过随笔和录音记录下关键信息，以便复盘核对。确认调研信息无误后，我们进行数据收集、录入和整理，确保数据的准确性和完整性。最后，我们对收集到的数据进行分析和统计，使用合适的工具和方法，提取关键信息和趋势，根据分析结果撰写报告或总结，以便后续的决策和行动，努力让科技小院真正成为为人民谋福利的好地方。如果可能，我们也愿意将调查结果反馈给村民，让他们了解调查的结果，增强村民的参与感，提高对小院的信任感，让民生福祉真正落到实处！

(二)调研结果

对于农技推广的调研，本次调研人数为 26 人，有效调研 22 人。调研情况显示，该 14 人年龄均在 60 岁以上，并且调研中也了解到当地农户年轻的也在 55 岁以上，并且他们的孩子全都在外地打工，有少数会照看着孙子孙女。这也是我们第一次直面感受到了中国农村的老龄化和空心化。我们刚刚到达该地的时候，最直观的感受就是“空”，农村劳动力转移对于分流农村人口，加速城镇化建设，促进城乡一体化都有巨大作用。但是它也给农村劳动力转移的速度和规模带来了影响，不管是老龄化还是空心化都会对农业生产造成消极影响，形成农村现代化建设和农业的可持续发展的巨大隐患。

在调研中我们发现农户的种植面积多为 2～10 亩地，并且该村没有大面积种植农户，其中 72 岁高龄的一家种植地为 10 亩，体现出的农业生产劳动力不足问题更为严重。调研结果显示，村里的农户均未听说过“测土配方施肥”，而位于乐陵市南夏镇的科技小院数年来开展过多次该方面的培训，而杨盘科技小院因为新建的原因，村里的农户对很多优良的农技知识并不了解。除农资店老板外的农户均未参加过农技相关的培训会，村里附近也未见农业相关知识的宣传墙。开展高效的农业技术推广工作，能够基于先进的技术手段，利用农业机械种植农作物，这样不仅能够解决劳动力紧缺等对农业生产造成的影响，降低劳动难度与劳动量，减少人员与资源等方面的投入，还能够最大限度提高农作物种植的产量及质量，实现最新科研成果的转化，从而造福社会大众。让大众认识到农技推广的好处，不仅是当地应该解决的任务，也是我国农村当下应该解决的任务。在对于化肥或者农药的选择方面，农户更愿意相信当地农资店老板的推荐，有 12 人表示在遇到问题的时候会去寻求农资店老板的帮助，并且其中 4 人表示愿意尝试农资老板推广的新技术或者新产品；另外 10 人表示种了一辈子地有什么问题都是靠老方法解决，直接根据经验，买肥料或者农药(表 1)。受传统农业的影响，农民无法轻易地尝试先进的农业技术，且并未真正了解农业技术与农业产量和质量之间的关系，普遍认为种植结构的调整会造成经济损失，因此对于农业技术推广的积极性不高。

**表1　“在化肥或者农药的选择方面，农户更愿意相信当地农资店老板的推荐？”统计结果**

| 选项 | 小计/人 | 比例/% |
|---|---|---|
| 是 | 12 | 54.5 |
| 否 | 10 | 45.5 |
| 本题有效填写人次/人 | 22 | 100 |

部分农业技术推广机构的推广方式与模式存在落后性，无法让农民直观地了解农业技术的优势，影响了区域内农业技术的进一步推广与应用。在我们的调研中，有18人表示并不相信“施肥越多，产量越高的说法”，但有4人相信此说法（表2）。当我们问到“如果在当地开展农技推广，您希望用什么方式？”15人表示本人没接受过什么教育，给不出什么建议；4人表示想要在村里召开培训会最好的方法就是联系当地政府，让政府工作人员召集群众（表3）。60岁以上的老年人文化水平普遍不高，对事物、社会的认知往往跟不上社会的发展和时代的进步，在文化、科技、知识、法律等精神文化生活方面也是非常匮乏，对知识的学习兴趣不高，这也是当前农村的现状。据我们分析，该地出现这种情况的原因有很多，如农村老龄化严重，对于农技推广的认知度不高，思想封建的老年人难以去接受新思想，政府相关部门对较偏远乡村的农技推广重视程度低于乡镇。

**表2　“是否相信‘施肥越多，产量越高’的说法？”统计结果**

| 选项 | 小计/人 | 比例/% |
|---|---|---|
| 是 | 4 | 18.2 |
| 否 | 18 | 81.8 |
| 本题有效填写人次/人 | 22 | 100 |

**表3　“如果在当地开展农技推广，您希望用什么方式？”统计结果**

| 想法 | 小计/人 | 比例/% |
|---|---|---|
| 无想法 | 15 | 68.2 |
| 开培训会 | 4 | 18.2 |
| 其他 | 3 | 13.6 |
| 本次有效填写人次/人 | 22 | 100 |

对于农村合作社的调研，我们调研了当地52户的农户，发现其中入社和未入社的人数差异巨大，入社农户只有12户，而未入社农户有40户（表4）。同时我们在统计数据时发现，当地村内未入社农户所拥有的土地面积大多是多于入社农户的；未入社农户的年龄也普遍小于入社农户的年龄。针对上述情况我们认为影响入社农户土地面积小的原因是土地面积较小的农户通常具有较为有限的经济条件，难以进行大规模农业经营。由于土地面积有限，他们可能更倾向于加入农村合作社，通过合作社的资源整合和规模效应来提

高农业生产的经济效益;同时加入农村合作社可以与其他农户共同分担风险并获得合作机会。农村合作社通过集体经营和共同股权,能够在面对自然灾害、市场波动等风险时更具抗压能力,这对土地面积较小的农户来说是一种保障。而对于入社农户的年龄大于未入社农户年龄的原因,我们认为和家庭的劳动力有关。在调研时我们就发现入社农户家里基本只剩下了年纪较大的老人,大部分老人行动都很困难更别说下地务农了,家里的年轻劳动力则是外出打工,家里土地无人打理,所以选择加入合作社交给集体打理,未入社的农户基本都是年纪较小、身体健康的中年人,有条件去进行务农。

表 4 “是否加入了村内合作社”统计结果

| 选项 | 小计/人 | 比例/% |
|---|---|---|
| 是 | 12 | 23.1 |
| 否 | 40 | 76.9 |
| 本次有效填写农户数/户 | 52 | 100 |

在调研的最后我们询问未入合作社的农户未来是否有意愿加入合作社,出人意料的是 40 户未入社农户中有 38 户表示有意愿加入合作社(表 5)。我们认为出现这种情况的原因大体可以分成两种:第一种是选择先观望合作社的成效,这一部分农户已经了解了村内合作社的运营方式和管理制度,但现在不放心将自己的土地直接交给合作社管理,所以选择先观望村内其他入社农户的收成;第二种是已经了解了村内合作社的情况但自身仍能进行农事劳动,所以想自己管理土地,毕竟入社的收成目前低于自己种植的收成,这部分农户是希望趁自己身体仍然健康多积累一部分积蓄。总结来说就是家里劳动力是否可以继续务农以及加入合作社前后的收入问题,这两个问题影响了农户们加入合作社的意愿。农村合作社的资金来源主要依靠政府补贴和贷款,缺乏自主资金来源,导致发展受限,这就对我们合作社的管理、组织、建设提出了更高的要求。

表 5 “未来是否愿意加入合作社”统计结果

| 选项 | 小计/人 | 比例/% |
|---|---|---|
| 是 | 38 | 95 |
| 否 | 2 | 5 |
| 本次有效填写农户数/户 | 40 | 100 |

### (三)对策建议

随着中国农业技术推广服务的进一步发展,需将农民实际需求放在首要位置,以农民需求拉动现代农业技术推广服务,促使农业技术得到广泛应用。加强农业技术推广体系的建设是必然的,要以国家主管部门的推广体系为主导,即以政府为核心展开农业技术的推广。农业技术推广体系的建立,不仅对国家粮食安全、农民经济效益、国民经济发展具有重要意义,对我国农业体系的转型发展也具有重要影响。

农业合作社是农业生产不断发展下的产物,也是我国实行家庭联产承包责任制后的又一个农业经济组织形式。改革开放后，国家一直在探索农业经济组织的发展方式，全面发展规范、健全的农村专业合作社，对于提高我国农村的经济水平，全面促进经济发展有着极为重要的作用。但是通过这次调研，我们发现目前农民专业合作社服务领域和管理组织还不够完善，还缺乏有效的合作和社员基础。因此，面对目前农村专业合作社发展过程中出现的问题，必须提出有效的解决对策，以便更好、更快、更稳定地发展农村专业合作社。

**1.加大宣传力度**

制定政策鼓励年轻人留在农村。通过提供更好的就业机会、教育培训、社会保障等福利政策，吸引年轻人扎根农村，促进农村经济的发展。增加基层农业技术推广活动，加快基层农业生产技术的革新，提高农民们的劳动素质，提高农业生产效率，推动农村现代化建设。运用科技创新、信息技术应用等手段，提高农村的生产力和竞争力，吸引年轻人回流农村，推动农村经济的转型升级，进一步提高农民的农业生产收益。一些农民对农民专业合作社在政策理解上有偏差，对合作社的性质和运行机制不够了解，有种种疑问和顾虑。发展农民专业合作社是关系到农业增效、农民增收、农村社会稳定、农业产业化经营的重大问题，应得到社会各界的理解和支持。因此必须对农民专业合作社的性质、组织形式、办社原则、作用和方法进行广泛宣传，营造全社会重视、支持农民专业合作社发展的浓厚氛围。

**2.健全制度机制，加强科学管理**

未来要健全完善农村养老事业的制度政策体系和基础设施体系。联合农业农村、人力资源和社会保障、卫生健康等多部门，制定农村养老事业发展规划；引导各地依据当地农村的经济发展水平、人口规模与结构等因素细化发展方案，发展差异化的农村养老服务体系。加快推进城乡基本公共服务均等化。实现城乡基本公共服务均等化，既是有效应对农村人口老龄化的路径之一，也是促进农民农村共同富裕的关键方面。要持续促进县域经济发展与乡村产业振兴，充分发挥新型农村集体经济组织在应对农村人口老龄化上的重要作用。发展壮大新型农村集体经济，充分发挥其在带动乡村产业发展、促进农民增收、支持农村公益事业发展上的作用，同样是应对农村人口老龄化的有效路径。有关部门要积极帮助有要求、愿意组建合作社的农民和组织制定章程、办理登记注册等，尽快建立和完善合作社规范化建设的等级标准和统计、考核及评价体系，规范合作社的章程，帮助其建立、健全组织机构和生产管理，使其运行和利益分配机制更加规范合理，真正做到风险共担与利益共享。加强对合作社管理人员及其社员的管理、技术和合作知识的培训，提升管理人员的生产经营能力和农民的合作意识，增强合作社的发展后劲。

**3.不断提高农业科学技术**

整合涉农科技推广机构，完善充实农业科研生产第一线和科技力量，设立综合性农业技术服务机构，发挥好科技小院的专业技能作用，做好农业科技成果的引进、试验、转化及推广工作。加强农民技术培训，采取职业技术学校、夜校、专家现场讲座、媒体传播或示范村、示范户等方式方法，对农民进行技术培训，不断提高农民接受农业技术的能力，为农村培养出越来越多的科技明白人、致富带头人。调研时发现，很多农户表示合作社种植收成有一定欠缺，还需要农业科学技术推动。目前，多数专业合作社所生产的产品科技含量低，品质不高，市场竞争力弱。受经济实力、市场风险等影响，广大农民对开展加工、销售等高附加值的专业合作社涉足不够。为此要加快新品种、新技术的引进和产品的精深加工技术等的投入。

**4.推动实现规模经济效应**

加大对农业产业相关人员的知识培训，使传统农业走上现代化发展之路，提高农业产业科技含量；将现代经营理念引入传统农业，摆脱小农观念和靠天吃饭的观念，推动农业的快速发展。推进规模化生产和专业化分工。规模化的农业生产能够实现生产成本的节约，促进现代化生产设备的充分利用，从规模经济中获得好处。分散的农户在产前和产后环节通过合作社统一购买生产物资，统一销售，并将其零散的土地集中起来，以便实现农业机械化生产，从而实现规模效应。不仅如此，合作社将单一分散农户的劳动力及资本集中起来，将农户个体的优势特征集中起来，最大化地运用，通过统一农资采购和生产机械的购买，扩大生产规模，整合农户现有资源，并实现资源的有效配置，使农户农业的生产效率提高，有利于农业规模经济的实现，促进农户增收，推动现代农业发展。

**5.加大政府扶持力度**

加大政府相关部门对于农技推广的重视程度。农技推广不仅要开在市里县里更要开在村里，让农户们更能直观地去学习、更新农技知识。加强政府与农业高校的合作，将类似科技小院的部门广泛存在于中国农村。要大力推进农民专业合作社“供产销一体化”建设。积极引导、指导农民专业合作社实现采购、生产、销售的统一管理。要充分结合本地的农业资源优势，选择具有地域特色和市场前景的品种作为开发重点。

## 【悟·院】

### 学回信精神，练兴农本领

2023年五四青年节前夕，中共中央总书记、国家主席、中央军委主席习近平给中国农业大学科技小院的学生回信，对科技小院学生提出了殷切期望，在科技小院师生中引起热烈反响。习近平总书记在回信中强调，党的二十大对建设农业强国作出部署，希望同学们志存高远、脚踏实地，把课堂学习和乡村实践紧密结合起来，厚植爱农情怀，练就兴农本领。

作为农业资源与环境专业的一名公费农科生，习近平总书记的回信给了我极大的鼓舞和动力。我深知身为将来的农技工作者，肩负着强农兴农的重任和使命，必须要厚植爱农情怀，练就兴农本领，通过脚踏实地的实践和付出，为农业增效、为农民增收、为乡村振兴服务。

在习近平总书记回信精神指引下，我作为队长和其他9位公费农科生同学组成“矢志三农”乐陵小麦-玉米科技小院社会实践团队，赴山东乐陵开展乡村公共志愿服务活动和农业农村科技支持活动，把课堂学习和乡村实践紧密结合，练就兴农本领，为乡村振兴贡献青春力量。从小麦扬花到玉米抽雄，三个月的实习过程中我们与农户同吃同住，扎根泥土参与农事劳动，见证了小麦收获时的颗粒归仓，体会了玉米播种时的挥汗如雨。小麦生长期间，我与同伴脚踏实地，不断优化工作方法，在一个月时间里完成了三个批次总计数千份样品的取样测量工作，为小麦测产提供了数据支撑。端午节期间，我与同伴坚守实践岗位，顶着烈日和高温完成了约 30 亩试验田的玉米、大豆手播任务及后续追肥任务，在挥汗如雨中体会着“粒粒皆辛苦”。农闲时节，我组织了针对儿童暑期防溺水和防诈骗的主题宣讲活动，精心制作宣讲 PPT、动画，设计了多种多样的互动环节，让小朋友在快乐中学习防溺水和防诈骗知识，排除了暑期农村儿童防溺水和防诈骗教育盲点。实践过程中，我们在研究生学长的带领下，借助乐陵市科技小院微信公众号和村委会开展“小院农事会”和农民培训会，做到理论与实践相结合，在知识的转化与产出中练就兴农本领。

本次实践经历使我切身体会到科技小院在“解民生、治学问”，推动乡村振兴方面发挥了重要作用，也使我深刻地意识到作为一名大学生，要时刻牢记习近平总书记嘱托，志存高远，脚踏实地，把课堂学习和乡村实践紧密结合起来，厚植爱农情怀，练就兴农本领，在乡村振兴的大舞台上建功立业，为加快推进农业农村现代化，全面建设社会主义现代化国家贡献青春力量。

（青岛农业大学 20 级本科生 王秦政 文）

# 河南农业大学　新乡杨街科技小院

**实践学校：**河南农业大学

**实践小队名称：**“砥砺‘自找苦吃’精气神，践行‘求是力行’青春路”实践小队

**小队成员：**冯俊杰、许莎莎、杨乾坤、王冰冰、韩亚迪、陈奋勇

心连心
杨街科技小院
科技小院
河南农业大学资源与环境学院
“三下乡”社会实践活动

砥砺“自找苦吃”精气神 践行“求是力行”青春路

心连心·科技小院公益技术讲座
砥砺“自找苦吃”精气神 践行“求是力行”青春路

## 【知·院】小院简介

发挥校企联合资源优势，实现产学研用紧密结合。科技小院研究生、大学生、企业技术人员深入生产一线，巩固理论学习、提高实践能力、拓宽服务领域，创新科学研究、传播科技知识、加速成果转化、提升企业形象、促进农业绿色发展。

河南新乡杨街科技小院(以下称科技小院)由河南农业大学、河南心连心化学工业集团股份有限公司于2019年7月共同建立，通过学生长期驻扎，结合心连心化学工业集团现代化农业示范园区建设，开展生产调研、试验示范、科技培训、技术指导、产业融合、产品展示、全产业链服务等活动，探索作物生长全过程解决方案，展示高效肥料产品，普及科学施肥技术，实现绿色生产。

科技小院主要工作包括：①对现代化农业示范园区进行跟踪指导；②建立和完善高产高效优质绿色作物技术规程、施肥指南、指导手册等；③开展试验示范，验证产品效果，促进产品升级，支撑产品研发；④配合心连心化学工业集团开展参观接待，为经销商、农户展示科学施肥技术，提升企业形象；⑤开展人才培养工作，提升企业研发能力。

## 【识·院】砥砺“自找苦吃”精气神　践行“求是力行”青春路

为积极响应国家号召，加快推进农业农村现代化，贯彻习近平总书记对新时代中国青年应“自找苦吃”的希望和回信科技小院学生“厚植爱农情怀，练就兴农本领”的殷殷嘱托，“自找苦吃”实践团队于2023年8月1日至14日在新乡县南部的朗公庙镇15个村开展为期两周的取土调研、公益讲座、大户和散户种植问题调研等活动。

本团队在此次实践活动中贯彻了“自找苦吃”的精气神，在田间地头、在农业生产一线、在无数个迎着朝阳出伴着晚霞归的日子里，团队成员从最开始的不敢参与，到现在的侃侃而谈；从之前的农业“新手”，到现在农业小知识“信手拈来”；从刚到小院的不知所措，到现在每天的工作都安排得井井有条。团队凝聚力日渐加强，意志力和执行力也得到了极大提升。一次次的实践经历和学习机会，不仅巩固了课堂所学知识，还在每一位团队成员心中埋下了为促进农业农村可持续发展贡献青春力量的种子。

## 一、调研背景

为贯彻习近平总书记给科技小院学生的回信精神，紧紧围绕全面建设小康社会的奋斗目标和中共中央关于“农民、农村、农业”的“三农”政策，小队在河南省新乡杨街科技小院开展了为期半个月的社会实践。

社会实践活动，旨在丰富我们的课余文化生活，增强我们将课堂学习到的理论运用于实际、解决问题的能力；在扎扎实实的实践服务中，我们将经受锻炼，增长才干和社会阅历，增加和丰富自己对农业问题的认识，发现自身的缺点和不足，从而在今后的学习过程中加以改正并及时查漏补缺；在实践活动中广泛宣传和普及相关科学文化知识，认真对待每一次调研和取样，实实在在为农户答疑解惑，尽全力去解决农户的问题，也在此过程中丰富自己的见识，加强自己的专业素养及专业能力；也借由社会实践活动提升自己与人沟通的能力，去感受社会，了解社会，为步入社会打下坚实的基础。

扎根小院贴近农户生活，了解真实的种植情况；开展农户调研，了解农户的具体需求及实际情况；科普宣传则是将我们从书本中得来的知识，传递给没有这方面认识或者是不够了解只知其一不知其二的广大种植户，提高种植的专业理论普及度，使农业科学化。这一系列的社会实践活动，一方面，助力当地农业绿色发展，提高学校、学院影响力度；另一方面，培养团队成员脚踏实地、身体力行、知农爱农的行为态度，为农业复合型专业人才培养夯实基础。科技小院的建立加强了实践教学环节，促进了生产实践与理论教学紧密结合，提升了科学研究水平，推动了农业生产，实现了产学研的紧密结合。

## 二、调研内容

河南农业大学资源与环境学院2020级本科生冯俊杰、杨乾坤、王冰冰、许莎莎等组成暑期联合社会实践团队前往新乡杨街科技小院开展暑期联合社会实践活动，在叶优良教授、赵亚南博士的指导下，暑期社会实践团队与新乡杨街科技小院常驻研究生陈奋勇、韩亚迪共同开展了田间取土、农户调研、公益科普讲座等一系列实践活动。

（一）朗公庙镇基本村情介绍

**1.位置与人口**

朗公庙镇地处太行山南麓，河南省的中北部，东邻关堤乡、古固寨镇，南与原阳县接壤，西与七里营镇毗邻，北靠新乡市高新技术产业开发区。全镇人口51 770人，耕地61 800亩，总面积80.2 $km^2$，辖30个行政村，28个自然村，属于土地人均占有较少的农耕地区。农业人口在家从事农业活动较少，对农业的重视程度不够。

**2.农业概况**

多年来，朗公庙镇农业产量低，种植作物较为单一，农业布局不合理。夏季农作物以花生、玉米为主，其他作物种植较少。

**3.气候**

朗公庙镇属暖温带大陆性季风气候，四季分明；春季干旱风沙多，夏季炎热降水充沛，秋季天高气爽日照长,冬季寒冷雨雪少;多年平均气温 14.3℃,平均温差 16.5℃;年日照时数 2 407 h;无霜期年平均 191 d;多年平均降水量 560.6 mm,大部分集中在 6—9 月,约占全年降水量的 75%,气候条件较为优越。

(二)农业的利用调查以及分析

**1. 农户肥料使用情况分析**

如图 1 所示,杨街村小麦基肥施用情况为二铵施用占 60%,心连心复合肥施用占 30%,其他肥料施用只占 10%。杨街村小麦追肥施用情况为:心连心尿素施用居于首位,约为 70%,小麦专用肥施用只占 10%,其他肥料施用占 20%。赵堤村小麦基肥施用情况为:二铵施用占 42.9%,复合肥施用占 28.5%,心连心复合肥占 14.3%,尿素施用占 14.3%。赵堤村玉米基肥施用情况为:心连心控释肥占 60%,其他的占 40%。

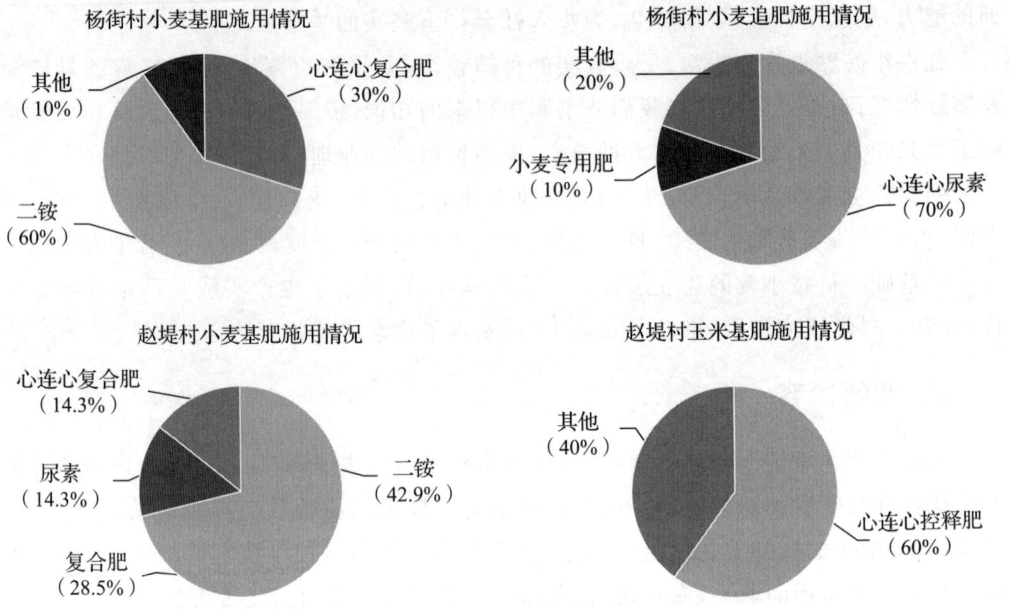


图 1 农户肥料使用情况

**2. 朗公庙镇大田作物以小麦-花生/玉米轮作为主**

朗公庙镇的主要大田作物是小麦和玉米,主要经济作物是棉花、花生等。种植采用小麦-玉米轮作、小麦-花生轮作制度。小麦种植面积居于首位,玉米种植面积为第二位,花生种植面积有所下降,其他作物种植较为分散且种植数量少。

**3. 耕地保护意识淡薄,耕地利用率低,没有提高农业的产后附加值**

本团队详细询问了当地农户农作物种植情况,大多数的农户在小麦、玉米等农作物收获后,直接投入市场,价格十分低廉,亩产净利润仅有 500 元左右,部分甚至不足 500 元。同时,农民往往对同一地块重复种植,大多数的农户都是夏季种植玉米或花生,冬季种植小麦,土壤的更新能力严重下降,很多土壤容易板结致使农作物不耐旱。

**4.传统农业种植的经验会阻碍现代农业的发展**

多数的农业种植者凭借传统的经验进行种植，阻碍了科学化农业种植的普及。

（三）农业发展建议及应对措施

**1.提高农业附加值**

农业本是一个较为基础的产业，处于各产业的底部，农业生产物直接出售到市场中，产品的附加值低。

因此必须在农业深加工上做足功夫。与此同时，新乡市地区农业人口较多，开办企业较为方便，这样有利于增加当地人口的就业渠道，发展当地经济。当地的心连心化学工业集团正是这样做的。

**2.树立现代农业观念。**

现代农业广义上是指农业的现代化耕作、现代化种植，最重要的是现代化的种植观念。为了推广现代农业，许多的地方都做了相应的措施，我们也可以学习其他地方的经验。随后我们进行了农业技术讲座、农业知识指导，这样不仅增加了农民的科学种植经验，还有利于农业的长足发展。

**3.利用新乡市市场的毗邻优势，发展蔬菜瓜果种植。**

新乡市全市人口625万人左右，拥有豫北地区较大的全国蔬菜瓜果批发市场。朗公庙镇距离新乡市中心城区仅有10 km，区位优势明显。瓜果蔬菜种植是一个高附加值的产业，且不需要较多的劳动力，只要交通便捷，市场优势突出即可。朗公庙镇拥有多条通达的水泥路和县道，107国道自北向南途经全镇13个行政村，跨度13 km。这些条件为当地发展推广新技术、蔬菜外运提供了支撑条件。

（四）实践过程

纸上得来终觉浅，绝知此事要躬行。理想与现实、理论与实践，总是有着让执笔者无以适从的巨大差距，就像是孔乙己的长衫，隔开了他与社会，使他最终成为无法将理论践行为实际的、与社会格格不入的人。而我们，作为农学人，以将论文写在祖国大地上为目标，深知农业的理论与田间是有着巨大的距离的，故而，深入田间，坐在地头，是我们学习的必经之路，是缩小我们的理论认知与实践差异的必经之路。

**1.新乡市新乡县朗公庙镇毛庄村公益科普讲座**

毛庄村位于新乡市延津县朗公庙镇，地处新乡县、原阳县、延津县交界处，在毛庄开办公益技术讲座利于助力周边农户解决农业生产上的问题，并可辐射周边县镇。

此次讲座的主讲人是新乡县农业农村局刘清瑞站长。刘站长用一个半小时向大家详细讲解了玉米应变管理技术。他列举了近两年来玉米生产过程中出现的养分管理不当和病虫害问题，分析其中原因并针对性地提出了解决办法。刘站长不时举出他见过的典型案例，大家也纷纷点头表示有所耳闻。这正是在农村开展技术讲座的最高境界，能引发共鸣，让大家在不知不觉中收获知识。

为了锻炼本团队成员的语言表达和临场应变能力，团队队长冯俊杰作为本次代表小院进行科普讲座的学生，根据所学的植物营养学和作物施肥管理技术两门学科制作了PPT，并提前进行了三次试讲，以确保讲解时的流畅度。PPT进行了多次修改，不断完善和总结，在师兄的指点下，确定了讲解思路，之后探讨玉米两种施肥模式的优缺点，并由此引出玉米缺素症和相应的解决办法。

**2.新乡县朗公庙镇毛庄村、后庄村等15个村开展田间取土和农户调研工作**

(1)毛庄村　应毛庄村农户之邀，我们前往"零污染"典型村庄毛庄村进行取土调研。由毛庄村的农户引领我们前往需要取土检测的地块。

1号地块种植花生，有一大片花生明显矮于同一地块的花生，但却没有发黄的表现，并不是典型的缺氮症状，具体原因需要检测后才能得出。2号地块玉米叶卷曲呈尖状，植株高度也矮于相邻地块。3号地块花生整体长势较好，但是中间有花生出现一片一片发黄的情况，甚至表现出白色。农户自己推测说可能是当时打除草剂的时候，这些区域用量比较大，但无法确定具体原因，需要我们进行取土检测。我们印象比较深的一块儿地是整块地只有两垄植株长得很矮。与农户沟通后得知，他们前年撒肥料时有大半袋肥料不想浪费，直接在这两垄地又撒了一遍。由此我们推测这两垄是施肥过多造成的土壤板结，应该在今年收完玉米后进行深耕翻地。

(2)后庄村　后庄村离新乡杨街科技小院不算远，小队带着土钻、铲子、盆子和塑料袋等工具早早出发来到村委会，在村书记和几位农户的带领下开始了后庄村取土工作。

本次田间取土小队一共取得13份土样，包括玉米地和大棚花生等地块，每块地做好记录编号和坐标，然后三次随机取20 cm深的土层装入一个塑料袋中，代表着这块地的土壤样本。我们在取土的同时也对农户进行了调研，并通过观察了解到一些农户地里出现的问题：如3号土样的地块地头玉米较矮，4号地块玉米长势不一，5号大棚花生中有一片叶片发黄明显且杂草较多，7号大棚花生受到根结线虫的侵害，其他地块也或多或少受到虫害、病害等的影响。

(3)西马头王村　去往西马头王村前，22级研究生韩亚迪联系了村书记，村书记找了两位农民带领小队去西马头王村10个大队的田地取土样，所取土样中2号土样的地块在玉米苗期出现钻心虫；3号土样是取自农户所说的曾经的红窑地，所出现的问题是小麦长势不好，玉米较其他地块长势矮小；5～7号取土的地块出现的问题分别是：地头玉米低矮，地块作物长势呈现一面低矮一面高大，小麦玉米出现红叶症状。此外，我们还取了隶属于新乡市土地局的一块西瓜大棚地块和一块黄瓜大棚地块的样本。其中由于黄瓜地有部分黄瓜苗长势较矮小，我们就在黄瓜地取了长势良好和长势较差两个土样，以便对比分析。

(4)小河村、土门村和杨街村田间取土　本暑期社会实践团队联合中国农业大学本科生暑期实践团队共同去往小河村、土门村等13个村庄进行取土调研工作。

小河村主要存在水淹和植株矮小的问题，大部分土地里的植株长势还是非常好的。把小河村具有代表性的地块取完后继续出发前往下一个村庄取土。小队成员两人一组迅速开展工作，其间有位农户还为我们送来了水，这大大增加了我们工作的动力。土门村的地有一小部分种的是东单1331玉米品种，植株茎秆相对较细，且有黄蜘蛛为害，还有些地经常积水，水淹后根茎发红。此外，我们出发去往杨街村取土，在取土的过程中我们看到部分地块的玉米长势不一，有卷叶、叶边发黄、缺锌、粗缩病、褐斑病等症状；有些地块的玉米植株局部出现锈病，内部与外部的长势不一，内部植株瘦弱矮小，还出现了“缺刻”的现象，整体虫害也较其他村严重。

(5)赵堤村和曲水村等12个村庄田间取土 本实践团队同中国农业大学暑假实践团队共同进行赵堤村和曲水村等12个村庄取土调研工作，共取得140余份土样。

(6)农户调研 本团队在朗公庙镇15个村庄进行田间取土过程中同步开展农户调研，共取得调研问卷100余份，分发技术手册50余本。

## 【悟·院】

### 在实践中成长，在汗水中收获

习近平总书记给中国农业大学科技小院的同学们回信，提出殷切期望，也饱含着总书记对广大青年的深切关爱和殷殷嘱托，是新时代青年成长成才的行动指南。我们要以奋发有为的精神状态和一往无前的奋斗姿态，志存高远、脚踏实地，让青春在全面建设社会主义现代化国家的火热实践中绽放绚丽之花。

2023年暑期，我来到了位于河南省新乡市新乡县朗公庙镇杨街村的新乡杨街科技小院，和新乡杨街科技小院的研究生师兄师姐开展为期两周的联合暑期社会实践。

来到新乡杨街科技小院，师兄师姐热情地带领着我们熟悉了小院的环境，各种基础设施一应俱全。小院建在村里，街坊们都是当地的农民，我们和农户之间的距离仅有一墙之隔，更方便我们和农民进行沟通。我爷爷是农民，受我爷爷的影响，我学习农业的目的是帮农民解决问题。选择来到科技小院进行暑期社会实践，我可以真真正正地了解土地具体情况和大田作物生长情况，并有针对性地给出解决方法。

(一)开展田间取土和农户调研

充实的一天从早上6点起床开始。利用早上天气凉爽的时候抵达开展调研的村庄是一个不错的选择。小队由我担任队长，我提前手绘了一幅朗公庙镇各村庄分布简图，确定了每天完成哪些村庄的取土和调研工作。本取土调研工作计划1周内完成，每天需要跑2～3个村庄。我们借用了新乡杨街科技小院的取土工具，包括土钻和小铲子，大家两两一组分工明确。田间取土时我们会和农户进行沟通，记录他们的土地近些年来是否出现了严重的病虫害或者缺素情况，农户大多会给我们描述植株生长得不好时的情况，我们根据课堂所学和回去后查阅资料分析得出具体原因并告知农户。田间取土进行到一半时，我已经可以根据土钻钻土的困难程度大致分辨出这个村子的土质，至于养分情况并后期指导施肥，我们需要将土样带回学校实验室进行测土分析再给出针对性的建议。

(二)开展公益技术讲座

在进行公益讲座之前，我们小队提前到毛庄村进行了实地取土和农户调研，了解了当地农作物种植情况。此次毛庄村公益讲座由新乡县农业农村局研究员、植保站原站长刘清瑞主讲。小队的主要任务是进行组织工作和后勤保障工作。下午五点到达毛庄村村委会后我们贴横幅、擦桌子、准备水、调试设备，并进行了试讲，确保晚上讲座可以顺利进行。为了增强小院与周边村镇的联系，也为了锻炼自己的语言表达和临场应变能力，我代表小队进行 PPT 讲解。

在此之前，我根据调研得到的问卷，并结合专业所学的“植物营养学”和“作物施肥管理技术”两门课制作了 PPT，提前进行了三次试讲，以确保讲解时的流畅度。PPT 进行了多次修改，不断完善和总结，在小院老师和师兄的指点下，确定了讲解思路：先给大家科普玉米各个生长时期的特点，用农户方便理解的方式，如玉米播种多少天以后处于什么生长时期，此时期玉米有多少片叶子等，之后探讨玉米两种施肥模式的优缺点，并由此引出玉米缺素症和相应的解决办法。在和师兄交流之前我的讲法是平铺直叙，以不遗漏知识点为目标。师兄提出这个思路后，再次讲解可以说环环相扣，引人入胜，在这类面向广大农民的讲座上更能抓住他们的心。

在 PPT 讲解过程中，我作为讲解人不能使用过多的专业语言，因为受众是广大农民，应力求做到浅显易懂。在讲解过程中为了使我的说法更有说服力，我需要多使用“咱们”之类的字眼，并在一些名词上使用当地的叫法。除此之外，我还需要举出实际例子，如谁家的那块地玉米下部叶片早早就干枯了，最后的产量相比于其他人家的地低很多。这是因为这一时期玉米缺氮了才造成这样的结果，所以大家一定要重视玉米生长后期脱肥的情况。

晚上九点本次技术讲座结束时，我们为现场村民赠送了高效叶面肥并讲解了施用方法，随后我们收起横幅并清理了会场垃圾离开了毛庄村村委会。这次技术讲座小队队员分工明确，保证了讲座顺利推进。但美中不足的是，村民来到会场后我本应该多和他们沟通了解一下当地玉米生产过程中的痛点，并在接下来的讲座上提出针对性的建议，但我却坐在会场后面错失了这次沟通学习的机会。下次开展讲座时我会时刻和农户在一起，提前了解当地种植现状的讲座对农户来说更有价值。

（三）收获和感想

来到科技小院开展暑期社会实践这段日子，和小院的大家朝夕相处，我收获了队员们最真挚的感情；轮流下厨做饭，我的厨艺得到了提升，还养成了珍惜食物的好习惯；日常的劳动，我的体魄得到了增强；接触各种植株的症状，我的知识得到了丰富；上台讲解 PPT，我的语言表达能力有了长足进步……

小院的师兄师姐对我们的帮助体现在方方面面。师姐时时刻刻关心着我们的生活：提醒我们注意用电安全；下地干活前一定会准备大量的水，避免我们中暑；提醒我们不要熬夜；经常淘到一些物美价廉的蔬菜；将自己的防晒服让给我们来穿；师兄帮助我培养了自主求知的能力。本次实践之前我如果观察到了某个从未见过的现象，我并不会提出自己的疑问，也许因为惰性心理，在心里问出这个问题后就把它放在一边，不寻求答案。但是师兄告诉我，有疑惑证明我进行了思考，但若不解决疑惑我的思考便没有了意义；一旦有了什么不理解的地方或者灵光乍现的想法，一定要立刻去搜索相关的文献寻求答案，发现问题并自主解答是掌握知识最快的方法。

科技小院是一个有爱的团体,它将我们实践小队和小院的师兄师姐紧紧地联系在了一起,小院的大家一起生活,一起进步,一起维护这个温馨的大家庭。这段暑期实践的经历将是我最宝贵的回忆。

(河南农业大学 20 级本科生 冯俊杰 文)

## 守初心践行动,扎根沃土助丰收

习近平总书记给中国农业大学科技小院的学生回信引起广泛热议。得知消息之后,我反复阅读习近平总书记的回信,心情非常激动。习近平总书记勉励科技小院学生厚植爱农情怀、练就兴农本领,为乡村振兴、农业农村现代化以及社会主义现代化国家贡献青春力量。

在河南农业大学叶优良教授、赵亚南博士的指导下,我驻扎在新乡杨街科技小院已有两年时间,其间开展试验示范、科学研究、社会服务……,驻扎农业生产一线,服务广大农户。现代农业高效示范园区的试验田、暴雨后的受灾地、农户科学普及的讲台上,都有科技小院的身影;保护像大熊猫一样珍贵的耕地、践行把中国人的饭碗牢牢端在中国人自己手中的决心、打造"藏粮于地、藏粮于技"的新局面,都是科技小院的目标。

(1)来到科技小院　研究生期间,我来到科技小院。工作让我了解科技小院、时间让我思考科技小院。作为科技小院的入住研究生,同河南农业大学暑期社会实践本科生共同组队,以"砥砺'自找苦吃'精气神,践行'求是力行'青春路"为队名,开展为期两周的社会实践,其间收获良多。从他们的身上我看到了两年前自己刚到科技小院的身影,面对着陌生的环境、难以听懂的方言、炎热的天气、各式各样的农活,心中不免叫苦喊累,可大家那种被一次次困难所挑战之后不服输的精气神,注定是要在科技小院干出一番大事情的。

(2)走进科技小院　科技小院伴我快速成长、科技小院赋予我多重角色、科技小院让我认识实践。我是以跨专业的学生身份来到科技小院的,从原先的懵懵懂懂,到现在担任科技小院的院长、中国农技协科技小院联盟研究生联合会(河南)分会长,三年的时光,我与三届暑期社会实践本科生朝夕相处。时常怀念我们共同相处的时光,为了避开炎热的时间段,凌晨五点的试验田有我们干活的身影;树荫底下、村口地头,我们拿着调研问卷了解着农户的种植痛点;夜幕下、村委旁,我们在挂着条幅、调试着话筒准备今晚的科普公益讲座。同吃同住同劳动,不是战友胜似战友!

(3)读懂科技小院　在科技小院中学承担、在科技小院中做奉献、在科技小院中练本领。看着一批批从科技小院走出的同学们奔赴下一段新征程,无论是升学还是就业,他们在科技小院的这一段经历,无疑是自身人生阅历中的一段不可抹去的光彩华章。在今后的道路中,或多或少与"三农"工作有着交集,在科技小院锤炼的品格与获得的经验,相信在今后面对种种困难时将会迸发出强有力的不服输、肯吃苦的精气神。

入田间、走地头、解民生、治学问,筑牢专业知识、践行耕读教育。科技小院助我快速成长、"三农"情怀已经融入我的血脉,未来,我也将奔赴祖国最需要的地方,为祖国的现代化建设作出自己的一份贡献。

（河南农业大学 21级硕士生 陈奋勇 文）

## 寻知农之路，沃爱农之心

习近平总书记给中国农业大学科技小院同学的回信至今萦绕心间。中国农业大学的同学说，“走进乡土中国深处，才深刻理解什么是实事求是、怎么去联系群众，青年人就要‘自找苦吃’”。习近平总书记认为说得很好，还赞扬新时代中国青年就应该有这股精气神。党的二十大对建设农业强国作出部署，希望同学们志存高远、脚踏实地，把课堂学习和乡村实践紧密结合起来，厚植爱农情怀，练就兴农本领，在乡村振兴的大舞台上建功立业，为加快推进农业农村现代化、全面建设社会主义现代化国家贡献青春力量。这深深地激励和鼓舞着我们，于是，我们组成了暑假实习团队，开始了我的走进农村之路。

自8月1日开始，我们进行了许许多多的活动，同新乡杨街科技小院共同开展扎根小院、农户调研、试验示范、科普宣传等一系列社会实践活动。这一系列的社会实践活动，一方面，助力当地农业绿色发展，提高学校、学院影响力度；另一方面，培养了我们脚踏实地、身体力行、知农爱农的行为态度，为农业复合型专业人才培养夯实基础。

扎根小院，在实践进行期间，我们于小院中生活，早上与雀儿相呼应，夜晚与蝉鸣蛙叫相伴，真切体验了农村生活的乐趣，怡然自得，也过了把陶渊明的“采菊东篱下，悠然见南山”的生活；曾耕作至日暮西山下，与飞鸟相与共还；还在偶遇间解决了村民奶奶家茄子的粉虱和大葱的根腐病，并收到奶奶的感谢，而奶奶送来了些许她自己种的水果。大概因为有劳动的加持，它们显得格外香甜。我们实实在在将学习的知识应用于实践，也帮助奶奶解决了问题。

开展农户调研去了解农户的具体需求及实际情况，我们进行了取土调研工作，去往农户的地里实地了解问题、观察问题、调查问题、解决问题，并取土样进行检测，与农户保持联系，及时反馈各家的问题；也从不同的爷爷奶奶、叔叔婶婶那里学习并见到了许多课本上所没有的或是非常常见于课本但他们却深受困扰的问题。而我们为他们提出建议，解决问题后他们脸上异常开心的笑容，也是我们为之奋斗与学习的动力，是我的所学真的帮助到别人后的无以言表的快乐。

科普宣传则是将我们从书中、从学习中所得来的知识，传于没有这方面认识或者是不够了解只知其一不知其二的广大种植户，提高他们种植的专业理论普及度，使农业科学化。我们也自行制作所要讲解的PPT，在师兄师姐的帮助下修改、完善、练习，最终讲解，并与新乡县农业农村局研究员、站长刘清瑞学习。毕竟，课堂只教授我们知识，而这些知识对于农户来讲又太难以表述使用，怎样将所学清晰明白地以简单易懂的方式讲解，课堂的专业名词与农家的口语称呼要怎样平衡，老师教的是生长时期，而农户知道的只是天数、叶片数等，他们之间的转化是需要十分有经验的老师才可以非常熟练的，而我们，还有很大的学习空间。

“纸上得来终觉浅，绝知此事要躬行。”而试验示范便是那个躬行，即将理论运用于为实践，发现理论与实践的差距，并努力弥补，从而保证所学皆可为所用。我们也参与制作了花生盆栽的下针期取样、玉米抽雄吐丝期取样、观察定位试验，并从叶老师讲解中学习玉米生长情况以及在巡视园区时的注意事项，认识到不能单单只看外表，要钻进玉米地看，对比不同处理的玉米植株主要观察玉米的株高、叶片的颜色、大小节间距、苞叶多少和大小，根据叶片的颜色判断缺乏什么营养元素等。

通过这次实践活动，我与农民亲近，走出了校园，走向了田间，坐在了地头与植物交流，与农民对话，读懂他们的话语，了解了他们的需要，并努力依据所学，为他们解决问题；也在此过程中收获了许许多多的欢乐，丰富完善了我的知识，给了我莫大的动力去学习和进步，促使我在学农、知农、爱农的道路上奋力前行，为兴农强农而读书。

（河南农业大学 20级本科生 王冰冰 文）

知院
识院
悟院

# 河南农业大学 河南禹州科技小院

**实 践 学 校**：河南农业大学

**实践小队名称**：河南禹州社会实践小队

**小 队 成 员**：秦梓丰、胡雪铃、吴冰言、张鑫、杨晨艺、宋钟伟、李延景、张嘉朔、常家晴

厚植爱农情怀，练就兴农本领
——河南农业大学资源与环境学院 河南科技小院

## 【知·院】小院简介

河南禹州科技小院位于河南省禹州市顺店镇康城村。禹州市位于河南省中部，村民以种植小麦、玉米为主，土壤类型多、人口多，耕地少、地块分散，投入大、产量低、效益差。科技小院的建立，旨在与当地政府结合，探索分散的小农户如何普及推广农业技术，实现整村、整乡普及测土配方施肥技术，为河南省的测土配方施肥技术推广树立样板。

小院承担农业农村部行业专项、"973"计划、国家自然科学基金、"十三五"国家科技重大专项、"十四五"国家科技重大专项等科学研究任务，包括开展农户种植管理情况、肥料市场、土壤状况调查，建立数据库，掌握当地农业生产状况，有针对性地开展工作。针对农业生产中的问题，与肥料企业、种子公司、农药企业等一起开展肥料种子、农药等新产品、新技术的试验示范。开办科技大讲堂、科技赶集活动，建立科技长廊、科技胡同、农事提醒牌等农技服务，与肥料企业、村委会一起开展测土配方施肥工作，提高配方肥到位率。利用24小时电话、微信平台、短信平台、科技小院服务车等多种渠道全天出诊，为农户提供优质高效的技术服务。举办作物高产高效竞赛、广场舞大赛、庆丰收等活动，增强农户信任，普及推广农业技术；开展精准扶贫、科技支教、关爱老人等活动，丰富农村文化，提高农民科学文化素质，提高技术到位率。

小院建有试验基地，已培养16名硕士研究生、300多名本科生、50多名先锋学员。技术服务已经覆盖到周边的4个乡镇48个村庄20 000农户，服务大户和合作社100多个。测土配方施肥面积达到10万亩，实现了测土配方施肥技术整村推进。与农资企业、粮食加工企业建立合作，实现了学生培养—科学研究—企业生产—技术推广—农民受益的一体化应用模式。10年来，禹州科技小院累计室外培训280余场，培训人数35 000余人次；室内培训140余场，培训人数15 000余人次；发放农户调研有效问卷5 000余份，农户出诊800余次，帮助农户解决问题3 000多个，技术指导覆盖面积超过500万亩。科技小院指导的农户，减少投入30%以上，增产增收20%以上。"种地有疑难，科技小院来帮忙"也在当地家喻户晓，为当地农户节本增收发挥了重要作用。2016年，禹州科技小院被评为全国首批农业专业硕士研究生实践教育示范基地，建立了基于科技小院的本硕一体化人才培养模式。2022年，禹州科技小院荣获中国农技协"最美科技小院"称号，也是河南省唯一一个获此殊荣的科技小院。

## 【识·院】乡村振兴与支教同行，自找苦吃与成长共存

随着中国经济社会的不断发展，大学生志愿服务活动逐渐成为高校教育中的重要组成部分。其中，“三下乡”活动作为一种特殊形式的社会实践，越来越受到广大大学生和社会关注。大学生志愿者在活动中主要从事教学工作，包括教授基础知识、提供学习指导等。同时，大学生志愿者还积极参与当地社区建设和文化交流，开展一系列的志愿服务及文化活动，为当地群众提供帮助和支持。“三下乡”活动不仅能为当地的学生提供优质教育资源，改善农村学校的教学条件，还可推动科技下乡活动不断下沉。

农业作为国民经济的基础产业，在我国经济发展中起着重要的作用。然而，在现代化进程中，农业发展面临诸多问题和挑战。传统的种植养殖方式存在着劳动力成本高、效益低下、农业科技应用不足等问题。为了解决这些问题，近年来，持续推进科技下乡活动成为农业发展的重要策略。

科技下乡活动是指通过科技成果的转化和应用，将先进的农业技术推广到农村，提高农业生产效益和农民收入水平的一项重要举措。科技下乡活动能够有效地提供农业知识和技术，提高农民的农业生产能力。在这个过程中，科技下乡活动起到了积极的推动作用，为农业发展带来了新的机遇。

科技下乡活动，可以提高农业生产效益，促进农业现代化进程；而兴农战略则为科技下乡活动提供了支撑和保障。科技下乡活动和兴农战略的协同发展，将为农业的可持续发展提供有力支持，助力实现乡村振兴战略目标。

总之，知农爱农，强农兴农是实现农业可持续发展的重要路径。科技下乡活动和兴农战略的有机结合，可以提高农业的生产力和竞争力，提高农民的收入，推动国家的繁荣发展。同时，支教也为农村学生传递乡村振兴、弘农爱国的精神，为我国的乡村振兴事业培养了后继力量。

## 一、调研背景

(一)背景和起源

随着中国经济社会的不断发展,大学生志愿服务活动逐渐成为高校教育中的重要组成部分。同时,也为贯彻习近平总书记在2023年五四青年节给科技小院学生回信中提到的走进乡土中国深处,走进群众中去,青年人要“自找苦吃”等精神。“三下乡”活动作为一种特殊形式的社会实践,越来越受到广大大学生和社会关注。

“三下乡”活动源于中国农村基层教育的需求,旨在提供优质教育资源,改善农村学校的教学条件,并培养大学生志愿者吃苦耐劳精神。通过这种方式,大学生志愿者有机会到农村地区进行支教和社会实践,为当地的学生带去知识和帮助。通过与孩子们的交流和互动,志愿者们学会了如何倾听和理解他人的需求,培养了自己的沟通能力。此外,实践活动也锻炼了志愿者们的组织能力和团队合作精神。在实践过程中,志愿者们需要与其他志愿者紧密合作,协调各项工作,以确保“三下乡”活动的顺利进行。通过与团队成员的合作,志愿者们学会了如何有效地分工合作、协调沟通,培养了自己的团队合作能力和领导能力。

(二)调研目的和意义

“三下乡”活动的目的是提供优质教育资源,改善农村学校的教学条件。大学生志愿者到农村地区进行支教和社会实践,有机会为当地的学生带去知识和帮助。同时,这种活动也为大学生志愿者提供了锻炼和提升自己的教学能力、组织能力和人际交往能力的机会,可以培养他们的责任感和社会意识。

“三下乡”社会实践活动的意义和价值是多方面的。首先,通过这种活动,大学生志愿者能够为农村学校和学生带来积极的影响,为当地的学生带去知识和帮助。其次,对于农村学生而言,他们可以接触到更加丰富的教育资源,扩展他们的视野,提高他们的学习兴趣和学习能力。对于大学生志愿者,可以锻炼和提升他们的教学能力、组织能力和人际交往能力,培养他们的责任感和社会意识。

我们团队的“三下乡”社会实践以禹州科技小院为基地,向周边辐射开展社会实践活动,包括农村支教、农户调研、农业试验等诸多板块,旨在推动教育公平、改善教育质量;通过科技成果的转化和应用,将先进的农业技术推广到农村,提高农业生产效益和农民收入水平。与此同时,厚植大学生爱农情怀,练就兴农本领。

## 二、调研内容

(一)“三下乡”实践的主要内容

**1.教学工作**

在进行支教前,我们团队进行了大量的准备工作。我们了解了当地学校的基本情况、师资力量和学生人数等基本情况。

社会实践小队在顺店镇康城村文化大院开设支教班。在开课前,由学生们自愿报名参加支教活动。招收三、四、五、六年级学生共 60 余人。分上、下午分批次上课。为了使学生们更好地适应教学模式，我们参照当地小学的课程安排以及上课模式，为他们制定了专属于他们的课程表。

在前期，我们辅导并监督学生们语数外三科暑假作业的完成情况和完成质量。对此，我们将学生们的暑假作业稍做批改进行分类，根据不同的情况进行不同的安排和辅导，使学生们能够高质量地完成暑假作业，掌握好已经学习过的知识。辅导完成暑假作业后，我们开设新学期课程，让同学们可以更好地进行下一学期的学习，并根据学生的具体情况安排适量作业，巩固新学知识的同时减轻学生负担。同时，我们也会定期对最近的课程进行一个总结，并通过学生们的反馈对课程安排以及授课方式进行一个简单的调整。除了正常的课程教育之外，我们也安排了劳动实践课、安全教育课以及爱国主题教育课。例如，让学生们加入盆栽实验播种工作中，给他们简单讲述实验原理，并为他们讲解简单的知识，方便他们自己回家亲身实践；为他们进行暑期安全宣传，讲授简单的安全知识以及面临危险时如何自救。同时，我们也积极向同学们传达乡村振兴、弘农爱国的精神，使他们自小种下弘农爱国的种子。

**2.农户调研**

化肥的使用在促进粮食产量连续增产的同时，也带来了严重的负面影响。因此，必须逐步实现、高层次回归农业绿色耕作方式，深入推进化肥减量增效工作。

农田使用的任何化肥都不可能全部被植物吸收利用，流失的化肥随着水向土壤中渗透，被转移到植物根系以下，或冲入江河湖泊，造成土壤污染和水污染。

为全面掌握、科学评价主要作物施肥情况，我们走访了当地的一些农户，向他们咨询一些有关化肥施用的问题以及耕地的土壤情况，并解答一些相关问题。通过询问一些村民关于化肥的使用情况，也根据试验田中作物施肥情况，我们了解到他们过度施用化肥，导致土壤肥力低下，甚至土壤出现板结，已严重影响到农业的长远发展；也了解到农户在买化肥时可能不管它的组成，也不在乎他们自家地里作物是否缺少这种养料。因此，我们在调研的过程中也向他们介绍新型肥料。新型肥料不仅可以减少化肥的播撒量，也能够高效地、有针对性地对作物提供养分。同时，我们也询问农户对于我们开展关于农业知识培训的相关意见，以保证更加有针对性地解决农户在耕种时遇到的问题。

同时，为了了解上季小麦的收成，知晓今年河南“烂场雨”对小麦收成的影响，我们通过观察以及从农户口中得知，“烂场雨”对不同地块的影响并不相同。因此，我们实践小队以康城村为轴心，辐射整个顺店镇对农户开展农业生产现状调查。通过调研小麦品种、播种时间、灌溉情况、施肥情况、病虫害防治以及收益情况等诸多信息，我们评估针对“烂场雨”较为优异的管理方式，为应对“烂场雨”等农业生产问题提供科学的解决方式打下数据基础。

**3.科学试验**

(1)试验原因及目的　在农业生产中，肥料的使用在农作物生长过程中具有不可替代的作用。氮肥是农作物生长过程中的主要氮素来源，对作物产量和品质的提升起着关键作用。但在我国农业生产中往往存在严重的过量施肥现象。有学者分析了国内 $N^{15}$ 示踪试验资料，认为我国现有农田管理水平的氮肥有效率在 50%～60%，损失率在 40%～50%。其中，氮淋溶是氮素损失的主要途径之一，土壤硝态氮通过淋溶进入水体会造成人体中毒和水体富营养化，对人体健康和生态环境产生严重危害。

为了降低氮素淋溶导致的水污染问题，禹州科技小院因地制宜研究不同的施肥方案，通过收集大量的样品，再对样品中氮元素进行定量分析，找到减少肥料中的氮挥发、使农作物产量增高的最优解。

(2)淋溶样品采集与测定　为了方便取样与分析，我们将试验田分区并标注，每个区域放置两个淋溶采样瓶。渗滤液的收集依据渗滤池法，渗滤池底部中心根据淋溶桶的体积挖一个圆柱状坑，方便渗滤液进入淋溶桶中。

淋溶水样的收集需要定期取出淋溶收集瓶中所有淋溶液，装入采集样品瓶(采样瓶提前用蒸馏水洗净)，依照区域编号标注，并对各区域淋溶液总量以及氮含量进行分析。

(3)试验总结　通过此次试验，我们学习了大田中氨挥发以及氮淋溶的取样与测定，充分了解了肥料损失的途径和原因，知道了氮肥氨挥发途径和损失的机制。在实践中学习，增加了对农业化肥施用的知识，提高了将理论知识应用于实践的能力。

(二)存在的问题及对策

**1. 支教活动中存在的问题**

本次社会实践，我们投身到支教活动之中，尽管支教活动取得了一定的成绩，但仍然存在一些困难和挑战。首先，由于贫困地区的教育资源有限，支教活动难以满足所有孩子的需求。部分孩子仍然无法获得充足的教育资源和关怀，这对他们的成长和发展造成了一定的影响。其次，支教活动的持续性和可持续发展也面临一定的困难。由于志愿者的时间和精力有限，支教活动往往只能是短期的，无法长期跟进和关注孩子们的学习和成长。最后，支教活动的管理和组织也存在一定的问题。

**2. 支教建议与措施**

为了进一步改善支教活动的实施情况和解决存在的问题，我们提出以下建议和措施。

(1)政府和教育部门应加大对贫困地区教育资源的投入，提高教育设施和师资力量，改善教育条件。

(2)针对大学生志愿者，应加强对支教知识和技能的培训，提高他们的教学水平和沟通能力。

(3)加强对志愿者的心理辅导和关爱，帮助他们应对支教活动中的身心压力。

(4)建立支教活动的长效机制，加强与当地教育机构的合作，形成持续的支教支持体系。

**3. 关于施肥情况调查中的问题**

调研过程中，我们通过走访农户并实地调研得知，不少农民仍按照传统的经验施肥，存在严重的盲目性与随机性。在化肥施用过程中，农民未按科学的比例进行施肥，往往是重氮肥，轻磷、钾肥，由于化肥使用不当，造成氮、磷、钾比例严重失调；盲目施肥，造成土壤缺钾、少磷、氮不稳的畸形量比，导致氮素投肥量加大，产量却不增加。磷钾肥的不足，不仅使氮肥的肥效不能充分发挥，造成化肥利用率低，生产成本增加，甚至给农作物造成了肥害而影响作物产量的提高。

**4.合理施肥的几点建议与措施**

针对调研过程中遇到的问题，提出相关的对策。

(1)增加有机肥料投入，搞好耕地地力建设并加大对有机肥料建设的重视与宣传力度。

(2)大力推广测土配方施肥技术，依托科技小院测定该地区土壤情况、肥料利用率以及主要作物的施肥规律，制定和调整氮、磷、钾和中微量元素的配方，使作物得到全面合理的养分供应，最大限度发挥作物增产潜力，提高经济效益。

(3)大力提倡深施肥，通过深施肥，最大限度地减少肥料损失，提高化肥利用率。

(4)推广新型化肥，减少化肥的播撒量，也能够高效地、有针对性地对作物提供养料。

## 【悟·院】

# 学有所悟，任重道远

——加强了良好的团队合作精神　由于我们都是第一次参加“三下乡”活动，实践经验不足，具体工作中难免遇到一些困难，但是我们并没有退却；另外，我们发挥不抛弃不放弃的精神，团结合作，各司其职，各尽其能，互相学习，互相帮助，全身心投入到自己的工作中。这种氛围延续到了整个“三下乡”活动中，使得我们顺利地完成了此次“三下乡”社会实践活动。

——赢得了友谊　本次暑期“三下乡”活动的队员来自我们河南农业大学资源与环境学院不同班级，活动给我们提供了一个认识更多朋友的机会，队员之间相识、相处、相知、相信，相互之间也建立了非常深厚的友谊。每天的朝夕相处，每次的激烈讨论，每次吃饭的插科打诨，使得我们的友谊更加深厚，我们的交流更加随意。我们是永远的朋友！

——增强了解决问题的能力　本次的暑期“三下乡”活动，从主题的确定、活动策划、方案的制定到具体的实施，基本都是由队员们一起解决的，我们也在其中得到了很好的锻炼。在前期的准备阶段，我们需要周全地考虑问题，遇到困难需要自己寻找解决的方法，还要积极寻找社会的帮助。在“三下乡”期间，我们也要解决临时发现的实际问题，预防意外事件的发生。通过本次活动，我们全体队员的实践能力有了很大的提高，对我们以后的学习工作有着非常积极的影响。在“三下乡”过程中，我们遇到了实际情况与方案有所出入的情况，也遇到了事前没有料想到的问题，大家学会了灵活应对，从实际出发考虑问题，充分考虑各种意见，并在适当时候寻求帮助。

——提高了回报社会的意识　虽然本次下乡活动只有短短几天，但却深深地激发了队员们的爱国之情，让队员们更加坚定了好好学习、强化自己为社会、为国家的发展贡献一份自己的力量的信念。同时，活动也使得队员们体会了强烈的社会责任感，坚定了同学们到基层去，到祖国最需要的地方去建功立业的决心和志向。

——通过此次的社会实践活动，我们开阔了眼界，解决了农户在农业生产中遇到的问题，满足了当地孩子暑假的学习需求。我们秉承着弘农爱国精神，时刻着眼于乡村振兴与乡村发展。这次实践活动，也在我们的青春历程上留下了浓墨重彩的一笔。

（河南农业大学 22 级硕士研究生 胡雪铃 20 级本科生 秦梓丰 吴冰言 张鑫
21 级本科生 杨晨艺 22 级本科生 宋钟伟 李延景 张嘉朔 常家晴 文）

知院
识院
悟院

河南农业大学　河南新乡王府庄科技小院

**实践学校**：河南农业大学
**实践小队名称**：王府庄社会实践小队
**小队成员**：郭小点、焦静雨、李风婷、邓雪阳、王灿、张宝冲、袁世仑、胡家钰

心连心·科技小院公益技术讲座
深入村屯解民生 扎根田间治学问

永安村
深入村屯解民生 扎根田间治学问

"三下乡"社会实践活动

## 【知·院】 小院简介

河南新乡王府庄科技小院(以下称小院)位于河南省新乡市新乡县郎公庙镇王府庄村。小院融合政府、高校、企业、合作社、农户,打造"党—政—产—学—研—用"一体化模式。该模式通过研究生、大学生、企业人员等深入生产一线,结合政府和企业优势开展可持续性服务,以科学研究、科技普及、技术推广、人员培训、耕读教育为主线,传播科技知识、促进成果转化、提高农民素质、改善企业形象、培养科技人才、促进农民增产增收、活跃农村文化,助力乡村振兴和农业农村现代化建设。

小院由河南农业大学、河南心连心化学工业集团股份有限公司、新乡县人民政府、中国农业大学于2019年5月共同建立,通过学生长期在科技小院驻扎,促进学校—学生—企业—政府—农户的有机融合,实现产学研的紧密结合。小院围绕花生、小麦、玉米等主要作物,开展生产调研、试验示范、科技培训、技术服务、政策宣讲等活动,探索农业绿色发展新模式,打破技术推广"最后一公里"的瓶颈,形成具有"生产调研—科技创新—技术突破—模式集成—试验示范—科学传播"地域特色的科技传播与普及新模式,实现人才培养、农民增收、企业增效等多重目标,促进乡村振兴和农业绿色发展。

小院主要工作包括:联合政府,开展政策宣讲、科学普及活动,助力乡村振兴、绿色发展;开展调研活动,了解当地种植结构、养分管理、技术障碍等,探索科学种植模式;普及测土配方施肥技术,根据当地作物养分需求情况和土壤养分供应状况,设计作物专用肥;进行粮田障碍因子消减及中低产田质量提升;融合政府、合作社、种植大户等,探索大农户高产高效绿色种植模式,带动优质高效绿色农资产品推广;联合心连心集团开展技术培训、示范观摩等活动,以科技小院为核心向周边辐射,扩大技术到位率;建立作物高产高效优质绿色高标准示范田,展示产品和技术集成效果,推动化肥农药减量增效,促进农业绿色发展,助力乡村振兴;培养企业农化服务人员、作物经理等,输出乡村振兴优质人才。

小院深入到田间,开展测土配方、取土测样工作,全面了解当地耕地土壤养分状况,绘制土壤养分状况图;针对农户水肥高投入和中低产田等问题,围绕小麦、玉米、花生等作物,通过大田和盆栽形式,开展氮磷钾和微肥用量及类型、腐殖酸类型及用量、施肥深度和分层施肥方法、肥料配方对比、菌肥减氮、水肥一体化、种植模式等30余项试验示范;获得全国农技协志愿服务联合行动优秀组织单位、河南省优秀科技小院等荣誉;获批全国科技小院培训基地、河南省研究生联合培养基地、河南农业大学心连心农林产教融合基地、河南农业大学首批"耕读教育基地"、新乡市科普教育基地等多项称号,培养研究生20余名、本科生50余名,作物经理20名,发表高水平论文20余篇,开展科普活动、技术讲座、技术指导、田间问诊等180余场,覆盖乡镇30余个,直接受益人员超10 000人;接待各级政府、国内高校、科研院所、优秀企业60余次，受到中国国际电视台(CGTN)、新华网、河南日报等多家媒体报道。

## 【识·院】深入村屯解民生，扎根田间治学问

本报告是关于新乡市新乡县朗公庙镇王府庄村、冷庄村、中街村、南街村、南于店、北于店、张庄、崔庄、朱堤等十余个村种植情况的调查结果及报告，是对这些村庄的农业现状进行的抽样调查和分析报告，也是对本次社会实践活动的经历和感悟进行的总结汇报。

## 一、调研背景

农业作为国民经济的基础，是关乎国家发展和民生的重要领域。习近平总书记一直关心、支持和重视农业农村工作，在其治国理政思想中，农业始终占据重要的地位。他在多个场合发表重要讲话，阐述了农业农村工作的重要性，提出了一系列具有深远意义的战略部署和政策措施。他强调，“三农”工作是全党工作的重中之重，要坚决做好“三农”工作，关心农民、研究农业、关注农村问题，加强农村基层党组织建设，努力为农民群众创造更好的发展环境。

科技小院作为一个关注农业科技和农村问题的学生组织，牢记习近平总书记的关怀和期望，深入学习贯彻习近平总书记的重要讲话精神和指示要求，开展了暑期社会实践调研活动。本次调研的主题是“厚植爱农情怀，练就兴农本领”。调研着眼于农村发展、农民生活和农业科技等方面，旨在加深对“三农”问题的认知，提升对农村工作和农民群众的关心与关怀，为农业农村工作贡献自己的力量。

在这个主题下，同学们通过实地调研、访谈农民、参观农业科技示范基地等方式，深入了解农村发展面临的挑战和问题，了解农民群众的真实生活和需求。同时，通过学习农业科技的最新进展和应用，同学们加强了对农业现代化的认识，掌握了一定的兴农本领。通过实践调研，同学们对习近平总书记关于“农业农村”工作的重要论述有了更深刻的认识，加强了对农村工作的热爱和责任感。接下来，同学们将积极传播调研成果，分享经验和思考，为实现乡村振兴和农村工作的发展贡献自己的力量。

我们需要继续厚植对农业的情怀，推动农村地区的发展，改善农民的生活质量。同时，我们也需要关注农民的需求，了解他们现在面临的问题，并通过培训和技术支持等方式，提升他们的农业技能和创新能力。

通过这次暑期社会实践调研，我们希望能够加深对农业领域的认识，为农业现代化作出贡献，同时也提升自身的实践能力和责任感。我们相信，通过努力和奉献，我们能够共同推动农业的发展，为建设一个繁荣富强、人民安居乐业的国家作出贡献。

通过这次实践活动，我们深刻认识到农业农村工作的重要性和紧迫性。我们看到了乡村振兴战略的巨大潜力和发展空间，也看到了农民的迫切需求和现实困境，进一步明确了爱农情怀的重要性，更加坚定了走向农村、服务农民的决心。

在报告中，我们将详细介绍我们的实践活动内容和成果，分析当前农业农村工作面临的挑战和问题，总结出一些可行的解决方案和建议，以期为推动农业农村发展、实现乡村振兴战略提供一定的参考和借鉴。此次实践活动将为我们深入贯彻习近平总书记重要论述，服务农业农村发展作出积极的贡献。

## 二、调研内容

河南农业大学资源与环境学院学生郭小点、李风婷、邓雪阳、焦静雨、王灿、张宝冲等组成暑期联合社会实践团队前往河南新乡王府庄科技小院开展暑期联合社会实践活动。在叶优良教授、赵亚南博士的指导下，暑期社会实践团队与河南新乡王府庄科技小院常驻研究生高兵阳、高怡帆、袁世仑共同开展田间取土、农户调研、公益科普讲座等一系列实践活动，在实践中锻炼和成长，收获了不同于学校授予的知识。

（一）当地作物种植现状

王府庄村位于河南省新乡市新乡县朗公庙镇东南部，地处原阳、新乡和延津三线交界处，地貌主要为太行山冲洪积平原和古黄河冲积平原，属暖温带大陆性季风气候，四季分明；春季干旱风沙多，夏季炎热雨水充沛，秋季天高气爽日照长，冬季寒冷雨雪少。王府庄村地处黄河故道，受黄河流经和自然气候影响，土壤类型主要为沙土，粮食作物以小麦、玉米为主，经济作物以花生、棉花为主。

目前王府庄农作物种植以散户为主，土地流转较少，小麦季收获后多种植花生、玉米等农作物。由于当地夏季降水较多，部分地区花生叶斑病、白绢病和烂果病较为严重。

多年来，朗公庙镇农业产量低、种植作物较为单一、农业布局不合理问题突出。夏季农作物以花生、玉米为主，其他作物种植较少。

（二）开展田间试验、取土调研

**1.花生盆栽试验**

为研究腐殖酸原粉和腐殖酸有机料用量对花生生长发育及产量的影响，我们在河南新乡王府庄科技小院开展了花生盆栽试验（图1、图2），通过施加不同腐殖酸原粉或腐殖酸有机料，设置了7个处理、3个重复试验，在花生的整个生长发育周期中共进行3次取样，测量花生株高、叶片数、分枝数，最后一次取样测定产量，在已经进行过的2次取样测量中，不同处理的效果已经非常明显了。

图1　花生生长状况调研(1)

图2　花生生长状况调研(2)

随着花生盆栽试验的进行，我们对之前在课堂上学过的只有抽象概念的知识点有了更形象的体会和理解，对花生生长发育的不同时期有了更加明确的认识。

**2.玉米大田试验**

在开展暑期社会实践的过程中，我们跟随师兄师姐进行王府庄的玉米大田试验（图3、图4），开展了4次取土测样工作。所取土样分布在九个小区，每个小区取1 m深，共5层土。所取土样均需在1 d内完成铵硝的浸提处理，同时烘干后测定土壤含水量。

图 3　玉米大田试验(1)

图 4　玉米大田试验(2)

在整个取土调研的过程中，我们学会了许多，成长了许多。最开始，最简单的 20 cm 对我们来说都是一个难题，很多时候都是没有办法一次取完的；第一次对土样的处理对我们来说都是陌生的，哪怕有师兄师姐带着我们也是干得手忙脚乱。第一次取土、处理土样结束后，第二天我们每个人都是浑身酸痛，但随着取土次数的增加，我们也越来越熟练了，也可以独立完成土样的处理，这些对于我们来说都是意义重大的成长。

**3. 花生试验田花生生长状况调研**

8 月 19 日我们跟随师兄师姐到今年新布置的花生试验田采集花生样本并进行测量记录。试验共分 6 个小区，每个小区取 3 份样本，每份 10 株，共 180 株，测量花生 SPAD 值、荚果数、分枝数和下针数。

经历了这段时间的体力劳动锻炼后，花生取样对我们来说已经不是什么难题，当我们为那天的顺利而高兴时，回到小院却发现更难的在后面。回到小院，我们就开始处理花生植株样本。我们首先要把花生荚果取下、计数，之后一株一株地数分枝数和下针数。计算下针数的数量比较困难，但是经过我们的努力，我们一上午就搞定了全部的 180 株的所有指标的测定。

**4. 取土调研**

本次暑期社会实践，我们小队成员还跟随师兄师姐在新乡县朗公庙镇周边村庄进行了取土调研工作(图 5)，每个村子至少取 10 处土样，每块田地取 3 处，20 cm 深，共 10 个村庄。

图 5　取土调研

在取土调研的时候，我们还要去同农户交流，了解他们田里出现的一些种植问题，向他们宣传我们的科技小院。这对我们来说是一个十分新奇的经历。随着取土工作的进展，我们慢慢地从只会跟在师兄师姐身后取土、记录，到在师兄师姐的协助下磕磕绊绊地同农户交流，再到能够自如流畅地独自对农户进行调研。

5. 同中国农业大学暑期社会实践团共同开展调研活动

8月12日下午，来自中国农业大学暑期社会实践团的成员到达河南新乡王府庄科技小院，我们将同他们共同开展为期1周的调研活动(图6、图7)。

图6　共同开展调研活动(1)

图7　共同开展调研活动(2)

在这1周的合作调研中，我们对王府庄村村民开展了关于对科技小院了解度的调研，协助中国农大社会实践团完成了对朗公庙镇饲草种植情况、种田大户种植情况的调研，完成了10余份调研问卷。

通过和中国农业大学社会实践团的共同活动，我们能明显地感受到我们与他们的差距。在调研途中我们也跟着她们学到了许多，学会了怎样更有效地同调研对象交流，怎样精准简洁地表达自己的看法、问题等。我们相信这次和中国农业大学同学的交流对我们双方来说都是一种成长，一次终生难忘的经历。

(三)举办公益讲座

在社会实践过程中我们同杨街科技小院一起在朗公庙镇毛庄村举办公益讲座，向前来参会的农户发放了小院制作的种植手册，还邀请了新乡县农业农村局研究员、河南科技学院硕士生导师刘清瑞老师做我们此次公益讲座的主讲人。刘老师主要针对近几年的气候情况及玉米高产应变种植技术对农户进行了详细讲解，对近几年毛庄当地常见的玉米病虫害提出了详细的解决方案。

看着讲座上闪闪发光的刘老师、台下坐着的认真专注的农户们，那一刻我们突然就明白了我们所学所做的意义，明白了什么叫作“深入村屯解民生，扎根田间治学问”，懂得了为什么要提倡农学专业学生要“厚植爱农情怀，练就兴农本领”。

## 三、问题分析

(一)玉米大田试验

在玉米生长种植过程中，我们观察发现玉米试验田里长出许多杂草，且长势较强。经过暑期实践团队的不懈努力才将杂草除净。经分析，其原因应该是在种植玉米之前没有施用足够且合适的农药以及未进行一些相关预防处理。

(二)花生试验田调研

团队成员对花生试验田进行了植株采样，对花生植株进行了指标检测，观察其生长状况。在记录相关指标过程中，成员们也遇到了各种问题，其中对于花生分枝数和下针数的记录，相关步骤还是比较艰难的。实践出真知，在成员们完成任务的过程中，也积累了很多经验，这也使任务完成得更顺利，成员们的实践能力也有所提高。

（三）取土调研

暑期社会实践团对科技小院附近村庄进行相关信息调研和取土工作，用于对其土壤相关性质进行研究，结合相关村庄的农业发展现状进行合理分析，为农户提供一些有用的建议。由于社会实践团队人数有限，团队成员只能选择为数不多的且距离较近的村庄进行调研，调研内容较为有限。在之后的科技研究进展过程中，成员们会尽最大努力去更好地完成相关调研取土工作。

（四）举办公益讲座

经过对一些农村相关情况的了解后，团队选择合适的时间去一些村庄进行农业相关知识公益讲座。关于公益讲座活动，从前期的了解、与村庄相关工作人员进行联系和沟通、讲座 PPT 的制作以及演讲，到最后讲座结束时与农户的交流，这些工作都是比较烦琐的。在举办讲座过程中，成员们对这些相关步骤逐渐掌握和了解，也会认识到每一步中存在的不足。大家都始终相信在经验的积累下，后面的讲座会进行得更加顺利。

## 【悟·院】

### 学有所悟　任重道远

——通过实地调研、访谈农民、参观农业科技示范基地等方式，我们深入了解了农村发展面临的挑战和问题，了解了农民群众的真实生活和需求。同时，通过学习农业科技的最新技术和实际应用，我们加强了对农业现代化的认识，掌握了一定的兴农本领。

——通过实践调研，我们对习近平总书记关于“三农”工作的重要论述有了更深刻的认识，接下来，我们将加强专业知识的学习，为实现乡村振兴和农村工作的发展贡献自己的力量。

——通过这次暑期社会实践调研，我们加深了对农业领域的认识，同时也提升了自身的实践能力和责任感。我们相信，通过我们的努力，能够共同推动农业农村现代化，为建设一个繁荣富强，人民安居乐业的国家作出贡献。

——通过这次实践活动，我们深刻认识到农业农村工作的重要性和紧迫性。我们看到了乡村振兴战略的巨大潜力和发展空间，也看到了农民的迫切需求和现实困境，让我们更加坚定了走向农村、服务农民的决心。

（河南农业大学 20 级硕士研究生 胡家钰 22 级硕士研究生 袁世仑
19 级本科生 张宝冲 20 级本科生 郭小点 焦静雨 李风婷 邓雪阳 王灿 文）

科技小院公益技术

知院
识院
悟院

# 河南农业大学　兰考科技小院

实践学校：河南农业大学
实践小队名称：兰考社会实践小队
小队成员：徐硕泽、潘鑫瑶、马润姣、赵文迪、陈雪、李方方、许宇蒙、介赟、崔元东

爱心助农

## 【知·院】小院简介

一、建设目的

河南兰考科技小院位于河南省兰考县许河乡。兰考作为河南省农业大县和产业大县，其耕地面积大、土壤肥沃、养殖业发达，种植作物主要有小麦、玉米、花生、蜜瓜、大蒜等；受黄河决口水患影响，兰考土壤盐碱化、沙化严重，中低产田面积大。近些年，兰考县养殖业发展迅速，家庭农场、养殖大户、大型畜牧场迅速增加，如何高效解决畜禽粪便问题也成为当务之急。兰考是焦裕禄同志生前战斗过并为之献身的地方，是习近平总书记群众路线教育实践活动的联系点，拥有雄厚的产业基础和深厚的红色文化底蕴；河南农业大学原校长蒋建平教授也在兰考的漫漫沙海中完成了泡桐研究和推广。兰考科技小院的建立是为了听从习近平总书记嘱托、弘扬焦裕禄精神、跟随蒋教授脚步，改良中低产田、共建现代化农业科技创新体系、农业科技推广服务体系和现代化农业人才教育培训体系，围绕黄河流域生态环境，保护推动兰考县域乡村振兴战略的实施，打造兰考特色产业链经济品牌，助推县域经济实力的综合提升，共同把兰考县打造成为科技创新的产业强县、绿色发展的农业强县、乡村振兴的示范标杆县，为实现兰考县2035年远景目标及“十四五”时期经济社会发展主要目标作出农大的担当和贡献。

二、发展历程

在河南农业大学与兰考县人民政府签订校地合作协议背景下，响应学校号召与兰考县许河乡河地生态园共同建立科技小院，学生于2021年3月正式入驻，以大学生创新创业为突破口，以当地种植合作社、家庭农场、种植大户为主，以测土配方施肥技术、短视频直播带货和“富锌食品产业体系”为载体，充分利用兰考雄厚的产业基础和深厚的红色文化底蕴，发挥科技、人才优势，推进兰考县域乡村振兴战略实施；围绕兰考县优势特色产业发展需求和乡村“五大振兴”，创新成果转化、科技下乡、人才下沉等“三农”服务新模式和新机制，打造兰考特色产业链经济品牌——富锌石磨面粉。通过学生长期在兰考驻扎，科技小院促进“学校-学生-当地政府-当地企业-农户”的有机融合，实现产学研的紧密结合。

三、主要工作

(1) 围绕小麦、玉米、蜜瓜等主要作物，开展农业生产调查，了解农户种植习惯、施肥状况，建立农户信息数据库。

(2) 针对兰考干旱、风大、作物易倒伏等问题，引进耐旱、抗倒伏的小麦、玉米品种开展品比试验，为当地筛选高产高效品种。

(3)采集兰考主要乡镇的耕层土壤样品，绘制土壤养分分布图，结合种植作物养分需求特征，设计作物专用配方肥产品。

(4)以富锌石磨面粉为突破口，探索富锌食品产业体系，打造兰考特色产业链经济品牌。

(5)创建网络自媒体平台,记录分享大学生下乡实习的日常,帮助兰考农产品的宣传、推广和销售,让更多非农人士关注农业、热爱农业。

(6)结合当地农户需求,定期开设科技大讲堂、田间观摩,建立科技长廊用于农技科普和农事提醒,定期田间出诊解决农户生产难题。

(7)放映公益电影,组织高产高效竞赛活动和农民培训,满足农民精神文化需求。

四、生活工作成效

兰考科技小院成立以来,已在兰考许河乡24个行政村采集百余份土壤样品,经分析测试,绘制了许河乡土壤养分分布图;打造了兰考特色产业链经济品牌——富锌石磨面粉;以大学生创业项目为突破口,创立了抖音短视频账号;布置了玉米品种对比试验、青贮玉米肥效对比试验、水果玉米肥效对比试验和超高产玉米示范田,兰考小麦科技小院立足于农业技术创新和推广;通过对大量的农户与经销商调研,摸清了农户种植习惯;通过对全区域土壤样品的采集与检测,摸清了土壤养分规律;通过布置多点的肥料梯度和形态的田间试验,摸清了小麦生长及养分吸收规律;通过各种有针对性的技术研发,陆续解决了小麦施肥不合理、产量低等各种问题。此外,在当地村庄放映了公益电影、开展了农民培训,承办了农民丰收节和村BA等活动,受到百姓和政府越来越多的关注。兰考科技小院成立两年来开展调研1 000余人次,科普讲座100余场,公益电影200余次,服务耕地面积达30 000余亩。

五、建设目标

为兰考主要作物制定高产高效绿色优质栽培技术规程,引进适合当地的高产稳产品种;通过自媒体平台吸引更多年轻人关心"三农"、投身"三农";利用农业科学技术,改良中低产田,提高农作物的产量和品质,打造种养一体的循环农业;合理利用畜禽粪便。

## 【识·院】乡村振兴,科技助农

我国辽阔的国土面积和庞大的人口基数注定了农业农村的发展是我们必须要解决的问题。但农村问题涉及面广,地区分布不连续,且地理位置较为偏远,如何向该地区输入人才,是一个不小的困难。但大学生"三下乡"的出现,在一定程度上解决了这个问题。大学生来到农村,用自己的专业知识来解决实际的生产问题,会让乡村振兴这把"知农爱农"的火焰更有活力。

知农爱农可以促进农村经济的发展。农业是国民经济的基础和农村的支柱产业。通过提供技术、资金、市场等方面的支持,支农爱农可以帮助农民提高生产技术水平,增加农产品产量,提高质量,从而推动农业的现代化和可持续发展。这不仅有利于保障粮食安全,也能提升农民的收入水平,推动农村经济发展。

乡村振兴具有战略意义。农村是国家的重要基础和后盾,实施乡村振兴战略可以有效解决农村面临的诸多问题，推动整个国家的经济社会发展。

知农爱农助力乡村振兴具有优势和潜力。农村地区具备丰富的自然资源和人力资源，通过改善农村基础设施、促进农业农村产业升级、提供就业机会等措施，可以激发乡村经济的活力和潜能。

乡村振兴不仅关乎当前的农村问题解决，更是关系国家未来可持续发展的重要因素。加强农村教育、提升农村医疗和社会保障服务水平、改善农村生活条件等举措，可以实现农村与城市发展的良性互动，推动全面建设社会主义现代化国家目标的实现。

## 一、调研背景

### (一)背景

“三下乡”社会实践是培养大学生社会责任感和服务意识的有效途径。大学生亲身参与农村或偏远地区的社区建设、农田劳动等活动,能够增强他们对社会问题的认识,并培养他们关心他人、奉献社会的精神。在乡村环境中,大学生需要面对各种现实问题,例如交通条件落后、医疗资源匮乏等,这些问题需要他们灵活应对和解决,从而提升他们的实践能力、组织能力以及创新能力。

很多大学生在城市长大,接触的社会环境相对单一,对于农村的发展状况和农民的生活状况了解较少。通过参与实践活动,大学生能够深入了解农村地区的经济、文化、教育等方面的情况,拓宽自己的知识面和视野。

通过实践活动,大学生可以认识到农村地区存在的种种问题和需求,从而激发他们对农村发展、农村工作的兴趣,有助于他们在毕业后选择适合自己的就业方向或者投身到农村建设中去。

### (二)活动目的

为响应习近平总书记号召,厚植爱农情怀,练就兴农本领,真正为农业农村解决实际生产问题;同时巩固自身知识,提高认知水平,走出学校的象牙塔,开封科技兴农团全体成员用自己的实际行动为开封市兰考县乡村振兴、土壤调研贡献了自己的力量。他们通过科普讲座、田间调研、耕读教育、直播助农等方式,为当地农业农村发展起到了一定推动作用;同时,也实现了扎根基层,服务“三农”的服务宗旨。

## 二、调研内容

### (一)田间调查

田间土壤调查的地点是在兰考县许河乡。我们进行调查时,正是玉米进入拔节期的时候。我们将许河乡 24 个村的土壤统一做了调研,发现当中具有明显的缺素症状。正常来讲,土壤中锌的含量是 0.5 mg/kg,但在许河乡,通过师兄师姐试验得到的数据来看,它的锌含量是要远远低于这个数值的,所以我们在此基础上,又重新对整个许河乡的土壤进行调研,初步判断出哪些地方缺锌尤为明显,哪些地方的锌元素的含量已经得到了改善。

此外,我们还根据玉米缺锌症状的不同分出了 5 个等级,以便我们来研究当地玉米缺锌的具体表现以及缺锌的严重程度。我们可以根据玉米叶片当中条状带的面积覆盖率以及玉米叶片发白的情况,对玉米缺锌等级作出大致的分级。在田间调查过程当中,我们发现大部分农户种植玉米,包括施用肥料,多多少少都存在一些问题,其中问题最集中体现的是对于施用肥料的不确定,以及对于玉米选种的犹豫。此外,我们还对秸秆还田覆盖率以及秸秆还田的方式进行了大规模的调查。调查结果显示,此地基本覆盖了秸秆还田,并在农田与养殖场之间实现了种养循环一体化,这对当地农业发展以及农村相关建设有着良好的推动作用。

（二）直播助农

根据当地相关农业发展再结合当地生产实际情况，开封科技兴农团决定在此次活动当中采用直播的形式，为农户带来农业知识的科普，助力当地农产品的售卖，并利用自己的相关专业知识，为更多的农民、农户提供更多关于农作物种植以及肥料的选取的帮助。

本次直播当中，我们采用独立分开的两个直播间同时进行助农直播。其中一个是开封科技兴农团结合兰考科技小院为当地农户打造的开放的、共享的直播间。在此直播间中，开封科技兴农团与兰考科技小院同学共同进行了对于当地特色农产品的讲解与售卖，在锻炼自己的同时，也为当地的农业发展贡献了一份力量。在直播期间，成功售卖数额近千份，解决了部分农产品滞销的问题；同时也让更多的眼光关注到了兰考县许河乡这个地方。在与乡政府的合作中，我们顺利完成了直播的相关工作。

另外一个是兰考科技小院及开封科技兴农团成员，不对外开放的直播间。在这个直播间中，我们更多的是做一些定期、定时的农业知识科普，以及回答农户提出的农业相关问题。前期我们并没有得到特别多的关注，也并没有很多人去收看该直播间的直播内容，直到其中有一次，有一个农户在直播间当中留言，询问自家农田当中，出现玉米大面积发白和条状带是什么原因导致的。服务团成员在得到此信息之后，利用自己的专业知识，经过联合分析统一得出结论，该症状是由玉米缺锌导致，并及时回复相关的解决方案，采用叶面喷锌的方式解决该问题，并联系当地有关防协会为该农户提供了免费服务。此后，兰考科技小院助农直播名声在许河乡正式打响，直播间人数屡屡上升，许多农户来直播间当中寻求帮助，服务团成员均以无偿的方式为农户提供了实际问题的解决方案。

（三）耕读教育

耕读文化起源于古代中国（春秋战国），有人说是半耕半读的农业生产方式，有人说是一种信仰，有人说是一种追求自食其力的生活，有人说它是可以从书中获取知识、从地里找到应用的中国古代知识分子的一种生活方式，进而能够演化成家训、民风、乡俗和文化。

我认为，它就是大学生在科技小院农忙时干活，农闲时阅读学习并用学到的知识去解决农业生产中的实际问题。即白天干活发现问题，晚上阅读解决问题。它既可以锻炼身体，又能提高知识储备量；既体现了现实的价值，又体现了远高于现实的价值，进而体现人之所以为人的特殊，而不是其他动物，也体现出劳动人民为什么智慧。

在本次耕读教育当中，我们采用轮班制的方式，每天为当地中小学生带来耕读教育的培训，帮助其完成学习任务。此次更多教育主要是开展盆栽试验和田间管理两方面。首先，我们利用盆栽试验，将每位接受耕读教育的同学，分为拥有不同处理的组别，每个人都拥有一盆自己独立的盆栽，每位同学负责盆栽中种子的生长培育，以至于最后的收获过程。在此期间，使用不同的处理方式观察植物表现的相关性状以及对于盆栽当中植物缺素症状的分析，并利用相关方案来解决缺素症状及给植物带来的相关危害，然后利用松土促根剂、腐殖酸等相关土壤调节剂，采用后期追肥的方式来保证植物生长发育所需的养分。该耕读教育活动所制作的近 60 盆盆栽玉米，与我们的大田试验同步生长，同步收获。在此期间，可以将其与农田当中的玉米各个阶段进行对比，让各位同学深刻了解到耕读文化教育的内涵，同时丰富其农业知识，提高其农业综合素养。

在田间管理方面，有两名带队的服务团成员带领各位同学前往大田进行田间管理，利用我们自己的专业知识来告诉他们如何进行作物的合理密植。大田情况复杂、环境开放，对于作物的田间管理不可能做到一劳永逸，但频繁的田间管理耗时耗力，同时也增加了不必要的资源投入，所以我们利用作物生长规律，定期查看田间情况，并对田间的杂草进行根除；同时，观察作物生长情况，及时去解决缺素、病害、虫害等。在此期间，服务团利用无人机，为近 3 000 亩的玉米生长发育提供了帮助；在服务中，对其他农户遇到的生产问题，我们都利用自己的专业知识一一解决。

（四）存在问题和处理方案

**1. 土壤调研中的问题**

在本次土壤调研中，开封科技兴农服务团发现如下几个问题。

（1）土壤侵蚀　土壤侵蚀非常严重。兰考地区地形起伏较大，土壤易受雨水冲刷和风蚀的影响，导致土壤质量下降和土壤肥力流失。这对农作物生长和农田生态系统造成了损害。

（2）土地沙化　兰考地区存在土地沙化的问题，尤其是在退耕还林还草政策实施后，未合理管理的农用地容易发生沙尘暴。沙化导致土壤贫瘠且水分保持能力下降，严重影响农作物的生长和农田的可持续利用。

（3）土地污染　随着工业发展和农药、化肥的广泛应用，兰考地区也面临着土壤污染的问题。农药残留和化肥过量使用可能导致土壤中有害物质的累积，对农作物和环境造成潜在风险。

（4）水土保持意识不足　一些农民水土保持意识较弱，缺乏科学的农田管理方法。例如，在耕作和施肥过程中没有采取适当的措施来保护土壤，导致土壤和养分流失。

**2. 土壤土地问题解决方案**

（1）水土保持工程　加强水土保持工程建设，如建设防风林带、植被覆盖、修建沟渠等，减少土壤侵蚀和风蚀的影响。

（2）合理耕种　采用合理的耕作方式，如保护性耕作、旋耕轮作、梯田改造等，减少土壤侵蚀和保持土壤水分。

（3）合理施肥和使用农药　科学施肥，避免过量使用化肥；合理使用农药，注意剂量和施用时间，减少对土壤和环境污染。

（4）推广有机农业　鼓励和推广有机农业，促进有机肥料的应用，提高土壤有机质含量，改善土壤结构和质量。

（5）提高农民的水土保持意识　进行教育、培训和宣传活动，提高农民对水土保持的意识。

（6）加强监测和管理　建立土壤监测体系，定期对土壤进行监测和评估，及时发现和解决土壤污染问题，保护土壤资源。

以上措施的综合实施有助于解决兰考土壤利用中面临的问题，改善农田生态环境，促进农业可持续发展。

**3.肥料利用的问题**

调研发现，兰考地区肥料利用存在的问题，主要有如下几点。

(1) 过量施肥　一些农民在使用肥料时存在过量施肥的问题。过量施肥不仅浪费资源，而且会导致养分的流失和环境污染。大量氮、磷、钾等肥料进入土壤和水体中，可能对地下水质量产生影响，并造成水体富营养化。

(2) 肥料选择不当　一些农民在肥料选择上不够合理，过多地依赖化学合成肥料，而较少使用有机肥料。这种单一的施肥方式可能导致土壤养分不平衡，降低土壤的肥力和持水能力。

(3) 缺乏肥料管理技术　一些农民缺乏对肥料管理技术的了解和应用。例如，他们可能没有正确掌握施肥时间和方法，未能使肥料被作物充分吸收利用。这样，一部分肥料就会浪费掉，同时也增加了污染环境的风险。

(4) 土壤酸化和碱化　长期不合理的肥料使用可能导致土壤酸碱度失衡，从而影响农作物的生长。过度使用化肥会使土壤酸化、板结，而部分地区则面临着土壤碱化的问题。

**4.肥料问题解决方案**

为解决兰考县肥料利用率低的问题，可以采取以下措施。

(1) 肥料科学施用　推广科学合理的肥料施用技术，根据土壤测试结果和作物需求，准确计算施肥量和配比，避免过量施肥和浪费。

(2) 有机肥料应用　鼓励农民使用有机肥料，如利用农业废弃物进行堆肥等。有机肥料不仅可提供养分，还可改善土壤质地和结构，提高土壤保水能力。

(3) 采用循环农业模式　倡导农业生产中的循环利用原则，如农作物秸秆还田、农畜废弃物资源化利用等，有效回收农业有机废弃物入田，提高土壤质量。

(4) 提供技术指导　加强对农民的培训和技术指导，普及科学的肥料管理知识，引导农民正确施肥和选择肥料。

(5) 引导政策支持　相关部门应当制定相关政策，鼓励农民正确使用肥料，采取补贴和奖励机制，推动肥料合理利用。

科学的肥料管理和技术引导，可以提高兰考县肥料的利用效率，降低环境污染风险，促进农业的可持续发展。

## 【悟·院】

### 厚植爱农情怀，练就兴农本领，我的青春在小院拔节生长

2023年5月3日，习近平总书记给中国农业大学科技小院的同学们回信，嘱托广大青年，要志存高远、脚踏实地，把课堂学习和乡村实践紧密结合起来，厚植爱国情怀，练就过硬本领，在乡村振兴的大舞台上建功立业，为加快推进农业农村现代化、全面建设社会

主义现代化国家贡献青春力量。

追梦需要激情和理想，圆梦需要奋斗和奉献。2021年5月10日，经历了三年学校专业课学习的我摩拳擦掌，和两位同窗告别了学校舒适的象牙塔，来到了兰考县许河乡，在这里我们将试验种植农作物，为农户普及农业知识和技术。但父母和亲戚、邻居却泼了我们第一盆冷水："好不容易供你读大学，你却不在学校待着，非得来当农民！""真是脑子进水了，堂堂大学生偏偏要跑回农村种地？"面对父母和亲戚、邻居的不理解，我们心里憋了一股劲。接下来，第二盆冷水又浇在了我们头上。许河乡距离县城将近50公里，交通不便，去一趟县城就要一个多小时，我们又缺乏交通工具。同时，这里的人口数和收入是全县最低的，耕地还是盐碱化严重的沙土。当地村民说："这是当年焦书记唯一没有治理好的地方。"听到这里，我们三个心里暗暗想，一定要用自己掌握的专业知识和现代技术，能否替焦裕禄书记完成这个"治穷"夙愿。

看似寻常最奇崛，成如容易却艰辛。我们准备在韩庄村找一块20亩的地作为示范田，从种植技术入手，来精确布局玉米的种植。村民们的态度给我们浇下了第三盆冷水，虽然有乡干部和村支书的劝说，但还有将近10亩的土地不愿意流转给我们。其中许传伟大爷的态度最为激烈，他毫不客气地对我们说："不让我种地！吃啥！"死活不愿意将自己的土地流转，执拗地要在他的地里种上大蒜。这三盆冷水算把我们浇清醒了。为了融入村民，我们沉下心来，驻扎在村里。每天奔波于每个村，走进农户的家里帮农户收割小麦，时不时用专业知识解答农民的问题，也向老农学习侍弄庄稼的技巧。时光流转，我们三个从白白嫩嫩的书生变成了黝黑黝黑的农民。慢慢地，很多农民和我们成了朋友，也愿意把土地交给我们打理。其中，最为执拗的许大爷在我们踏破门槛的拜访下，对我们的态度也发生了360度的转变。现在大爷常说："小院的孩子们比俺的孩还亲来，他们天天来看俺跟俺老伴，俺闺女、儿子都在广州打工，一年才回来一回。"这不一大早，许大爷就骑车给我们送来了刚出锅的热腾腾的蒸榆钱。

在小院住了一段时间后，小麦收获了，当地也给我们20余亩地让我们种玉米做试验。我们看到这一块地就开始计划这块地的区域分布，但是我们也从未种过地，对于种植玉米一窍不通。我们找了当地一个土专家给我们做技术指导，老师也十分关心我们的试验田，经常下来给我们指导。我们也是熬着烈日在地里两天才把玉米种上了，接着灌溉、施肥、打药等一切以前很陌生的东西都经历了，虽然很苦，但是看到我们的玉米长势好也就很快乐。接下来我们的团队又进行了扩充，陆陆续续来了有20余人。我们下村给农户科普讲座、做调查、帮助政府扶贫、帮扶孤儿辅导功课、帮扶孤寡老人打扫卫生等，也受到大家的一致好评。后来，我们承办了"许河乡农民丰收节""玉米品种试验观摩会""学雷锋、保春耕科技小院在行动"等活动以及20余场"科普培训"。从2021年5月至今不到一年时间，累计播放公益电影四十余场、发放调查问卷百余人次，服务范围由许河乡扩展至仪封园艺场，服务土地达五万余亩。

在我心里，一直从未动摇的初心就是：不遗余力扎根农村，不遗余力奉献农业，始终坚持全心全意为人民服务的宗旨，秉持让更多老百姓过上好日子的初心。坚定了这些信念，我每天都要跑十几个村和农户交流小麦长势，我知道农民的心思很朴实，能把日子过红火

大家才愿意跟着你干。我给农户提供“保姆式”的服务，没有销路的，我来想策划；没有电商经验的，我手把手教；想在农业方面创业的，我也毫无保留传经送宝。我就是想让大家都参与进来，这样日子都能过好一点。在我的带动下，大家群策群力，先富带后富，一批批年轻人愿意返乡创业，为脚下的土地注入活力。一幅红红火火的农村新图景正在兰考这片红色的土地上冒着热气、徐徐展开，反哺的种子也渐渐开枝散叶。

在兰考小院的这几年，曾经是“憨娃娃”的我已然练就了十八般武艺：种植加工、科技扶贫、乡村规划、基层宣讲……这些曾经想都不敢想的事情，如今于我已是驾轻就熟。我自豪地说：“我的青春不迷茫，在兰考度过的每一天，走过的每一寸土地，都烙下我青春成长的印记。作为农大学子、作为兰考人，我就是要俯下身子、扎根基层，发扬焦裕禄精神，牢记习近平总书记嘱托，把汗水挥洒在科技攻关的最前沿、农业生产的最前线，把论文写在祖国大地上，在实现中国梦的生动实践中放飞青春梦想，在为人民利益的不懈奋斗中书写人生华章！”

“我作为农大学子也作为兰考人，更应该牢记习近平总书记的嘱托，谨记教导，不忘初心，坚定信念，实现自己的抱负，展现当代青年的风采，把自己的汗水挥洒在科技攻关的最前沿和农业生产的最前线，用奋斗书写无愧于时代的青春篇章。走过百年，此刻依旧少年；未来看我，扛起重任在肩。我要书写无愧于时代、无愧于历史的华彩篇章，立下为祖国、为人民奉献自己的信念和志向，把自己的农业梦融入伟大的中国梦，以青春和理想谱写信仰和奋斗。习近平总书记给我的力量，是无穷无尽的！”望着辽阔的麦田，我坚定地说道。

（河南农业大学 22级硕士研究生 许宇蒙 文）

知院
识院
悟院

# 华中农业大学 湖北沙洋油菜科技小院

实践学校：华中农业大学

实践小队名称："小院青年强农行"实践队

小队成员：盛倩男、赵剑、杜思垚、贾瑞峰、宋春彦、张玉馨、岳红霞、胡行珍、王安心、宋克一、钱瑜琪、王健、刘昕怡、韩雪婷、丁凡

沙洋油菜科技小院

决策 共谋
发展 共建
建设 共管
效果 共评
成果 共享
“解民生 治学问”科技小院宣讲团
华中农业大学
湖北沙洋油菜科技小院

## 【知·院】 小院简介

湖北沙洋油菜科技小院脱胎于2005年的华中农业大学油菜测土配方施肥田间试验站,2011年沙洋油菜科技小院成立。截至2023年,科技小院已先后走出51名研究生。

湖北沙洋油菜科技小院创建人、华中农业大学资环学院鲁剑巍教授介绍道:"硕博阶段很多学生累计时间达到两年,既是学习的需要,也有一定情怀,大家愿意把更多时间放在农田里。""中国油菜看湖北,湖北油菜看沙洋,沙洋油菜看张池。"沙洋县农业农村局局长周洪华表示,"沙洋已举办了三届省级油菜花节,尤其是2023年的油菜花节,接待游客300万人次,实现旅游收入15亿元。沙洋油菜种植的源头技术都来自科技小院,科技小院给沙洋县输送的毕业生已成长为农业战线的骨干。"

## 【识·院】 湖北省沙洋县秸秆还田调研报告

我国是农业大国,每年都要产生大量的农作物秸秆。科学处理农作物秸秆资源有助于建设农村生态文明,促进农业长远稳健发展;秸秆还田能改善土壤理化性质,有效提高土壤肥力。然而,秸秆还田技术中存在诸多问题,包括还田利用量大、还田成本高、还田效果不显著等。

为了解油菜之乡——沙洋县水稻、油菜、小麦、玉米等农作物秸秆资源利用情况,促进乡村秸秆资源高效循环利用,推动农业绿色、可持续发展,本次调研基于农户角度深层次探讨其采纳秸秆还田的意愿及秸秆还田技术的使用情况,找出秸秆还田技术实际操作时存在的问题以及影响农户采纳意愿的因素,期望能得到推进秸秆还田技术应用的对策建议,以促进秸秆还田等绿色生产方式的推广应用。

## 一、调研背景

农作物秸秆是农作物生产系统中一项重要的生物资源，中国是世界上秸秆资源最为丰富的国家之一。秸秆可用作“五料”(燃料、饲料、肥料、工业原料、食用菌基料)，燃用消耗过多，饲用、可再生能源开发利用和工业加工利用偏少等是目前我国秸秆利用中存在的突出问题。不断优化秸秆利用结构是我国秸秆资源高效利用的根本途径。秸秆资源的有效利用和农业环境保护战略的制定已成为亟待关注的问题，特别是在环境约束日益严格的情况下。作物秸秆的利用方式主要有秸秆还田、秸秆作饲料、秸秆作能源、秸秆作工业原料和秸秆栽培食用菌，但是目前作物秸秆利用效果尚难令人满意，仍存在利用率低、转化率低、经济效益低和环境污染等问题。大部分农户都忽视了秸秆的燃料价值和饲料用途，进而引发了秸秆大量堆积，秸秆资源荒废、过剩的现象。党的十九大报告提出推进绿色发展理念，对秸秆的利用提出了相应的方针政策。2012 年原农业部下发了《“十二五”农作物秸秆综合利用实施方案》，旨在提高全民秸秆综合利用意识，推进秸秆综合利用；2018 年原农业部出台了《关于印发编制“十三五”秸秆综合利用实施方案的指导意见》，旨在进一步推进秸秆资源的有效利用，提高秸秆综合利用率，这说明秸秆资源利用已经越来越被重视。然而，秸秆还田技术还没有得到普遍推广，秸秆还田的经济价值与社会价值并没有得到农民的广泛认可，产生这种情况的原因主要是现今的农业生产以小农为主，秸秆处理政策难以与农户一一匹配。此外，秸秆还田技术中还存在许多问题，诸如还田利用量大、还田成本高、还田效果不显著等；与此同时，虽然国家严禁焚烧秸秆，但是农民为了争抢农时，及时播种，还是存在秸秆露天焚烧和随意丢弃的现象。为推进秸秆合理化还田，减少随意抛弃、焚烧秸秆所带来的环境问题，国家及各省份都制定了相关政策，鼓励秸秆资源多样化利用。秸秆还田目前是减轻对环境有害影响和提高作物产量的最环保和经济有效的策略。为了进一步了解秸秆还田的效果、还田的情况等，小队成员开展了秸秆还田调研活动，以便为秸秆资源利用情况提供参数支撑。

2023 年 7 月 14—15 日，沙洋县“油菜科技小院”研究生及“与产业体系岗位科学家同行”本科生组成的“本硕博大团队”在华中农业大学资源与环境学院鲁剑巍教授、任涛教授以及丛日环副教授的带领下，由沙洋县农业农村局组织在沙洋县曾集镇、高阳镇、毛李镇等沙洋县诸多下属村镇对农户的耕作方式、秸秆还田现状及存在问题等展开调研；并对沙洋县科牧秸秆饲料有限公司、湖北沙洋县汉江牛业发展有限公司、湖北炫勤生态农业发展有限公司进行参访。

科技成就美好农业，农业科技必须着眼于利用，一次契机可以创造一个奇迹。要因地制宜，就地就近，统筹推进秸秆能源化、原料化、基料化等多元化利用方式，科学确定秸秆转化利用的方式和途径，推动秸秆利用多元化、规模化循环发展。沙洋县致力于推进秸秆综合利用工作，挖掘创新技术，改善农业农村生态环境，加快农业绿色低碳发展。小队成员以“沙洋县科牧秸秆饲料有限公司、湖北沙洋县汉江牛业发展有限公司、湖北炫勤生态农业发展有限公司”为主要参访对象，深入进行学习调研。在沙洋县科牧秸秆饲料有限公司，刘总带领小队成员参观一台台形态各异的“高、精、尖”秸秆整理机械，包括指轮式搂草机、秸秆捡拾打捆机、秸秆压块机和大马力拖拉机等。此外,刘总还介绍,沙洋以种植油菜居多,工厂主要回收油菜秸秆,兼收小麦、水稻、玉米、花生、黄豆、棉花等农作物秸秆。每年夏收、秋收期间,由他组织的专业收草队,从沙洋县出发,走乡到户,作业范围一直扩展到河南、陕西,年处理秸秆 6 万 t,约合 6 万亩农田产生的秸秆量。同时,在沙洋县毛李镇,小队成员参观了湖北炫勤生态农业发展有限公司的秸秆基料化种菇工厂。公司主要以农作物秸秆作为基料种植赤松茸、双孢菇、平菇、草菇等。公司利用冬闲田开展"稻草覆盖还田赤松茸种植技术"试验示范,一亩赤松茸需水稻秸秆 3～5 t(10～15 亩地秸秆,雨水淋湿更佳),需菌种 300～400 斤(成本约 1 400 元),按亩产 4 000 斤,每斤收购价 3 元保守估算,扣除人工工资后亩平均可获纯利 5 000 元。目前,毛李镇种植赤松茸面积达 600 亩,水稻秸秆消耗量 1 800～3 000 t。"点'草'成'金',大为妙用,作为科技小院的学生,我们有责任和义务利用自己的专业知识助力农业资源循环利用,助推农业农村发展",小队成员深切地感慨道。

参访秸秆设备、秸秆收储运、装备制造和秸秆产品相关生产企业的同时,小队成员针对秸秆资源多样化利用及秸秆还田情况在沙洋县下属的村镇进行了实地走访调研,调研内容包括秸秆还田情况、秸秆资源利用情况及秸秆还田的问题所在等。

## 二、调研内容

### (一)调研地点及对象

针对农作物秸秆还田存在的问题,通过对沙洋县不同乡镇 70 位农户调研发现,该地区主要秸秆还田作物为油菜、水稻和小麦,种植模式主要为稻油轮作、稻麦轮作,还有少部分农户为稻油模式、单季水稻模式。其中,稻油轮作种植农户有 63 户,占调查农户的 90.00%;稻麦轮作种植农户有 15 户,占调查农户的 21.43%;其他种植模式农户仅有 4 户。

### (二)秸秆还田情况

沙洋县农作物秸秆还田情况见图 1。由图 1 可知,沙洋县油菜秸秆还田农户数为 70 户,不还田为 0 户;水稻秸秆还田农户数为 66 户,不还田为 4 户;小麦秸秆还田农户数为 14 户,不还田为 0 户。油菜、小麦作物秸秆全部还田,而种植水稻的农户中有 94.29%的农户选择秸秆还田,5.71%的农户选择秸秆不还田。

### (三)秸秆资源利用情况

调研结果显示,沙洋县油菜籽亩产量在 70～200 kg,油菜秸秆亩产量为 105～300 kg;小麦籽粒亩产量在 200～600 kg,小麦秸秆亩产量为 220～660 kg;水稻籽粒亩产量在 200～550 kg,水稻秸秆亩产量为 180～495 kg。

### (四)秸秆还田特点

#### 1.秸秆还出方式

调研结果表明(图 2),沙洋县旱季、水稻季作物秸秆均由收割机收获时粉碎到田块

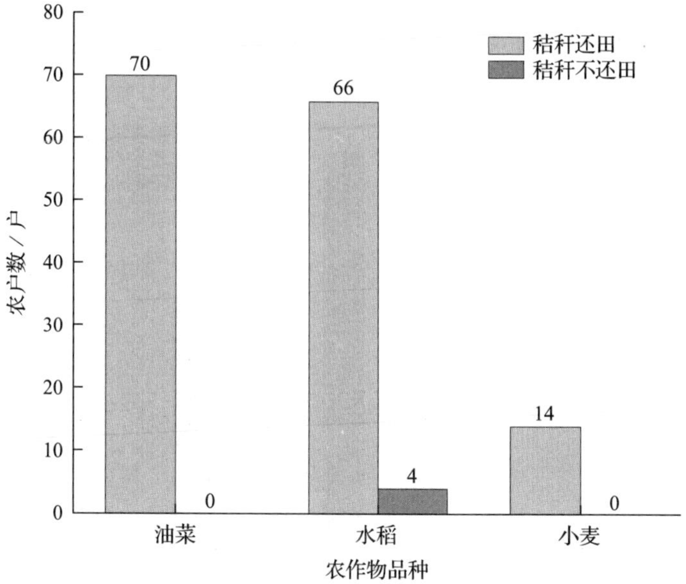


**图 1　沙洋县农作物秸秆还田情况**

中，其中小麦、油菜秸秆还田方式均为全量翻压还田，水稻秸秆有 92.86％为翻压还田，7.14％为焚烧还田。

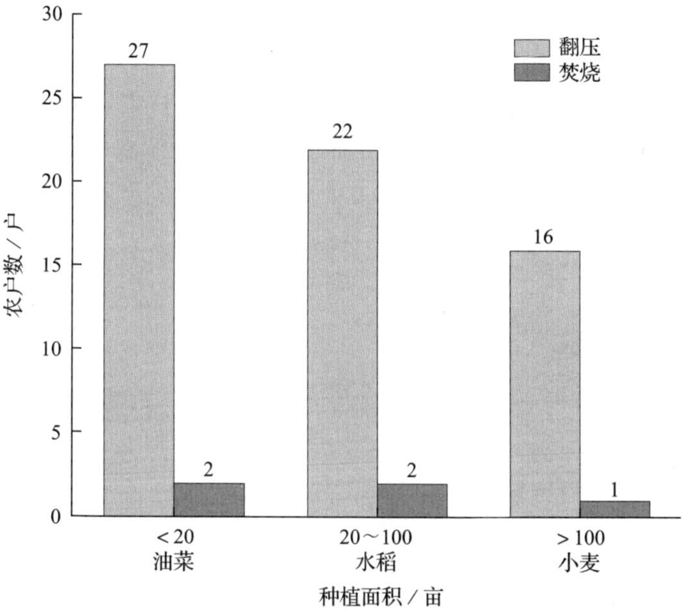


**图 2　沙洋县水稻秸秆还田方式**

**2. 秸秆留茬高度**

由图 3 可知，沙洋县油菜秸秆留茬高度小于等于 10 cm 的农户有 12 户，11～20 cm 的有 27 户，21～30 cm 的有 21 户，留茬高度大于 30 cm 的仅有 8 户；小麦留茬高度 11～20 cm 的有 3 户，21～30 cm 的有 3 户；水稻秸秆留茬高度小于等于 10 cm 的有 9 户，11～

20 cm 的有 27 户，21～30 cm 的有 18 户，留茬高度大于 30 cm 的有 11 户。沙洋县农户油菜、小麦、水稻收获时秸秆留茬高度集中在 10～30 cm。

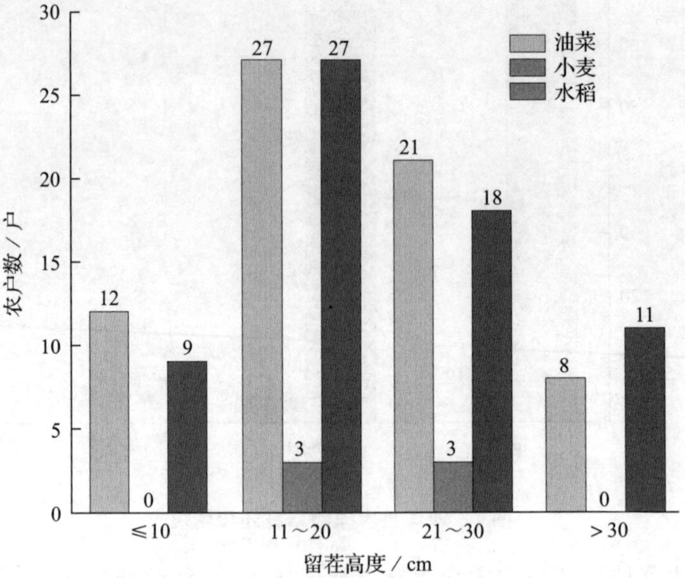


图 3　沙洋县不同作物秸秆留茬高度

**3.秸秆还田对作物种植成本的影响**

由图 4 可知，沙洋县油菜/小麦秸秆还田后有 10 户农户表示种子成本增加，18 户农户表示机械成本增加，7 户农户表示肥料成本增加，26 户农户表示植保方面成本增加；水稻秸秆还田后有 12 户农户表示种子成本增加，13 户农户表示机械成本增加，6 户农户表示肥料成本增加，15 户农户表示植物保护方面成本增加。综合来看，沙洋县秸秆还田后种子、机械、植保成本增加较多。

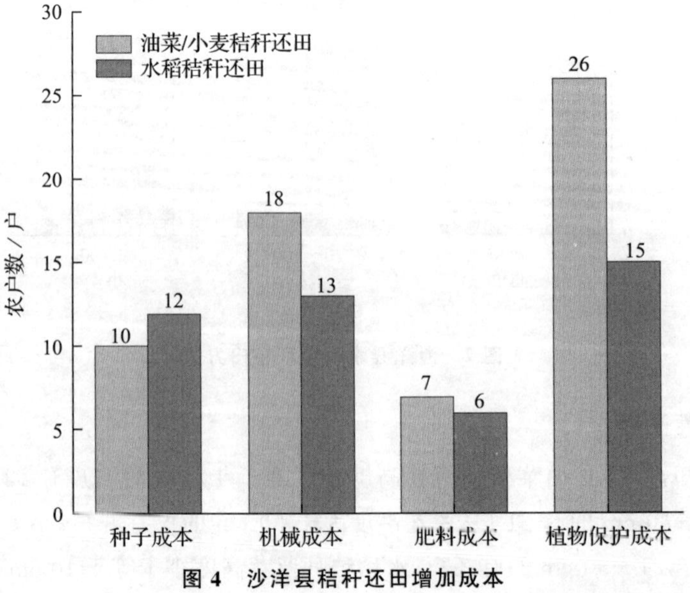


图 4　沙洋县秸秆还田增加成本

**4.耕地机械**

由图 5 可知，沙洋县有 10 户农户秸秆还田耕地机械低于 70 马力（1 马力≈735 瓦特），41 户农户秸秆还田耕地机械为 70～100 马力，11 户农户秸秆还田耕地机械高于 100 马力。低于 70 马力的耕地机械多为手扶机械，由农户进行人工耕作。农户采用的耕地机械集中为 70～100 马力。调查的农户大部分采用正旋耕作方式，只有 3 位采用反旋耕地方式。耕地速率随机械马力的增加有所增加，小型机械一般每天耕地在 10～20 亩，大型机械一般每天耕地在 30～50 亩，租赁他人机械每亩花费 80～120 元，有部分种植大户为自家购买耕地机械，每亩花费油钱 60～80 元。农户一般进行 1～2 次整地（翻、旋），视秸秆翻压情况变动。

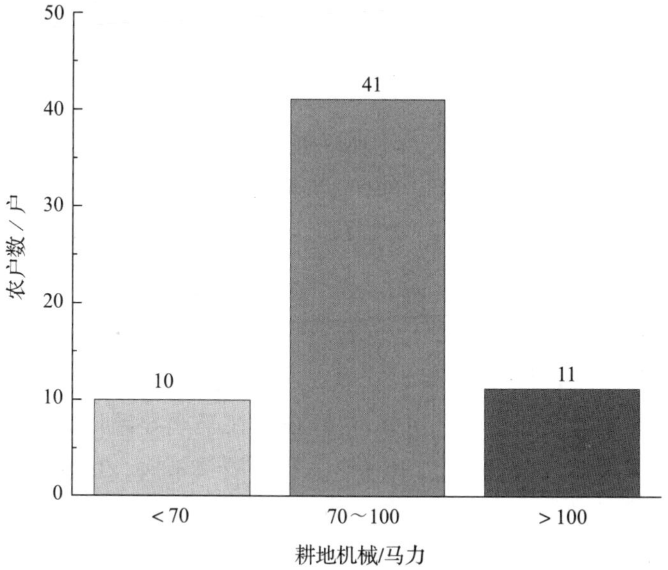


**图 5　秸秆还田耕地机械**

**5.耕地深度**

从图 6 可以看出，沙洋县耕地深度小于 10 cm 的有 2 户农户，耕地深度在 10～20 cm 的有 45 户农户，耕地深度在 21～30 cm 的有 18 户农户。可见大部分农户耕地深度在 10～20 cm，小部分在 20～30 cm，小于 10 cm 的农户很少，大部分农户都没有采用深翻的技术，可能原因是深翻所花费的成本较高。

（五）秸秆还田存在的问题

对沙洋县秸秆还田现状进行调查发现，油菜、小麦秸秆还田问题相对较小，农民还田积极性比较高，而水稻秸秆还田问题较大，对还田时的机械操作及还田深度等都有很大影响。

目前，沙洋县不同作物秸秆还田方式主要为翻压还田，通常在油菜、小麦、水稻成熟时使用收割机收获作物的同时将秸秆就地粉碎并抛撒到田中。耕地机械马力通常在 90～120 马力，还田深度在 10～30 cm，但作物秸秆还田量较大，覆盖在土壤表层，导致实际耕

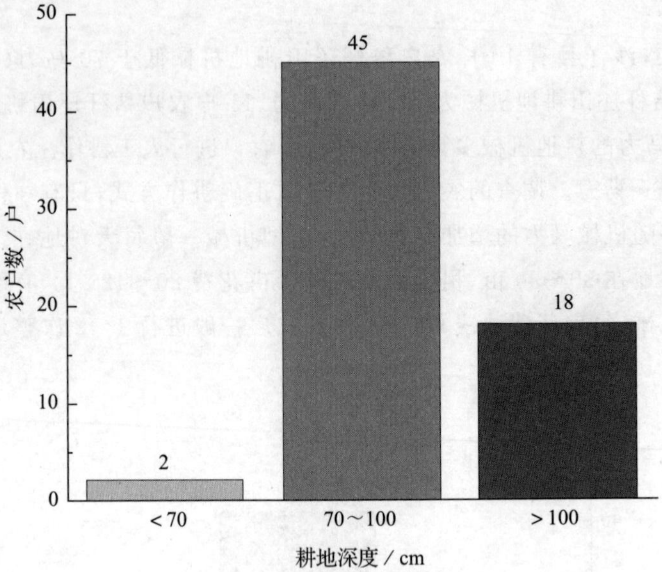


**图 6　秸秆还田耕地深度**

地深度较浅，腾茬期短，秸秆粉碎不均，不易被腐解；在还田过程中要多次翻转、旋耕才能达到作物种植的要求，使机械成本增加了10%～30%。其中，油菜、小麦秸秆通过机械粉碎、翻压，还田过程存在的问题较小，而水稻秸秆较软，不易腐解，还田过程中不易被机械翻压到土壤中，且易堵塞机械，影响耕地效率；还田深度较浅，种植油菜、小麦后，种子与土壤接触较少，严重影响种子出苗率。另外，秸秆还田在旱季导致作物蚜虫、吸浆虫及赤霉病、白粉病等病虫害增加，水稻季导致田间稗草及水稻纹枯病、白粉病、稻曲病及二化螟、蛀心虫等病虫草害问题加剧，使农户打药次数增加了 2 次，植保成本增加 1 倍。同时，秸秆还田后田间草害加剧，导致作物可利用的养分降低，对作物生长产生不利影响；秸秆还田导致了土壤碳含量的增加，破坏土壤碳氮比的平衡，造成秸秆腐解与作物争氮，使作物基肥和追肥量增加，导致农户肥料成本增加。此外，秸秆还田还影响着土壤的紧实度，进一步影响作物的出苗率和生长发育。部分农户反映焚烧水稻秸秆，消灭病菌的同时还能促进作物生长发育，但对生态环境产生较大危害。

（六）对策与建议

农作物秸秆还田可以减少肥料的施用量，改善土壤质地，增加土壤中有机质含量和微生物量，减轻传统种植模式造成的大气和环境污染，同时促进作物生长发育，提高农作物的产量和品质，有利于我国农业、土地资源可持续绿色发展。

但目前我国秸秆还田机械综合利用不够完善，秸秆还田需要多道工序和相应的机械配套作业，且目前我国秸秆还田机械只是将农作物秸秆粉碎后翻埋到土壤中，存在机械作业质量差、收获后作物留茬过高、耕地深度较浅等问题，综合利用技术还不够完善，影响秸秆的获取以及后续的还田操作。农作物秸秆收储运体系是秸秆利用的基础，包括打捆机、打包机及粉碎机等，涵盖了收获、装载、运输、存储及销售等各环节。秸秆体积大、密度低、含尘多、可收集时间短、田块零碎难以统一收集等，需要加大秸秆还田机械新产品的研制，并结合科学施肥、施药，实现收、播、储、运全生产过程一条线操作。

此外，秸秆还田不仅是农业种植方面的问题，要整合环保、畜牧、农机等资源，培育建立专业合作社或企业开展秸秆还田相关业务。在工厂中可以将秸秆按照不同的利用要求进行加工处理，除进行还田以外，还可以作饲料、能源化利用等。鼓励高等院校、科研机构和重点企业作为技术支撑，开展从秸秆收割到综合利用过程中的关键技术、工艺和设备的研发攻关，研制高效机械、促腐菌剂及有效遏制病虫草害的植物保护技术，切实解决农户秸秆还田带来的问题，让农民看到秸秆还田对土壤、作物、环境的好处，使秸秆还田成为农民增产增收的一项惠农措施。

## 【悟·院】

### 走向田间地头，练就兴农本领

“一代人有一代人的奋斗，一个时代有一个时代的担当！”青年当自强。2023 年五四青年节到来之际，习近平总书记在给中国农业大学科技小院同学们的回信中强调“厚植爱农情怀，练就兴农本领，在乡村振兴的大舞台上建功立业”。其中最为关键的是习近平总书记向我们青年一代提出了殷切期望，我们要始终铭记“自找苦吃”四个字。看似简明扼要的四个字却拥有无穷的力量，激励着无数青年人在助力农业发展这条道路上踔厉奋发、勇毅前行。

“天将降大任于斯人也，必先苦其心志，劳其筋骨，饿其体肤，空乏其身”。我在“湖北沙洋油菜科技小院”生活的两年时间里完美解读了对这句话的理解。湖北沙洋油菜科技小院位于湖北省荆门市沙洋县曾集镇张池村，始建于 2005 年。经过 18 年的建设，它由一个小小的单一施肥试验站蜕变成大大的多学科融合综合性研究平台；小院虽小，魅力却大，给学生带来经验、给农民带来知识、给农业带来希望。它依托田间试验与示范，培养了一批又一批优秀的研究生，并获得了学校及当地政府的支持与帮助。张福锁院士强调，“深入田间地头和村屯农家，只有扎下去，融进去，才能真正想农村的事，想农民的事，想做有用的事；与农民同吃同住同劳动，增加农民收入的同时才能赢得老百姓认可。”科技小院教会了我如何待人接物，锻炼了我吃苦耐劳的品质，一年四季，我经历日出以及日落。目前，我已经较为熟练地掌握了油菜、小麦、玉米以及水稻等作物种植与收获的基本程序；苦尽甘来，团结合作，互帮互助是我学会的优良品德；与农民零距离、零时差同劳作、共交流，在一片欢声笑语及深切交谈中吹干了炽热天气下流下的汗水。

去田间地头“接地气、沾泥土”，在小院实验室内实操实练，零距离贴近农民生活，感知农民心声，这是我们本次社会实践的主要活动。在科技小院的两年时间，定位试验田的作物从最初的一粒种子萌发、生长发育直到成熟收获多颗籽粒，施肥除草防虫精心呵护，它们的生长历程凝聚着在小院中工作的每一位同学的汗水与艰辛，现在以实践队长的身份带领“本硕博大团队”穿梭于稻田田埂，行走在玉米行间，给队员讲解自己的所学所感，自豪感油然而生。在给队员讲解植物样品前期制样工作时，看似简单无聊，似乎是一遍又一遍的重复，但这却是我们试验的基础。因为热爱，所以努力，所以坚持！

肯吃苦，能吃苦，是我们目前的必经之路，只有“自找苦吃”才能真正长本事，长才干。作为科技小院的一员，就是要“扎下去”“能吃苦”，将扎实的专业知识和熟练的试验技能应用于田间，在小院中厚植爱农情怀，在实践中练就兴农本领，在逆境中磨炼坚强意志，勇担当，有作为，真正做到“懂农村，助农民，兴农业”，发扬和传承“学农、爱农、务农”的躬耕精神，志存高远、脚踏实地，在乡村振兴的实践中谱写绚丽之花。

（华中农业大学 23级博士研究生 盛倩男 文）

知院
识院
悟院

# 华南农业大学 广东连山科技小院

实践学校：华南农业大学

实践小队名称：连山社会实践小队

小队成员：钟炀智、黄孔融、龚舒悦、刘苇苇、李哲凡、黄晓琳、蒙春钰、骆广龙、张彤

资源环境学院

## 【知·院】小院简介

广东连山科技小院于2020年12月15日在清远市农业科技推广服务中心新桥实验基地授牌，成为广东首批12个“中国农技协科技小院”之一。成立以来，集农业科研攻关、试验示范、生产和技术推广为一体，在水稻育种攻关、优良品种引进推广、农业试验示范和农业新技术应用推广等方面取得良好成绩，为农业农村经济发展和农民增产增收作出了积极贡献，多次获得中央、省、市、县的表彰和奖励。

该科技小院同时作为“乡村生态振兴产业学院”“华南农业大学资源环境学院实践教学基地”多次被华南农业大学生态学专业本科生参观学习，并获得2023年“科技小院行”社会实践优秀科技小院实践基地称号。

## 【识·院】关于探索科技小院与连山乡村振兴“四维一体”可持续发展的实践

近年来，随着农业农村现代化的不断推进，对于区域发展的整体性分析成为中国目前建设农业强国的一大研究方向。在此基础上，如何通过党建引领合理利用当地自然资源、民族特色、红色文化来推动乡村振兴是队伍的研究方向。本报告将基于绿色农业、生态旅游、红色文化、民族特色等方面对于连山壮族瑶族自治县的发展现状进行分析与展望，旨在探索科技小院与连山乡村振兴“四维一体”可持续发展的实践。

## 一、调研背景

调研小队深入学习习近平总书记给中国农业大学科技小院学生的重要回信精神，以"厚植爱农情怀，练就兴农本领"为思想激励，将课堂学习与乡村实践紧密结合，走进田间地头，参观连山稻渔种养科技小院，了解丝苗米等连山当地标志性产品的发展现状，通过实地走访、企业问谈等途径了解农户在实际生产中所遇到的问题，探求科技下乡"水土不服"的症结所在。同时，将探寻红色足迹与体察风土民情相结合，挖掘红色资源与民族文化中的基层故事，从而打造集绿色农业、生态旅游、红色文化、民族特色于一体的乡村振兴之路，实现农业农村现代化和旅游产业的良性互动，推动当地经济可持续发展。

## 二、调研内容

### (一)连山农业调查情况

#### 1.基本情况

(1)地理环境和气候条件　连山壮族瑶族自治县，隶属广东省清远市，地处南岭五岭之一的萌诸山脉之中，位于粤、湘、桂三省(区)接合部，西至广西壮族自治区贺州市八步区，北与湖南省江华瑶族自治县相接。连山县是省生态发展区和国家重点生态功能区，是湘江、西江、北江"三江源头"，森林覆盖率全省最高，达85.78%。连山是广东、广西、湖南交界处的"三省边城"，又是全国唯一的壮瑶民族聚居地，生态环境优良，自然风光优美，民族风情浓郁，盛产丝苗米、大肉姜、松香、淮山、冬菇、茶油、蜂蛋、香便、竹笋等土特产品，其中连山大米、大肉姜久负盛名，被称为"广东生姜之乡"。

连山气候温和，属中亚热带季风气候区域，热资源丰富，雨量充沛，但降水分配不匀，立体气候明显，具有风和气清的特征。气候变化主要表现为春秋季过渡快，夏季较冬季长，春季阴冷多雨，夏季炎热多雨，秋季凉爽干燥，冬季寒冷少雨，四季气候分明。按照均温(5天平均)小于10℃为冬季，大于22℃为夏季，10℃～22℃为春秋季的划分标准，县内春季从3月6日至5月15日，历时71 d，夏季从5月16日至9月30日，历时138 d，秋季从10月1日至12月10日，历时71 d，冬季从12月11日至3月5日，历时85 d。

连山县处在少日照低辐射边缘，太阳年总辐射不丰富，年平均日照时数为1 382.0 h；年平均蒸发量为1 312.1 mm，同年平均降水量相比，蒸发量小于降水量；年平均气温为18.9℃；年平均相对湿度为82%；年平均有霜日为10.3 d，重霜冻日有结冰现象；年平均有雾日数为63.6 d；年平均出现雷暴日数为70.3 d；北部禾洞和高寒山区基本每年都有积雪。风向季节性变化明显，冬季多吹偏北风，夏季多吹偏南风。年降水量1 687～2 400 mm。降水主要集中在4—9月，占全年的70%，雨热同季。自然土壤多为花岗岩、页岩风化而成的红壤或黄壤，自然植被良好，土壤深厚疏松，有机质含量较丰富，pH在5.3～6.8。

连山县山峦连绵起伏，多种土壤结合，以黄壤、红壤、水稻上为主要类型。在海拔700 m以上主要分布着黄壤，海拔700 m以下主要为红壤。全县的土壤区域性分布主要有冲积沙质田、沙泥田或泥田、麻沙田或洪积沙泥田和潜育型水稻土或沼泽型水稻土；冲积沙质田靠近小河两岸，沙泥田或泥田在河流下游一带，麻沙田或积沙泥田分布在山脚下的梯田，潜育型水稻土或沼泽型水稻土多在山冲的低洼处。

(2)农作物种植情况　连山的农业以种植业为主。根据 2021 年统计，粮食种植面积 11.28 万亩，蔬菜种植面积 10.57 万亩；生猪存栏 3.09 万头，出栏 7.91 万头；林业造林 5 580 亩，木材产量 7.82 万立方米。空气清新，水质优良、植被完整，全县森林覆盖率高达 83.8%，具有优良的生态环境，系广东省著名的林业生态县。该区域没有任何污染企业，农业经济基础相对较好，土壤、水源、生物资源和劳动力资源丰富，非常适合发展有机农业。

象牙香占和五星丝苗是连山壮族瑶族自治县有机稻种植的主要品种，这两个品种的有机稻米香、甜、软、滑，营养丰富，口感和风味极佳。“壮瑶家香”“壮瑶金爵”“采胜”等品牌有机米晶莹剔透、香味浓郁、口感好、营养丰富、风味独特，是闻名省内外的名优特色品牌。但是，由于象牙香占抗倒伏力差，五星丝苗易受稻瘟病影响，丰产、稳产性无法保障，农户种植有机稻的效益受到不同程度影响。

(3)丝苗米经营模式调研　通过实地调研，实践小队得知当地水稻经营模式主要为公司+农户，于是小队重点采访了民族食品有限公司，对公司与农户的合作模式以及公司的生产流程进行了重点了解。民族食品有限公司属民营企业，是清远市重点农业龙头企业，秉承人与自然和谐相处的经营发展理念，主打“壮瑶家香”牌有机米，有近 7 000 亩的生态种植基地，是省级农业扶贫龙头企业。公司为农民免费提供种子、基础设施以及技术指导，并以保护价收购，即事先商定价格为保护价，如若市场价未达到保护价则按保护价收购，市场价若超过保护价则按市场价收购。此外，小队了解到有机稻的种植过程，需要先进行土地认证，再经过 2～3 年的有机过渡，最后以有机标准要求来种植。目前有机稻的主要销售途径仍是线下形式，有稳定长久的大单客户保证订单量，另外也积极开拓新销售模式，如线上直播带货等形式。

为具体了解公司与农户的对接情况，小队来到壮瑶文化部落进行走访，该地农民与民族食品有限公司有着长期稳定的合作关系。访谈中小队得知，村内农户主要以种植丝苗米维持生计，起初由散户销售给散户，由于定价不统一且农户众多，稻谷价格被压低，严重时甚至无法收回成本。此外，农作物的种植受气象灾害以及病虫害影响很大，大面积的倒伏会让农民的付出功亏一篑，尽管有保护价以及政府的政策支持，但是补偿甚微。高人力成本、高风险、低回报，使得村内居民大多选择外出务工，将田地转让或搁置。在当地有收购水稻业务的公司厂家中民族食品有限公司规模最大，信誉最好，故双方有着密切合作。

(4)果蔬类种植情况　小队受邀参加九陂水果采摘品鉴会开幕式，会上有 18 家农户进行摆摊，小队进行采访后选取了其中 4 家进行典型分析，分别是坚伟家庭农场、归缘农场、益农蔬菜专业合作社、嘉美果园。

①坚伟家庭农场。个体户的家庭农场种植，主要种植品种是水晶梨和鹰嘴桃，以水果销售为家中主要收入来源。此类个体种植户没有加入合作社，种植技术不同，种植标准不一，销售市场主要在本地批发。

②归缘农场。2017 年,外地种植户开始承包本地农户的土地种植,目前已种植 120 多亩的水晶梨和鹰嘴桃,销售对象主要面向来本地旅游的游客,本地批发少。

③益农蔬菜专业合作社。合作社种植,种植规模大约有 300 亩,主要种植水晶梨和鹰嘴桃等,合作社有农户两三百户。自身有专家团队,标准化种植。销售范围集中在当地,面向当地居民与游客。

④嘉美果园。合作社种植,种植规模有 100 多亩,主要种植翠冠梨和鹰嘴桃,主要采用线上销售,销售市场以珠三角地区为主,并向其他地区辐射,最远至呼和浩特。

此四类为当地水果种植户的代表类型,分别代表了个体户、外地种植户、面向本地的合作社、面向外地的合作社。种植水果以水晶梨、翠冠梨、鹰嘴桃三类为主,都有明显特色优势且供不应求。

**2.农业发展现状**

(1)丝苗米

连山空气清新,生态条件优越,生产出的丝苗米品质优良广受好评,订单供不应求。"连山大米"作为清远市唯一的国家地理标志保护产品,连山尤其重视丝苗米的品牌建设。当下,连山有 7 家企业的丝苗米获得有机食品认证,有机稻基地认证面积达 10 580 亩,获得绿色食品认定丝苗米 1 个。连山壮族瑶族自治县民族食品有限公司"壮瑶家香"有机米、清远市金爵食品有限公司"壮瑶金爵"有机米获得广东省名牌产品称号,2017 年获得广东国际食品博览会"金奖食品"称号,2019 年获得国际现代绿色农产品博览会金奖。

(2)农业科学技术

农业局指导农户进行环保病虫害防治,推广环保农药、病虫害捕捉灯等,降低农业生产对环境的污染程度;设置种植标准,监测土壤温度、水分等一系列自然条件,发展智能农业,实现农业生产现代化。

农科所育种工作开展顺利,基地有稻鱼共作和稻鸭共作两种综合种养产业,稻鱼共作应用较多。一般于 7 月初插苗,7 月底放鱼,9 月中下旬捞鱼。稻鱼共作模式目前有两个问题:①品牌效应尚未形成;②鲤鱼市场尚未打开。稻鸭共作模式对病虫害的防治效率高,但由于存在涉及土地产权、无规范流程、缺乏训练过程 3 个问题,稻鸭模式应用效果不佳,目前还处在推广前期,主要应用于实验基地。

华南农业大学相关人员对水稻绿色生产技术与模式、稻田景观设计、稻田病虫草害、稻田和溪流水质、外来植物入侵、森林生态群落、坡地梯田等生态环境现象进行了相应的现场调查观测和讨论交流,与连山农业科学研究所有着密切合作联系。

(3)区域品牌效应强

连山丝苗米在线下畅销,同时积极开拓线上销售渠道,如举办云上连山平台、年货节等活动,扩大连山丝苗米的知名度。2023 年 6 月 15 日,连山丝苗米高质量发展交流研讨暨连山丝苗米 logo 发布会在连山丝苗米省级现代农业产业园举行。会上发布了连山丝苗米品牌 logo。logo 以连山丝苗米为主题,品牌标志由高山、河流、水稻、梯田、大米 5 个元素融合组成。标志设计结合了连山山峦连绵,高低重叠,梯田辽阔无垠的特色;以水稻和河流相结合,意指连山山清水秀,水源优质的特点;优质的水源为种出优质的大米奠定坚实基础，同时寓意连山丝苗米生机勃勃、绿色、安全、健康的特点。

（二）当地少数民族基本概况

**1.基本数据**

根据统计，截至2020年底，全县少数民族人口81 467人，占总人口65%，其中壮族60 604人，瑶族20 501人，其他少数民族362人。

①壮族。古称俚、僚、俍、布土、侬、沙、乌浒等，由战国秦汉时百越族群中的西瓯、骆越逐步分化、重组、融合而来。南宋时称"撞军""撞丁"，元代始称"族体"，而后改称"僮"或"僮"，清末民初一度蔑称为"獞"，中华人民共和国成立后称"僮族"。1965年，根据周恩来总理提议，经全国人大常委会审议通过，将"僮族"改为"壮族"。县内壮族分为主壮和客壮。

②瑶族。隋唐时期称"莫徭"。县内居住有过山瑶、八排瑶。过山瑶，最早是邓姓，于元末从湖南江华迁至吉田丹竹散居。八排瑶，最早是唐姓，其始祖唐华于明末清初从湖南蓝山来连。此外，新寨的八排瑶中，李姓属油岭排。

③汉族。在现有汉族居民中，据族谱记载，最早到县内定居的汉族姓氏是虞姓，于南宋淳熙七年(1180年)从浙江义乌迁来。

④其他民族。非世居民族有苗族、满族、回族、侗族、京族、黎族、蒙古族、土家族等。

**2.连山当地文化节日**

连山世居民族有壮族、瑶族、汉族，是全国唯一壮族瑶族自治县。节庆民俗丰富多彩，各具特色。除春节、清明、端午、中秋等传统节日外，壮族节令有二月二、四月八、六月六、七月七、七月半、冬至等，礼仪有生日酒、新屋酒、娶亲酒、嫁女酒、订婚酒等。瑶族节令有正月十五、三月三、四月八、十月十六等，礼仪有入伙酒、生日酒、娶亲酒、嫁女酒等。汉族节令有春节、二月二、三月三、清明、四月八、五月节、七月半、八月十五、十月十六、解放节、除夕等，礼仪有生日酒、入伙酒、娶亲酒、嫁女酒等。

戏水节是连山壮族以戏水嬉耍为主的传统节日。传说每逢农历七月初七，天上"七仙女"在银河沐浴嬉戏，午时前后，银河水与人间溪河水汇流，壮乡河里的水会变得特别清凉干净，饮用对健康有益，沐浴后可消灾、除毒、驱邪、润肤、祛病、延年益寿。据说在这一天取水制醋，醋香醇厚且经久耐放，故又称"七月香"。在这天，人们在午时前后聚集到河里沐浴、戏水，祈求健康长寿、平安吉祥。千百年来连山壮族都保持这种习俗，并演变为全县欢庆的戏水节。2023年8月22日的戏水节，是距离我们调研时间最近的当地文化节日。

**3.过往矛盾**

在连山地区，瑶族和壮族曾因为土地分配问题而产生争执。这场争执源于对有限土地资源的需求与分配上的分歧。双方都希望能够获得更多的土地来发展自己的经济和生活。壮族代表着该地区的主导民族，他们认为由于人口增长和经济发展，他们应该获得更多的土地。他们强调他们是当地的原住民，历史悠久，并且对土地的开发有着深厚的经验。壮族代表们声称，他们应该享有更多土地资源的使用权，以满足他们不断增长的经济和社会需求。然而，在这个地区，瑶族也是一个重要的少数民族群体。瑶族认为他们同样有权利享受土地资源，并且主张保护自己的文化和生活方式。瑶族代表们强调他们对土地的依赖，以及他们对生态环境的尊重和保护。双方的观点产生了冲突。壮族认为他们的需求更为紧迫，而瑶族则认为土地资源公平分配对于维护他们的权益至关重要。对话变得紧张，双方互相指责对方的不合理要求和偏见。

然而，意识到争执的严重性和对社区和谐的影响后，地方政府进行了干预。他们召集了壮族和瑶族的代表，开展了对话与协商。政府通过倾听双方的诉求，寻找共同利益的交会点，提出了土地使用规划和管理方案，以确保土地资源的公平分配，并满足两个民族的需求。双方都参与了这个过程，通过合作和互相理解，他们逐渐开始接受了对方的观点。

此次争执成为一个教训，显示了对于少数民族群体的关注和尊重的重要性。通过协商和平等对话，壮族和瑶族逐渐认识到彼此的困境和利益，并开始共同努力保护该地区的文化多样性和生态平衡。在处理民族间的争端时，对话、协商和妥协是解决问题的关键。只有理解和尊重彼此的需求和权益，才能够建立和谐、包容的社会，并共同迈向繁荣和进步的未来。

### （三）当地特色景点——生态旅游

#### 1.欧家梯田

（1）基本发展情况　欧家梯田是当地占地 1 000 多亩的 3A 级景区，以一年一造的壮观水稻梯田景观吸引游客。欧家梯田旅游度假区现已逐步完成开发建设，将建成集民族风情、休闲观光、生态度假、有机农业、研学教育、亲子旅游、户外运动、营地体验等多功能为一体的旅游度假胜地。7 月中下旬完成大部分梯田的抛秧和插秧，九月下旬就会看到漫山遍野的金黄饱满的成熟水稻，恰好能赶上国庆旅游黄金期，带动欧家村民宿客流量进入高峰期。除此之外，部分梯田会进行稻鱼共生、稻鸭共生的试验种植，并作为游客游玩梯田的特色之一。有机稻是欧家梯田的主要种植农作物，而在旅游高峰期会在部分梯田种植花卉，形成一道特别的风景。

（2）存在问题

①梯田种植难度大。由于华南地区地形侵蚀切割强烈，丘陵广布，形成了梯田景观的同时也给农作物种植带来困难。大型的种植器械难以进入面积狭小的梯田作业，只能依靠人工种植，机械化推广比较滞后。另外，由于欧家梯田地处被誉为“广东岭南屋脊”的连山最高山峰大雾山麓，气候与常规的丘陵气候不同，旅游高峰期引进的花卉品种容易遭受冻害，需要经过种植筛选才能大面积栽种，人工成本也会增加。

②农家乐开发不足。目前村里各家农家乐的建造进度、建设效果不一，未形成品牌效应，宣传效果比较弱。同时，村内的景观建设仍然较为落后，未能体现欧家梯田的特色和村庄的少数民族特色。

#### 2.壮瑶文化部落“三地活化”项目

（1）项目基本情况　“三地”是指农村宅基地、承包地和集体经营性建设用地，通过盘活及高效利用"三地",加快构建"农文旅体"融合的乡村旅游,促进一、二、三产业融合来达到乡村振兴的目标。引进企业资金进村,利用"三变"(农村资源变资产、资金变股金、农民变股东)盘活资金,形成有效的资金链条。该改革是通过企业的力量对农村进行市场化运作,实现农民在"家门口"就业,使农民的收入更加稳定,还能够吸引年轻人回家乡就业,促进人才的回流,为乡村振兴事业添砖加瓦。

(2)对乡村振兴的意义

①推动乡村基础建设。利用村庄的集体凝聚力、内生动力,调动村委干部的工作积极性,对当地的自然环境条件进行综合性改造,提升居民生活品质,同时完善的基础设施能够吸引更多的投资和企业进驻乡村,带动当地经济的发展。

②培养农民综合素质能力。将农户闲置房屋收集租用,对其外观进行改造,对内部构造进行升级,用作游客住宿聚会的民宿,由农民来做房东和管理人员。公司还会进行乡村民宿、乡村小厨、民俗管家等技能性的培训,让农民掌握更多的技能,提升综合素质,更有利于农村旅游的发展。

③保留乡村特色。原始的旧住宅都改造成了"嵌套式"的房屋,为了保留农村建筑原始的肌理,不惜成本留住原始乡村独特的韵味。

### (四)探访红色故事——东风村党建

**1. 当地概况**

东风村认真贯彻落实清远市创建全省农村基层党建示范市工作要求,坚持党建先行,以"强头雁+兴产业+重治理"的模式,建设"党旗红·惠东风"党建品牌,敲开了"村美业兴民富"的振兴幸福门。

**2. 治理情况**

东风村充分发挥党组织书记的"头雁"作用,团结带领村民致富奔小康;李家维书记弃商从政,充分发挥村两委"一肩挑"的制度优势,引领领导班子"心往一处想,劲往一处使";牵头设立农业种植基地,计划引进企业,让老百姓饭碗端得牢;精准扶贫、产业脱贫两手抓,按国家标准为无劳动能力低保户提供最低生活保障,对低收入农户按需提供种植技术和生产资源;建设经济联合社和益农信息社双平台,引导农户互帮互助;设立农业专家联络站,定期联系农业种养专家为农户免费提供技术咨询指导,学习产业发展、运营管理等相关知识;民生无小事,党建促发展,把"养鸡场"变成"育苗楼",成功引进一所民办幼儿园,让村里的孩子能在家门口上学;把"脏乱差"变成"美如画",开展房屋整修、河道清理、山路重修等工程,将东风村下辖九个自然村建成美丽乡村示范村。

民风淳朴变思想,凝心聚力促发展。东风村下辖村之一岭尾村的村支书和村主任表示,当地民风淳朴,邻里纠纷少,工作开展较为顺利,创下零刑事案件纪录,是村民引以为豪的无毒村居,为连山县成功创建全国禁毒示范县作出重要贡献。尽管当地经济发展仍然较为落后,但在农村综合改革时期"两委"班子深入农户家,面对面为村民们解读政策文件等群众工作良好基础下,以及"城乡融合,文明先行"的网络普及效应下,部分村民思想上有了明显提升,主动参与基层建设,为"两委"班子注入新鲜血液。与此同时,农村老龄化问题也蔓延到了东风村，农业发展后继无人，而引进企业、促进产业化发展或可成为保障就业的新方法。

(五)分析及建议

**1.农业风险分析及建议**

(1)丝苗米产业发展缓慢　随着清远市丝苗米产业协会揭牌成立、连山丝苗米 logo 发布和连山丝苗米省级现代农业产业园基地的发展壮大，连山丝苗米已成为远近驰名的地理标志产品，连山丝苗米区域品牌建设初具成效，产业规模逐步提升，稳中向好。但龙头企业数量较少，产业发展仍然较为依赖牵头主体企业，同时牵头主体企业与其他稻米企业存在竞争关系，引领不足。生产能力与市场需求不相适应，互为掣肘，扼制发展。丝苗米的销售主要依靠分销商和大型商超的订单采购，长期合作虽然稳定，但也导致了产业规模只能缓慢提升。由于产品营销的区域局限性，市场容易饱和。另外，大部分企业总体规模较小，只能满足较小订单量的生产任务。

对此，各生产主体和社会资源应当增强区域协作能力，在政府的引领下，不断优化资源配置，坚持开发客群和提产增量两手抓，做好长期规划，保证技术、人才、政策落地。

(2)丝苗米产业"公司＋农户"模式缺乏长期导向功能　目前，连山稻米企业主要依托富有经验的农户达成原材料的收购任务，企业按照订单量计算需要的稻米数量，并将种植任务分配给全县各村镇的水稻种植户，待水稻收割处理完毕后，派专车将稻谷运送到仓库存放，等待加工。据悉，稻米企业按照每年的市场价支付农民薪酬，但近几年国内外粮价持续走低，近期才有回涨，农民收入也因此受到影响，只能收到稻米企业以保护价支付的薪酬。

"公司＋农户"模式中，企业积极响应兴农助农号召，向农户提供免费种子、技术支援和价格保护，已经在一定程度上降低了农户的风险。相比过去既要为水稻生产发愁，又要为销售渠道奔波的局面，农民的境况有所改善，种植意愿也相应提高。尽管如此，水稻成熟季节面对的不可抗风险如大风、大雨天气引起的倒伏仍然可能导致农民颗粒无收，再加上肥料、农药、人工等费用，农民利益始终没有得到完善的保障。在水稻种植的"两高一低"——高投入、高风险、低回报和"两化"——城市化、老龄化的多重作用下，农业生产已经出现严重的断代问题。

据了解，当前连山富有水稻种植经验并且种植意愿较高的农户大部分都与稻米企业达成合作，一般的种植大户承包了 200～300 亩土地，常规的承包几十亩土地。随着丝苗米产业化水平的提高，农户将成为越来越稀缺的资源。对于农户的争取，各企业已经展开了不遗余力的竞争，只要农民想种，就算只有一两亩的土地，稻米企业仍然表现出极大的热情。由此可见，要保证连山丝苗米的发展活力，必须把眼光瞄准种植问题，一方面可以沿用"公司＋农户"模式，同时作出改良，从提供资源过渡到分担风险，再进一步以雇佣的形式留住农户；另一方面可以通过企业出资建设种植基地，将农村劳动力集合起来，以企业为依靠提供保障，借鉴蔬果农场模式，牢牢稳固产业链的链头，同时招募农学专业的管理人才并大力培养，使其熟悉当地的水稻种植，保证经验和技术不失传。

(3)其他“一村一品”产业发展空间广阔，但缺乏资源　在连山人民政府、连山农业农村局、连山农科所和多家企业的共同努力下，连山农业形成了以有机稻、丝苗米为特色的产业格局，并成功打出区域品牌效应。与此同时，连山积极响应乡村振兴战略，发掘乡镇特色，筛选出东风春橘、高山云雾茶、连山腐竹、山苍子、禾花鱼等一系列产品作为“一村一品”建设的发展对象，但目前仍然存在品牌效应未开发、种植规模小、亟待产业化和病虫害肆虐威胁产量等问题。对此，可借鉴丝苗米产业的成功经验，同级镇政府之间加强联系，活化闲置资源，镇政府则对村“两委”加强帮扶，引进农企助力产业发展，引进更多来自农业农村局或农林类高校的专家，解决专家联络站“人才少”的问题，尽可能实现一对一的定点指导。

(4)生态种养技术落地不规范　华南农业大学章家恩教授团队和罗明珠教授团队与连山农科所联系密切，为连山引进了一系列适于当地生态和发展需求的绿色健康生产技术，先在连山农科所试验基地进行试验，逐步推广到当地农业种植中。其中，章家恩教授主导的丝苗农业科技支撑项目建立了有机水稻种植展示基地，核心区面积 500 亩，配套展示“品种多样性增产、控制病虫害技术示范区”“频振式杀虫灯除虫技术示范区”等 6 项技术；开展水稻三控施肥技术、机收再生稻生产技术、稻鱼共作再生稻栽培技术、稻鸭共作、水稻直播生产技术等试验示范工作；开展象牙香占与五星丝苗混播混插试验示范，取得显著成效。该项目通过研究稻鸭共作中 $CH_4$ 和 $N_2O$ 排放规律及影响因素，证实了多品种水稻混作养鸭可以减轻稻田面源污染并提高水稻产量和土壤养分含量，多年生水生植物与水稻间作可以提高稻田微生物限量和土壤碳氮含量，生态种养技术利用鱼鸭除虫除草可以生产绿色健康有机大米。

当地有稻下饲养禾花鱼的传统，专家团队研判上述技术适于在本地推广。但在实践过程中，由于农户缺乏鱼鸭销售渠道，饲养鱼鸭的主观能动性不强，再加上专家培训覆盖面小，缺乏示范引领等原因，稻鸭共作和稻鱼共作模式目前仍然依靠农户自愿使用，没有大范围推广。

对此，需要农业农村局和农科所密切合作，建立专门的推广小组科普共作模式的优势，通过免费或折价提供鸭苗、鱼苗的优惠政策，吸引农户加入推广；同时建立丝苗米种植户名单，做好跟踪回访工作，保证生态种养技术规范化。县政府可以根据鱼鸭的买方和卖方，建立鱼鸭市场，或引进预制菜企业，将活鱼、活鸭加工，销往各地。稻米企业则可以更高的价格收购共作模式种植出来的稻谷，作为高级有机米的原料。

(5)对农药化肥依赖性大，农田生物性削弱　当地农民对农作物的化肥使用量大，导致的环境污染是全方位的：一是水体污染。农药与水体环境接触的机会最多。稀释时农药的撒漏、量具的清洗、农药包装的随意丢弃以及喷洒后器械的清洗都将对水体环境造成污染；喷洒的农药还将随雨水或农田灌溉进入河流、湖泊，污染地表水，部分还将渗透进入地下水。二是土壤污染。某些农药的化学性质稳定，不易降解，长期积累后将富集在土壤中，造成土壤污染。例如，尽管我国在 1983 年就对有机氯农药实行禁用，但如今土壤中仍然可检测到残留。三是农药喷洒后通过蒸发逸散到空气中，造成大气污染。四是生态系统破坏。农药在杀死害虫的同时，也会误杀害虫天敌，由于昆虫的减少，田间以昆虫为生的鸟、鱼、蛙等生物也日益稀少。

目前，我国农田土壤污染修复思路主要有去除和钝化两种。去除主要是针对污染程度较轻、污染深度较浅的土壤，而钝化主要是针对污染程度较重、污染深度较深的土壤。针对连山当地情况，小队认为应以去除为修复思路，以生物修复为主，物理修复与化学修复为辅。可通过植物代谢功能进行降解修复，植物的微粒体酶能够降解大量的化学农药。例如，细胞色素 P450 可以通过释放原子硫作用于有机磷($P=S \rightarrow P=O$)杀虫剂。使用植物-微生物联合修复的方法，可显著增强包括化学农药在内的有机污染物的降解能力。

经分析，小队认为农药污染的主要原因是农药使用者科学安全用药意识不强，其次是生产及销售环节监管力度不足。因此，当地监管单位应对销售农药的各项指标进行严格把控，政府要召集农民进行有关农药使用知识的定期培训，并督促当地环保局做好修复工作。

**2.旅游市场分析及建议**

(1)党建精神未完全挖掘，未能形成特色红旅　连山红色文化底蕴深厚，鹰扬关的红七军纪念馆是连山著名的爱国主义教育基地，通过展示红七军的历史遗迹、实物文物和图片资料等，传承红色文化的价值观和精神内涵；连山还有革命烈士纪念碑，以此缅怀革命先烈的丰功伟绩，弘扬崇高的烈士精神。但纪念馆场馆狭小，展览方式缺乏创新，展览的形式多为“图片＋文字”，展览形式和展陈手段过于单一，展览主题缺乏新意，展览内容单薄，缺少吸引力，不能满足观众的文化需求。

当地红旅存在较为严重的问题是缺乏核心竞争力、缺少人才资源、缺乏品牌效应。首先，我们应当充分挖掘当地文旅特点及优势，将其打造成新的切入点和引爆点。连山是广东省人口密度最低的县，空气质量优，是我国的氧吧。我们要抓住自然生态环境良好的特点，深挖红色旅游资源内涵，创新红色旅游开发思路，实现红色旅游品牌形象和核心竞争力的双提升。其次，积极整合周边红色资源，大力推进“红色＋产业”融合发展，重点引进文化、影视、餐饮、民宿、康养、军事教育体验等新业态，形成以红色体验为主、多业兴旺发达的产业融合格局。最后，我们还应优化场馆设施，增加辅助展示，如声、光、电等互动方式；有机融入新媒体和其他现代科学技术手段，以更加鲜活、生动、直观的方式向观众讲述革命故事。为了增强展览的趣味性，以及实现与观众的互动和教育功能，可根据展陈主题设置多个留言区，让观众写下“想对革命先烈说的话”，实现超时空的对话。通过这一系列的标准化改造，这些红色基地才能成为代表连山的一块旅游牌匾，打响连山品牌，让各地游客慕名而来。

(2)围绕民族特色加大宣传力度　作为全国唯一以壮瑶为主体的少数民族聚居的自治县，当地具有打造少数民族文化旅游区的极大优势，连山民族博物馆已经具有较为成熟完备的场馆设施，互动技术也较好地融合在民族文化的输出中。例如，“AI 换装镜”能够为游客换脸试穿当地几十套民族服饰，以及蜡像模拟多种场景的使用，都能够让人们更加直观感受少数民族的生活习性和服装特色。但这样有趣的博物馆却没有做好宣传工作，又或是地域偏远的原因，导致了解知道这所民族博物馆的人不多。

对此，首先应当增强当地少数民族对文化旅游资源的保护意识，保留住这些珍贵又稀缺的少数民族文化，让当地少数民族群众深刻认识到自己民族的文化是本民族生存和发展的基础，增强少数民族对本民族文化的认同感与自豪感。其次，要充分利用广播电视、报刊、网络等媒体，积极开展宣传，打造全新的宣传传播方式，使这里的民族文化深入人心。最简单的方式就是拍摄相关短视频，记录少数民族相关节日，或进行少数民族文化的科普；还可以训练编排民族舞队或戏剧团，每周安排专员进景区巡演。通过文旅资源深度融合，民族文化才能在人们心中生根发芽。最后，展馆还可推出“沉浸式课堂”“沉浸式观展”的新模式，鼓励中小学生走进博物馆，用更加鲜活的方式去了解、学习民族文化。

(3)管理体系尚未完备，旅游资源开发不充分

被1 000多亩梯田所包围的欧家村，森林覆盖率达93%，被誉为中国十大最美梯田，是广东省规模最大、最原生态的梯田。自然条件如此优越的欧家梯田，理应成为连山的杰出代表。但遗憾的是，由于华南地区地形侵蚀切割强烈，丘陵广布，大型的种植器械难以进入面积狭小的梯田作业，只能依靠人工种植，机械化推广比较滞后。另外，由于欧家梯田地处被誉为“广东岭南屋脊”的连山最高山峰大雾山麓，气候与常规的丘陵气候不同，旅游高峰期引进的花卉品种容易遭受冻害，需要经过种植筛选才能大面积栽种，人工成本也会增加。在这重重困难之下，欧家梯田的优势并没有发挥出来。虽然生态好，但住宿、餐饮以及基础设施不完善，这给前来的游客带来诸多不便，不利于留住游客和乡村旅游的长远发展。经营项目比较单调，只有简单的吃、住、观光和棋牌娱乐，乡村旅游的其他要素发挥得不够。

为了充分发掘乡村旅游的潜力，应当建立规范化的管理体系，制定细化的标准和规范，从行业管理到品质管理、安全管理等方面实行全面管理，有了这样严格的标准要求，才是对游客的生命健康和人身安全负责。此外，要加强对基础设施和服务的建设升级，通过引入先进的设施设备、建立完善的服务机制等手段，提升乡村旅游的服务水平，达到符合游客需求的标准，做好行业榜样。更重要的是，还要深度开发乡村旅游创新产品，突出乡村旅游资源特色，推出乡村风光观赏游、乡村风情欢乐游、乡村生活体验游等项目。同时努力加强旅游商品和乡土特产的研发，丰富乡村旅游产品，增加农业产品的附加值。

**3. 实践活动组织情况**

在本次“科技小院”下乡活动中，我们有幸得到连山农业研究所高级农艺师李启标极大的支持和帮助，在短短几天时间里，队伍高效地参观了当地种植基地和民族博物馆，参加了一年一度的水果品鉴会开幕式，走访了东风村和被打造成壮族文化部落的石坪村。我们通过与民族食品公司的陈先生对话，才了解到当地企业所面临的机遇和挑战；我们通过与美丽乡村建设者交流，才知道青年人能够加快乡村建设步伐，而乡村最缺的也是青年人；我们通过与当地农户交谈，才明白“看天吃饭”背后数不尽的心酸……这些经历都帮助我们更加深入全面地去了解连山，去走进乡村。

【悟·院】

## 乡路漫漫，携手同行

2023年五四青年节到来之际，中国农业大学科技小院的同学们收到了来自习近平总书记的回信，字里行间都是总书记对青年学子的期盼，对中国农业和乡村建设的愿景，信中强调“青年人要走进乡土中国深处，才深刻理解什么是实事求是、怎么去联系群众”。我们作为新时代的青年就必须有这股精气神，要有深根于乡村的信心，勤下乡，多观察，善思考，方能在实践中逐步培养知农爱农情怀。

这次“科技小院”的下乡活动，是我第一次真真切切走进中国乡村，了解真实的农村生活，体会中国农业的发展和劳动人民的淳朴与真挚。在与农户的交谈中，我感受到了他们言语间对天灾侵袭的无奈，感受到了他们面对粮价波动时的无助。这几天，我们学着像一个真正的农民一样去抛秧，去思考，去看待每天的天气。想象着，如果我是一个村干部，该如何去盘活一个村庄，如何才能让人才回流，让农民过上好日子。但这些问题是我以前从来没有想过的，因为我们生活在城市中，更因为城市高楼四起，交通便利，到处灯火通明，人声鼎沸，这种种差异让我们很难想象到蜿蜒山路之上自给自足的生活。而就读于农业大学的我们，下乡学习是我们的必经之路，也是我们成长最快的方式。正如习近平总书记所说，“同学们要志存高远、脚踏实地，把课堂学习和乡村实践紧密结合起来。”我很庆幸自己能有机会走进乡村，在老师的带领下去参观采访，能够了解到真实的乡村，让自己的眼界不拘泥于拥挤的城市。我想，不仅仅是乡村需要青年，更是青年需要乡村，乡村有无限的机会和可能，青年所有的活力和创造力都能在此大显身手。

在如今社会发展如此迅速的情况下，越来越多的高新尖科技横空出世，许多人挤破脑袋也想从中分得一杯羹，想要把握住高科技发展所带来的机会，从而实现自我价值的提升。在此种情形之下，城市就业日趋饱和，乡村发展却依然存在大片留白。还记得在拜访连山农业研究所时，李所长打趣地说收徒难，技术没人传承，看似无心的话却恰恰说明了当前乡村事业对新鲜血液的渴求。没有青年人的加入，就会有无数像李所长一样的农业研究员的技术没有办法得到很好传承，因为这并不是单纯的发表论文能够做到的。农业是实践的科学，只有在田埂上，在泥土里才能够悟到其中的奥秘。

许多人对乡村的印象还停留在秀丽优美的风景，自给自足的小农经济，村酒野蔬的生活，这包括我在内。但当我看到一群有志青年从零开始把村子打造成宜居的“网红景点”，看到城市的饮食也影响了乡村，村子里开始出现“小镇咖啡馆”，甚至还有连城市中都等待普及的AED急救设备，我对农村的认识发生了彻底的改变，这些本以为和农村挂不上钩的事物，都在年轻人的改造下有机地结合了起来，一块块传统的土地好似被注入了新生命，一时间鲜活年轻起来。我想，这就是青年人走进乡村的意义。

乡村的故事将编撰成一首耳熟能详的歌，我们也将用一生去传唱、去续写。我相信，我们青年一代，有能力、有决心担起强农重任，在漫漫乡路间，携手同行。

（华南农业大学 22级本科生 龚舒悦 文）

# 从书屋到田间

“你们在信中说，走进乡土中国深处，才深刻理解什么是实事求是，怎么去联系群众，青年人就要‘自找苦吃’，说得很好。”这是习近平总书记给中国农业大学科技小院的同学们的回信中最令我印象深刻的一段话。而作为一名身处象牙塔的大学生，本次连山之行让我切身体会到什么才是真正地走进乡村，走近农民，亲眼所见最真实的基层农业发展。

在此之前，我对“农业”二字常常是毫不在意甚至是忽视的态度，认为农民种地就是把自己困在一方土地，认为一亩三分地哪里谈得上发家致富，认为学农总比“有钱途”的专业低一等……殊不知，诸如此类的偏见是多少代人面朝黄土背朝天的呐喊。是的，你要写农业就不能只写农业，你要写国家的基石，写华夏民族的根，写一双双布满老茧的手捧起稻米的恩；你要写粗茶淡饭，写岁稔年丰，写插新禾的笑语半入骄阳半入云，写日夜祈盼的风调雨顺和五谷丰登。

连山，一个有着“九山半水半分田”之称的边远小县城，我在这里被禾苗遍野的梯田景色所震撼，体验了下田抛秧的农活，我才知道原来农人脚下的土地抛秧时似沼泽，脚印深深浅浅，秧苗密密疏疏。行走在农科所科研基地的田埂边，目光所及皆是染上晚霞颜色的一茬茬成熟水稻，原来连山丝苗米的品种就是在这里筛选出来的。这是农科所李所长告诉我们的，他在这里待了十五个年头，对田里的每一个品种、每一株禾稻如数家珍。

与田间地头的风吹日晒、精耕细作相比，对连山民族食品有限公司的参观是截然不同的感觉。标准化、机械化的流水线生产，严控的温湿仓储，严苛的筛选标准，同时结合了时兴的短视频和直播带货，作为当地农业发展的牵头企业，这是连山农业寻求新出路的重要突破口。三产融合展示厅同样是宣传连山农业的绝佳窗口，从丝苗米到一镇一品、一镇一节再到“云上连山”、连山数字农业，负责人王师兄侃侃而谈。然而在说到年轻人返乡时，他的神情却有些低落。“希望更多年轻人加入，一起为乡村振兴助力吧！”仅一句话，但已经在我心中荡开不消失的涟漪。石坪村的特色项目——壮瑶文化部落更是让我切切实实看到了乡村的无限潜力。“小镇咖啡”“乡村大管家”等项目完全颠覆了我对农业农村振兴的认知。引入城市专有，打造乡村特有，种种证明，更多的机会在乡村，更广阔的舞台在农村。

我在连山看到了老一辈人的坚守与热爱，看到了新农人的创新与活力，看到了基层农业的发展瓶颈，看到了所有的为了连山兴农而做的努力。连山人用他们的扎根驻守、返乡创业，一字一句说出了连山兴农的新时代变化，一笔一画写出了他们心中的爱农情怀。

从书屋到田间，又回到了书屋。一切仍是原来的样子。

但我已不再是我，无法言明的思绪悄然蔓延。

那是什么呢？我想是我的爱农之情。

（华南农业大学 22 级本科生　黄晓琳　文）

## 同赴兴农之约　共筑连山故事

一封回信，牵动兴农青年的心；几句嘱托，激荡强国有我的梦。深受鼓舞的我决心将这一精神贯彻到具体实践中。前段时间，我参加了学院组织的前往连山县科技小院实践活动，这段经历让我深刻理解了习近平总书记回信中所提到的“厚植爱农情怀，练就兴农本领”的重要意义，也让我明白了一个农业大国的现代化事业需要年轻人的接力奋斗。

身怀赤诚之心　身赴连山

在回信中，习近平总书记强调了农业的重要性和青年人在农业现代化中担负的责任。这让我深感责任重大，也意识到了农业对国家和人民的重要性。作为一名农业大学的学子，我深切了解到自己的责任和使命，决心将自己的梦想与国家的需要紧密结合，为实现中国农业现代化尽自己的一份力量。怀揣着这么一份强农兴农的赤子心，我与“九山半水半分田”的连山县相遇结缘。

深入田间地头　感同身受

在前往连山县的“三下乡”活动中，我们小队与当地农民结下了深厚的友谊。通过与他们深入交流，我们才真正了解到他们的辛苦和付出，也看到了他们对农业的热忱和对未来的希望。在走访调研中，我们了解到农户的种植方式与遇到的发展困难。在未来，我将会学习回信精神并付诸实践，用自己的实际行动传递给农民们一个个温暖的笑容，真真切切地解决实际问题。

共创多方联动　富裕农民

我们将创新农业、富裕农民作为调研小队努力的方向，进行团队调研，深入研究现代农业技术和管理经验，努力探索适合当地的农业发展模式。在与当地企业的交流学习中，我们了解到连山县的风土人情和农产品商业化进展，以及如何在合理利用资源的基础上推动当地农业发展，为农民们带去更多的收入和幸福。

躬耕田亩之中　汗水浇灌

在这次连山县的“三下乡”活动中，我们深刻感受到了农民的辛劳与智慧。我们与当地农民一起劳作，感受着广阔的农田给人带来的安宁和喜悦。曾经觉得农民的工作太过辛苦，却在实地体验中明白，农民是这个社会的中流砥柱，他们的辛勤劳作为我们提供了丰富的粮食来源。我们深感自己的幸运和骄傲，同时也明白到只有更加努力，才能回报社会对我们的期望。

通过此行前往连山县的“三下乡”活动，我深刻感受到了习近平总书记回信精神的重要意义。将回信精神贯彻到具体实践中，我学到了很多的知识和技能，也培养了很多的品质和意识。未来，我将继续坚守初心，为实现中国农业现代化、建设美丽乡村，为中国农业的未来而努力奋斗。让吾辈青年携手共进，同赴兴农之约，书写新时代的绚丽华章。

（华南农业大学 22级本科生 李哲凡 文）

知院
识院
悟院

# 云南农业大学 云南洱海流域蔬菜科技小院

**实 践 学 校：**云南农业大学

**实践小队名称：**“古生村蔬菜科技小院模式学习与助农成效调研”社会实践小队

**小 队 成 员：**张必招、孙华蓉、刘志玲、涂国青、陈卓、赵晨宇

乡愁小院

## 【知·院】 小院简介

洱海流域科技小院群由中国农业大学国家农业绿色发展研究院与云南农业大学、大理白族自治州人民政府联合牵头，依托洱海流域农业绿色发展研究院建设，于2021年11月在大理古生村正式揭牌成立。截至目前，洱海流域共成立科技小院14个。洱海流域科技小院群以面源污染防控、作物绿色高值、助力乡村振兴为总体目标，依托张福锁院士牵头组建的多学科攻关团队，旨在阐明面源污染来源与贡献、创建作物增值、减少面源污染和农民增收的"大理模式"，打造流域农业绿色发展国家样板。

云南洱海流域蔬菜科技小院于2022年11月11日在大理市湾桥镇古生村揭牌成立，由西南大学、中国农业大学绿色发展研究院、云南农业大学共同打造，通过技术集成和示范推广助推洱海保护与农民增收协同发展，是聚焦洱海流域绿色高值高质蔬菜产业发展的科技小院。

洱海流域蔬菜科技小院属于洱海流域农业绿色发展研究院下属机构，由张福锁院士总指导，陈新平教授、赵正雄教授、邹春琴教授联合指导，姚智博士长年驻扎蔬菜科技小院并负责学生工作与课题指导，以及小院总体工作协调和管理日常事务等工作。目前有4名博士生、7名硕士生，4名研究员常驻小院。蔬菜科技小院正式成立以来，科技成果初显成效，小院师生积极推动洱海流域蔬菜绿色高值体系的科技成果在古生村田间地头转化，助力蔬菜种植新模式在洱海流域田间地头落地落实见效。

## 【识·院】 关于洱海流域古生村农业生产的调查研究

洱海是云南省第二大高原淡水湖泊。近年来，为保护洱海，地方政府出台了很多政策和管理要求，实施"三禁四推"，开展洱海保护治理"八大攻坚战"，积极调整种植业结构，推行农作物绿色生态种植。古生村是海西产业调整的典型村庄。本实践小队深入大理古生村，通过走访调研与查阅文献，了解古生村农业生产发展水平，对地方政策与农业发展情况进行分析，以期提出助推古生村农业生产发展的建议。

## 一、调研背景

洱海是云南省第二、全国第七大淡水湖，也是云南九大高原湖泊之一，是大理市主要饮用水源地，也是大理人民的“母亲湖”。2015 年，习近平总书记到大理洱海视察，殷切叮嘱一定要把洱海保护好，贯彻好“绿水青山就是金山银山”的生态文明新发展理念。近年来，洱海流域农业转型发展备受瞩目。一方面是为了深入贯彻习近平总书记视察洱海的重要指示精神，将洱海流域保护好，打赢洱海流域治理保卫战；另一方面当地以发展高原特色生态农业为目标取得了初步成效，将保护与发展这一看似不可协调的矛盾的解决给出了“洱海答案”。洱海流域不仅要继续做好生态环境保护工作，还要实现绿色农业、低碳农业、生态农业的发展目标，加快发展高原特色现代农业产业和打造世界一流“绿色食品牌”示范区的发展定位。

为深入学习习近平新时代中国特色社会主义思想，全面贯彻落实党的二十大精神，落实中共中央《关于在全党大兴调查研究的工作方案》，引导广大青年大学生踊跃投身乡村振兴，积极参与乡村产业、人才、文化、生态、组织建设，努力构建青年大学生服务乡村振兴战略新格局，同时也为深入学习贯彻习近平总书记给中国农业大学科技小院同学们的回信精神，根据《关于开展 2023 年全国大中专学生志愿者暑期文化科技卫生“三下乡”社会实践活动的通知》有关要求，本实践小队深入洱海流域大理古生村参观考察科技小院并对当地农业生产进行实践调研。通过走访调研、查阅文献、实地采样检测等方式，小队了解古生村农业生产发展水平，分析政策与农业发展情况，以期提出助推古生村农业生产发展的建议。

## 二、调研内容

### （一）基本情况

#### 1. 古生村概况

1.1　古生村基本概况（表 1）

**表 1　古生村基本概况**

| 地点 | 地理位置 | 海拔/m | 气候 | 年降水量/mm | 人口/户 | 耕地/亩 |
|---|---|---|---|---|---|---|
| 古生村 | 100.14° E<br>25.81° N | 1950 | 亚热带高原季风气候 | 1 050 | 439<br>（1 842 人） | 1 220 |

1.2　古生村土壤理化性质（表 2）

**表 2　古生村土壤理化性质**

| 土层 | pH | 有机质<br>/(g/kg) | 全氮<br>/(g/kg) | 速效磷<br>/(mg/kg) | 速效钾<br>/(mg/kg) |
|---|---|---|---|---|---|
| 0～20 cm | 6.5 | 54.7 | 4.5 | 82.1 | 130.2 |
| 20～40 cm | 6.5 | 44.9 | 3.6 | 55.8 | 86.8 |

1.3 古生村传统农业生产概况(表3)

表3 古生村传统农业生产概况

| 轮作模式 | 第一季作物 | | | 第二季作物 | | |
|---|---|---|---|---|---|---|
| | 施氮肥/(kg/hm²) | 施磷肥/(kg/hm²) | 产量/(t/hm²) | 施氮肥/(kg/hm²) | 施磷肥/(kg/hm²) | 产量/(t/hm²) |
| 大蒜-玉米 | 531.30 | 226.35 | 16.57 | 462.30 | 190.35 | 13.17 |
| 大麦-水稻 | 320.55 | 189.75 | 5.56 | 55.50 | 48.00 | 5.08 |
| 油菜-水稻 | 462.30 | 214.35 | 0.95 | 184.50 | 118.65 | 10.50 |
| 蚕豆-烤烟 | 117.30 | 214.35 | 3.09 | 111.15 | 99.60 | 3.67 |
| 大蒜-烤烟 | 531.30 | 226.35 | 20.51 | 118.65 | 107.10 | 3.35 |
| 蚕豆-水稻 | 0.00 | 240.00 | 3.65 | 69.00 | 48.00 | 5.62 |
| 大蒜-水稻 | 828.00 | 168.00 | 15.42 | 69.00 | 48.00 | 9.75 |

1.4 古生村当前企业农业生产概况(小春季)(表4)

表4 洱海流域小春季主要农作物基本情况

| 作物名称 | 主要品种 | 播种时间 | 收获时间 | 种植成本/(元/亩) | 收购单价/(元/kg) | 基本效益/(元/亩) |
|---|---|---|---|---|---|---|
| 油菜 | 云油杂51号 | 10月中旬—11月中旬 | 4月中旬—5月中旬 | 1 400 | 6.2 | 1 300 |
| 蚕豆 | 凤豆6号 | 10月中旬—11月中旬 | 3月中旬—5月中旬 | 1 300 | 4.0 | 1 600 |
| 马铃薯 | 青薯9号 | 12月 | 5月 | 3 000 | 3.5 | 9 000 |
| 莴笋 | 红叶尖 | 10月中旬—11月中旬 | 3月中旬—4月初 | 5 200 | 1.8 | 7 200 |

1.5 古生村主要农作物

古生村以往主要种植收益较高的蔬菜类作物,其中以大蒜为主体。现在古生村农作物主要为水稻、玉米(大春季种植)和油菜、蚕豆、马铃薯、莴笋(小春季种植)。

水稻品种主要为云粳37号,粳型常规水稻,云南省农业科学院粮食作物研究所选育。株型适中,有效穗 $2\times10^4$ 穗/亩,成穗率81.0%,生育期170 d,耐寒性较强,熟期转色好,易落粒。该品种抗稻瘟病、抗纹枯病、中抗白叶枯病和稻曲病,亩产680~700 kg,适于云南省海拔1 600~1 900 m粳稻区作特殊稻(软米)种植。

玉米种植种类较复杂,包括饲料玉米与鲜食玉米,当前区域主推鲜食玉米品种为瑞嘉甜4号,由云南田瑞种业有限公司选育,成株整齐,株型披散,在云南省平均生育期97 d左右,抗弯孢霉叶斑病,中抗灰斑病、锈病、纹枯病、叶鞘紫斑病,高抗大斑病,中抗锈病。

油菜品种主要为云油杂51号,由云南省农业科学院经济作物研究所选育,杂交种,甘蓝型,属甘蓝型油菜双低高油酸萝卜胞质不育三系杂交种。苗期生长整齐一致,叶色深绿,叶片椭圆;主茎无蜡粉、绿色,黄花,分枝角度较小,荚果中等、直立生长,株型紧凑。种子呈圆形,种皮黑色,籽粒饱满。生育期适中,平均生育期为176.9 d。中抗菌核病、病毒病，抗倒性强。适于在云南海拔 800～2 000 m 区域秋季种植。

蚕豆品种主要为凤豆 6 号，由大理白族自治州农业科学研究所选育。该品种生育期 178～182 d，属中早熟品种，株型紧凑，茎杆粗壮，茎色浅紫红，抗倒、抗寒、耐渍性较好，中抗锈病，轻感赤斑病，适于在云南省海拔 1 600～2 000 m 豆作区种植。

马铃薯品种主要为青薯 9 号，青海省农林科学院生物技术研究所选育。该品种属于晚熟品种，从出苗到成熟 120 d 以上；株型直立，生长势强，亩产 2 200～2 500 kg。

1.6　古生村主要农业生产模式

古生村土地除少数自留地外，已基本流转。当前古生村耕地主要由云粮集团大理苍洱留香农业发展有限公司、云南顺丰洱海环保科技股份有限公司进行农业生产，同时进行农业产业转型升级，大力发展生态、绿色农业。当前公司主要生产模式为水稻＋油菜/蔬菜，实行周年轮作，多年复种，提高了土地资源利用率，具有很高的生态效益和经济效益。合理的轮作也是防控病虫害与抑制杂草的重要途经。

1.7　古生村农业施肥管理（表 5）

**表 5　古生村农业施肥管理**

| 作物名称 | 主要品种 | 氮投入量/(kg/亩) | 磷投入量/(kg/亩) | 钾投入量/(kg/亩) |
|---|---|---|---|---|
| 水稻 | 云粳 37 号 | 12.00 | 5.00 | 7.00 |
| 玉米 | 瑞嘉甜 4 号 | 20.00 | 13.00 | 14.00 |
| 油菜 | 云油杂 51 号 | 18.88 | 11.50 | 11.50 |
| 蚕豆 | 凤豆 6 号 | 10.00 | 15.00 | 13.00 |
| 马铃薯 | 青薯 9 号 | 16.88 | 13.20 | 26.95 |
| 莴笋 | 红叶尖 | 29.60 | 24.40 | 21.00 |

1.8　古生村农业生产常见病虫害

古生村常见水稻病虫害有：水稻纹枯病、稻瘟病、水稻螟虫、稻飞虱。水稻纹枯病是水稻生长中后期最常见的病害之一，属于真菌类病害，多出现在水稻分蘖后期至抽穗期。该病害感染部位从最初的水稻茎杆底部逐渐向其他部位蔓延，最严重的会扩展到水稻的稻穗部位。当水稻根茎部位出现暗绿色水渍状的病斑，且病斑呈现由小到大的变化、出现水稻叶片枯死现象时，就可以判断是感染了稻纹枯病。稻瘟病又名稻热病、火烧瘟、叩头瘟等，是由稻瘟病原菌引起的、发生在水稻的一种病害。稻瘟病在水稻整个生育期都可能发生，为害秧苗、叶片、穗、节等，分别称为苗瘟、叶瘟、穗瘟和节瘟。水稻螟虫又可称为水稻钻心虫，是出现在水稻生长中后期的主要虫害之一。南方地区这类虫害的主要类型为二化螟和三化螟。这类虫害主要出现在水稻刚刚抽穗至齐穗期，害虫进入水稻茎杆内部吸取茎杆的营养，破坏茎杆组织结构，造成水稻稻穗枯萎，出现白穗、空穗的现象，是严重影响水稻产量的虫害之一。稻飞虱也是主要的水稻害虫之一，近两年发生特别严重，以褐飞虱和白背飞虱为主。该虫群集隐蔽于稻株中下部吸食稻株汁液，有明显的为害中心，严重时形成“落窝”，日后逐渐扩大成片，最严重时全田荒枯，损失严重。

古生村常见油菜病虫害有：油菜菌核病、油菜霜霉病以及油菜缺硼的花而不实现象。

油菜菌核病主要为害茎秆,也为害叶片、花和荚果。茎上病斑初为淡褐色,略凹陷,后变灰白色,湿度大时,病部变软腐烂,表面长出白色絮状物(病菌的菌丝体)。病菌皮层腐烂,主秆成了空心,内生有大型黑色的菌核,状如鼠粪,有时茎也长菌核。此病在油菜开花期开始发生,并一直为害至成熟期。油菜霜霉病在油菜的整个生长期都能发生,引起叶片枯死,花序肥肿畸形。此病可为害叶片,茎、花和荚果,其病害症状是在叶片正面初生淡黄色不明显的病斑,呈多角形,叶背病部上长出白色霜状霉,引发菜籽产量和质量下降。油菜缺硼会导致油菜花而不实,茎秆萎缩。油菜从苗期至抽薹期均可发病。油菜严重缺硼时,病株萎缩死亡;中轻度缺硼时植株在花期出现症状,荚果不实。其症状特点是植株根系发育不良,表皮变褐,有的根部肿大;叶片变暗绿、叶型变小,叶质增厚,后变紫色和蓝紫色,叶脉褪绿变黄,生长点和花序顶端过早褪绿变白,萎缩干枯,荚果停止发育,结实少或不结实。

**2.地方相关农业政策**

按照云南省委、省政府对洱海保护治理提出的新要求,大理州于 2018 年 12 月调整组建洱海流域农业面源污染治理攻坚战推进领导小组,对应洱海流域 16 个乡镇成立 16 个工作指导组,组建农业面源污染治理、土壤肥料等 12 个专家组,努力构建农业面源污染治理齐抓共管的合力攻坚格局。加快建立健全洱海流域农业面源污染治理攻坚战政策措施体系,出台《洱海流域农业面源污染治理攻坚战作战方案》《洱海流域种植业结构调整方案》《洱海流域化肥负荷削减方案》《洱海流域农药负荷削减方案》《洱海流域大幅削减农业面源污染负荷实施方案》等具体措施,持续推进"三年行动计划",各项目标任务落实落细。针对化肥、农药、畜禽粪便等各类污染源提出更加精准的治理措施,从农作物绿色种植基地建设、奶牛生猪产业转移及畜禽标准化养殖、稻渔综合种养、高效节水灌溉及农田尾水末端拦截消纳、土地经营权流转发展适度规模经营、培育新型农业经营主体等方面多措并举、综合施策,努力把洱海流域建设成为农业绿色发展先行区。

出台实施《关于开展洱海流域农业面源污染综合防治　打造"洱海绿色食品牌"三年行动计划(2018—2020 年)》,建立生态补偿机制,强力抓实"三禁四推":禁止销售使用含氮磷化肥,推行有机肥替代;禁止销售使用高毒高残留农药,推行病虫害绿色防控;禁止种植以大蒜为主的大水大肥农作物,调整产业结构,推行农作物绿色生态种植;推行畜禽标准化及渔业生态健康养殖。

近几年,大理州政府以打造"洱海绿色食品牌"为主线,坚持生态优先,大力发展生态农业,围绕洱海流域农业面源污染治理、农业转型发展和打造世界一流"洱海绿色食品牌"的总体目标,逐步形成了生态种养、高效开发、集约转型的大理高原特色农业。目前,大理各级政府结合"三禁四推"以及洱海保护治理"八大攻坚战"等工作要求,积极调整种植业结构,推行农作物绿色生态种植和渔业生态健康养殖,持续巩固"三禁四推"成果,坚决打赢农业面源污染治理攻坚战。

《大理市洱海流域种植业结构调整方案》《大理市洱海流域有机化种植实施方案》,要求优化绿色生态种植布局,禁止种植以大蒜为主的大水大肥作物,重点选择水稻、烤烟、蚕豆、油菜、鲜食玉米、特色水果、加工型花卉等作物,农作物结构得到持续优化。大理市政府积极探索湿地生态农业发展模式，推进高效节水灌溉生态农业示范区流转土地绿色生态种植，进行大理市湾桥镇农业面源污染综合治理试点项目建设，出台了《大理市农业生态化种植技术指导意见》，建立以新型农业经营为主体的农作物绿色生态种植管控机制。2020 年，大理市农业面源污染末端拦截消纳及灌溉综合利用工程完成 7.9 km 调蓄带建设；2023 年古生村段落工程已完工，节水农业逐步完善。

（二）农业发展与污染治理存在的问题

**1.自然条件因素**

1.1　自然气候灾害

大理州地处低纬度高原，在纬度低、海拔高的地理条件综合影响下，形成了低纬度高原季风气候。该气候的特点是：①四季温差小。由于较接近北回归线，太阳辐射角度较大且变化幅度小，形成了年温差小，四季不明显的气候特点，“四时之气，常如初春，寒止于凉，暑止于温”，四季温差不大；②干湿季分明。冬干夏雨，冬半年（11 月至次年 4 月）干季降水量仅占全年降水量的 5％～15％，夏半年（5—10 月）雨季降水量占全年的 85％～95％；③垂直差异显著。全州由于地形地貌复杂，海拔差距悬殊，气候的垂直差异显著。气温随海拔增高而降低，降水量随海拔增高而增多。河谷热，坝区暖，山区凉，高山寒，立体气候明显；④气象灾害多。由于季风环流的不稳定性和不同天气系统的影响，气象灾害较多。常见的气象灾害主要有干旱、低温、洪涝、霜冻、冰雹、大风等。

古生村位于大理州湾桥镇，苍山脚下，洱海之滨，受不稳定季风影响，大风与低温危害较大。在春末夏初（5—6 月）及秋初（9—10 月）会出现异常低温，由于 5—6 月是农作物旺盛生长的时期，而 9—10 月又关系作物的结实，因此，这两个时期的低温对农业生产有较大影响。

1.2　土壤养分问题

古生村耕地土壤有机质含量丰富，氮、磷养分高。虽然有机质丰富，但耕地地下水位较高、有机质矿化分解较慢，难以及时转化为活性有机质和释放出农作物生长所需的各种营养元素，影响了改土培肥效果和农作物吸收利用。较高的氮、磷基础养分，导致了较大的农业环境污染风险；在农业生产中，也会出现氮、磷、钾养分比例失衡，影响农作物对三大营养元素的平衡吸收利用，肥料利用率下降，加剧了农业污染。

**2.农业生产因素**

2.1　有机肥料效果差

为保护生态环境，减少农业面源污染，当地政府要求推广施用有机肥。但农户及企业施用有机肥后，效果并不理想，主要原因在于古生村耕地地下水位较高，区域气候温度低，有机肥中的有机质矿化分解较慢，难以及时转化为活性有机质和释放出农作物生长所需的各种营养元素，影响了农作物吸收利用。

2.2　机械化程度低

古生村土地状况与农田结构复杂，农田规模小，田块之间有混凝土埂隔离，大型农业机械在小块农田中操作困难，限制了农业机械化的推广。当地农业生产一直依赖传统的人工劳动方式，并伴随着农民的传统观念和习惯。农民对于农业机械化的接受度较低。当地农业生产模式复杂，农用机械尚不适配，部分农作物生产难以使用机械作业。

2.3　农业生产收益低

自然灾害(低温、大风、干旱、洪涝等)和气候变化都对农作物产量和品质造成影响；农产品的市场行情波动大，价格变化大；农业生产成本高，农业用地、种子、农药、化肥、农业机械设备等投入大，古生村劳动力短缺，劳动力成本较高等，这些都会影响农业生产收益。

**3. 社会因素**

3.1　水、肥、药管控

为减少洱海流域面源污染，政府实施“三禁四推”，严格限制农业肥料，严格把控农业用水。“三禁四推”中要求禁止销售使用含氮磷化肥，推行有机肥替代；禁止销售使用高毒高残留农药。据介绍，为保护洱海，有效减少农药使用对洱海水质及农业生态环境造成污染，洱海流域禁止销售和使用滴滴涕、毒杀芬、二溴氯丙烷、杀虫脒、二溴乙烷、除草醚、艾氏剂、狄氏剂、汞制剂等69种剧毒、高毒高残留农药及其制剂。对硫双威、抗蚜威、异丙威、速灭威、杀螟硫磷等23种中等毒性以上的农药及其制剂实行定点经营，实名销售，限制使用。农业灌溉用水也需要层层审批，有时不能及时满足农业生产用水。当地政府对水、肥、药的管控，保护了洱海，但对农业生产也产生了较大的限制。

3.2　劳动力不足

由于土地流转承包给了企业，村中青壮年除了部分经营商店、餐饮、民宿外，基本都外出就业，村中留守人员多为中老年人与儿童。另外，由于城市的发展，很多古生村居民流向城市，寻求更好的就业和生活机会。城市发展提供了更多的工作机会、更好的教育和医疗资源，吸引农村人口向城市迁移，导致农村劳动力持续减少。

人口老龄化和人口流失导致农村劳动力减少，农业劳动力供给紧缺。这导致农业生产中对人力的需求难以满足，从而影响农业的正常运作和生产效益。中老年劳动力对于体力劳动的承载能力减弱，生产技术和知识水平相对较低，难以适应现代化、科技化的农业生产要求。

(三)思考与建议

**1. 调整农业结构**

农业结构调整需要综合考虑当地自然资源、区域特点、市场需求和农业生产者的实际情况，政府应制定相应的支持和引导政策，激励农民参与结构调整，实现农业的可持续发展和农民的增收。当前古生村可以继续深入优化种植结构，根据市场需求和经济效益，调整种植作物的种类和比例；优先发展高附加值的经济作物，如果树、蔬菜、药材等，减少传统低效益作物的种植。同时，促进绿色、有机农业的发展，提高农产品的质量和安全性。

**2. 发展智慧农业**

发展智慧农业可以提高农业的生产效率、质量和可持续性，同时也可以增加农民增收的机会。政府、农业科研机构和企业应共同合作，加大对智慧农业技术的研发和推广力度，为农民提供培训和技术支持，推动智慧农业的快速发展。当前古生村农业生产在科技小院与公司企业、合作社的共同努力下，开始使用物联网技术：通过传感器、监测设备和互联网连接，实时监测和收集农田的环境数据，包括土壤湿度、温度、光照等信息，帮助农民进行精确的灌溉和施肥等管理决策。农民应用精准农业技术，采用全球卫星定位系统（GPS）、无人机、遥感等，对农田进行精确测绘和管理；应用智能设备和自动化技术（智能农机、农用无人机等），可以自动完成农业生产过程中的种植、施肥、植保等任务，减轻劳动负担，提高生产效率。

**3. 调整改进肥料生产**

针对洱海流域古生村有机肥施用中矿化难、养分利用率低的问题，需要更换有机肥种类或者改进有机肥的生产。调整和改进有机肥生产，需要政府、农民和有机肥生产企业等多方合作。政府可以出台相应的政策和标准，鼓励农民参与有机肥生产，提供培训和技术支持；企业可以进行技术研发和产业化推广，提供符合标准的有机肥产品；农民则可以合理利用农业废弃物，参与有机肥生产和利用。几方共同努力，可以促进有机肥的发展，提高农业的可持续性和资源利用效率。

**4. 绿色生态防控**

由于地方政府对高毒农药及其制剂的限制管控，古生村农业生产出现的病虫草害问题难以得到快速、及时和有效的解决，因此需要进一步加强绿色生态病虫草害防控。农业绿色防控是指在农业生产中采用环保、可持续和生态友好的方式进行病虫害防控和生态系统保护，主要包括生物防治、物理防治、遗传改良和抗性培育。生物防治是利用天敌、寄生虫、病原微生物等自然因素，对农作物病虫害进行控制。例如，引入天敌昆虫控制害虫的数量，利用有益微生物抑制病原菌的繁殖。生物防治可以减少对化学农药的依赖，降低环境和食品的污染风险。物理防治是采用物理手段来防治病虫害，如利用陷阱、陷坑、遮阳网、保护网等来限制害虫的进入和蔓延，或者利用高温、低温、紫外线、电磁波等对害虫和病菌进行灭除。遗传改良和抗性培育是通过遗传改良和选择培育抗病虫害的新品种，提高农作物的抗性和适应性，减少对化学农药的需求。农业绿色防控需要政府、农业科研机构、农民和企业等多方合作。政府应加大对绿色防控技术的研发和推广力度，提供政策支持和财政资金支持；农业科研机构可以加强科研攻关，提供技术支持和培训；农民可以根据地方的实际情况，采取绿色防控措施，减少农药的使用；企业可以推动绿色农药的研发和生产，提供绿色防控产品和技术服务。几方共同努力，可以促进农业可持续发展，提高农产品质量和安全性。

**5. 完善产业链，提高附加值**

当前，古生村农业生产收益低，为提高整体收益，应进一步加强农产品加工和农业产业链发展，发展农产品加工产业，延长农产品的产业链，提高附加值和产品品质。农产品加工包括精深加工、包装加工、冷链配送等环节，可以提高农民的收入和产品的竞争力。

完善产业链建立起具有竞争力的农产品品牌，可以加强农产品质量和品牌建设，提高农产品的品质和安全性。采用优质种植、科学管理和标准化生产等手段，提高农产品的口感、营养价值和外观品质，让消费者愿意为高品质的农产品支付更高的价格。发展农产品加工业，加强农产品的深加工，提高农产品的附加值。通过农产品精深加工、包装加工、冷链配送等环节，将农产品转化成多种形式的加工产品，并延长农产品的保鲜期，提高农产品的附加值和市场竞争力。建立农产品流通和销售体系，建立完善的农产品流通和销售网络，包括农产品批发市场、农产品电商平台、农民合作社、农业产业园等。建立提供便捷的销售渠道，直接将农产品送达消费者手中，减少中间环节和中间环节成本，提高农产品的附加值。加强农产品品牌推广和营销，通过农产品的品牌推广和营销活动，提高农产品的知名度和影响力。组织农产品展销会、推出优惠促销活动、开展农产品体验等，吸引消费者关注和购买，提升农产品的市场需求和销售价格。加强农业科技创新和技术推广，加大农业科技研发投入，研发和应用适合农业生产的先进技术和管理模式。推广先进种植技术、精准施肥技术、农业机械化等，提高农产品的产量和品质，降低生产成本，提高农产品的附加值。

以上策略和方法的综合应用，可以促进农业产业链的完善，提高农产品的附加值，推动农业的可持续发展和农民收入的增加。政府、农业科研机构、企业和农民共同合作，推动农业产业链的改进和升级。同时，发展农业旅游、农村电商等新兴产业，推动农业与服务业、旅游业的融合。

## 【悟·院】

### 担当青年责任，永葆农民本色

2022年6月，我第一次踏足苍洱大地，第一次步入了这个习近平总书记所说“能让人记得住乡愁”的村庄。我为什么会来到这里呢？最开始是因为赵正雄副校长的一通电话。大四的毕业季，我刚确定考上研究生，赵校长就给我打来了电话。赵校长在电话里说得很简单，“古生村的科技小院正在建设，希望同学们来到这里，加入古生村科技小院的工作中，参与这里的工作是非常有意义的，而且更能够锻炼提升自己。”我积极响应了赵校长的建议，但我当时并不清楚所谓的科技小院具体是要做些什么，而这个需要科技小院扎根立足帮助其发展的村庄又是怎样的情况。

2022年的6月末，我来到了这里，当时的小院建设尚不完备，初来的我并没有被安排在科技小院，而是住在了农户家里。对我来说，这是一个很好的开始。很多刚出家门的同学都不知道该怎样和本地的农民交流，而我却并没有这个困惑。虽然我也不会本地的白族话，但笑着打招呼绝对是交朋友的第一步，紧接着就是把自己分享给对方。和农民交往是非常简单的事情，特别是当双方都是农民的时候就更简单了。我从村里的叔叔阿姨口中了解了曾经的洱海景致、多年来的发展路径、种植大蒜的过往、习近平总书记的留言……青瓦白墙的古生村其实有很多亟待解决的问题，而农业转型发展是重点。

很庆幸我在科技小院做的就是农业种植。第一次和张福锁院士见面时，他在了解了我的情况后就把我安排在了水稻种植组。水稻种植是洱海流域村庄农业转型的一个大方向，所以做好洱海流域水稻绿色高值生产是一件具有极大意义的事情。对于分不清稻秧与杂草的我来说，如何科学系统地种植水稻是一件需要认真学习的事情，除了向老师、同学请教外，我更常做的事情是询问村里的叔叔阿姨。我们是学生，但来到这里，我们就不仅仅是学生了。我们也是农民，我们做种植的，真的就是在学习农民，成为农民，最终能引领农民。我们要成为农民，思考的不是怎么写文章，思考更多的就是怎么提高一点作物的产量，怎么节省一点肥料，怎么减少一些人工，怎么去削减一些污染；想农民之所想，怎么少花钱，怎么多赚钱。走进中国深处，最深的就是走进农民的饭碗里、钱包里；怎么联系群众，最紧密的联系就是成为他们。

厚植爱农情怀，练就兴农本领。农业发展、乡村振兴是当前阶段国家发展的重点方向，我们新时代的青年，特别是学农的青年就更应该在这方面发挥光和热。要把农民的利益作为科技创新的出发点和落脚点，把生产技术、科研成果带到农业生产中，推进技术成果转化和落地，为农民办实事、谋福利。我们青年身逢其时，也重任在肩，要敢于奋斗，敢于拼搏，勇于奉献自己和成就自己。我们一定要牢记习近平总书记的嘱托，为农业发展作出贡献。

（云南农业大学 22级硕士研究生 张必招 文）

知院
识院
悟院

# 西北农林科技大学 浙江余杭蜜梨科技小院

**实 践 学 校：**西北农林科技大学

**实践小队名称：**西北农林科技大学实践小队

**小 队 成 员：**史文甯、王娟、刘昶雨、付泽迅、董淑蕾、李冰冰、高闰雨、田长琴、于子涵

西北农林科技大学2023年大学生暑期社会实践
资环学院赴浙江余杭
科技小院实践团

西北农林科技大学2023年大学生暑期社会实践
资环学院赴浙江余杭
科技小院实践团

## 【知·院】小院简介

浙江余杭蜜梨科技小院成立于2020年8月31日，是在中国农村专业技术协会主导下，依托浙江大学环境与资源学院，以杭州余杭三水果业有限公司为主要基地，由浙江省科协、杭州市科协、余杭区科协、鸬鸟镇人民政府、中国农业大学、浙江省土壤肥料学会等6个单位共同建设成立。

浙江余杭蜜梨科技小院成立后，浙江大学环境与资源学院教授吴良欢、特聘研究员马庆旭率领团队入驻，针对蜜梨产业产量不高、品质不稳定的“卡脖子”问题，积极开展工作，并联合植物保护、园艺栽培、山地机械化、蜜梨贮藏保鲜等团队专家，先后开展14项研究，相关研究成果使当地产业实现增收1 300多万元，小院减肥增效技术成果制定成为余杭区地方标准《鸬鸟蜜梨生产技术规程》，相关研究进展在*Food Chemistry*、*Frontiers in Plant Science*等国际期刊发表9篇文章，获得软件著作权3项，发明专利2项，正在申请中的发明专利和软件著作权6项。小院学生荣获“中国农技协科技小院联盟2020年优秀研究生”、浙江大学“优秀研究生”等25项荣誉称号，鸬鸟蜜梨产业问题剖析与试验方案制定案例入选“2022年浙江大学专业学位研究生教育优秀教学案例”。小院首席专家吴良欢荣获“2023年中国农技协最美科技工作者”。

## 【识·院】科技小院实践情况与土肥施用情况调研

为深入学习贯彻习近平总书记给中国农业大学科技小院同学们的回信精神，以厚植同学们的爱农情怀、练就兴农本领为行动主题，西北农林科技大学资源环境学院组建了资环学院赴浙江余杭蜜梨科技小院调研队，开展乡村产业发展助力活动。小队深入调查研究浙江余杭蜜梨科技小院的建设成果及农户蜜梨种植发展现状，了解该小院相关建设发展情况和农户有机肥施用情况，分析具体问题并提出有效的土肥管理技术。本次社会实践，树立了成员们知农爱农的情怀，用实际行动为实现农业现代化和乡村振兴贡献力量，实现种植产业的绿色发展。

## 一、调研背景

习近平总书记在给全国涉农高校的书记校长和专家代表的回信中强调，要以立德树人为根本，以强农兴农为己任，拿出更多科技成果，培养更多知农爱农新型人才。新时代，农业高校如何全面贯彻党的教育方针，坚持同生产劳动和社会实践相结合，扎根中国大地办教育，是必须回答好的重大时代课题。“科技小院”模式走出了一条服务社会和人才培养深度融合的正确路子。2021 年 2 月，中共中央办公厅、国务院办公厅印发《关于加快推进乡村人才振兴的意见》，明确部署推广“科技小院”等培养模式。在新的实践中，“科技小院”模式具有更加丰富的内涵。当今，科技小院的人才培养模式已经得到了学界、业界的认可，产出成果也起到了先锋模范作用，是良好的农业建设发展模板，值得深入学习探究。

浙江余杭蜜梨科技小院设立在浙江省杭州市余杭区鸬鸟镇，蜜梨是鸬鸟镇的支柱产业，“鸬鸟蜜梨”多次获得杭州市优质农产品金奖，2022 年全产业链总产值突破 2.8 亿元，直接带动全镇 3 600 名农户增收致富。为促进蜜梨产业升级发展，余杭鸬鸟蜜梨科技小院的专家们量身研发出梨树专用肥料，示范推广多项新技术。梨树专用肥料能提升蜜梨产量约 15%，糖度提高 0.5 度，肥料成本降低 30%左右，一亩地可为梨农增收约 1 300 元。其增产增收、品质提升效果已成为农业经济发展的新标杆，具有极高的学习借鉴价值。

## 二、调研内容

### （一）科技小院问题汇总

**1. 以学生为访谈调查对象**

(1)请问在科技小院中工作您最大的感受是什么？

(2)请问您认为科技小院对于个人发展的优势在哪里？是否有利于就业？

(3)请问您目前取得了哪些研究进展？对于产业发展有哪些推动作用？

(4)请问周边的农户或者家人对于您驻扎科技小院开展工作的态度是怎么样的？

(5)浙江目前还存在非常多的小体量个体散户，科技小院的服务要如何对接到这些散户？

**2. 以科研技术人员/农户为访谈调查对象**

(1)蜜梨种植过程中，土壤的理化性质会发生什么变化？会造成土壤含水量下降，导致土壤干层吗？有什么预防措施吗？

(2)请问您在减肥增效方面遇到过什么瓶颈吗？如有，你们是怎么解决的？

(3)有机肥应用成本较高，您在新技术开发方面是否在推广成本上有考虑？

(4)目前科研创新过程中最难攻克的难题是什么？

(5)目前科普宣传过程中最大的阻力是什么？

**3. 科技小院产学研情况**

(1)习近平总书记在给中国农业大学科技小院学生的回信中强调要把课堂学习和乡

村实践紧密结合起来，请问小院是如何将二者结合的？

(2)查阅资料了解到长江流域梨园养分管理中机械化投入较少，您认为是否应加大机械化投入？如果加大，对当地农民有何影响？

(3)科技小院带来技术革新、机械化、自动化、集约化，也增加了就业机会(吸引年轻人回乡)，但对年龄稍长的乡亲们也造成了"数字鸿沟"，那么，如何提升他们的幸福感？

(4)蜜梨是浙江的特色产品，在浙江各区都有种植，当时为什么选择余杭作为科技小院的落脚点呢？

(5)可以请您为我们讲解一下蜜梨科技小院在蜜梨的不同生产时期进行了哪些技术研究与应用吗？

(6)请问蜜梨科技小院在针对现在农业发展现状与问题方面取得了哪些成果？

(7)如何在当地形成完整的产业链？实现可持续是一个很宏大的问题，想了解在循环利用方面，您们做了哪些努力？

(8)您们因地制宜地使用了羊粪(养分含量高)和厨余垃圾共堆肥，然而厨余垃圾含水率高、油脂盐分含量高，想知道在当地的应用情况如何？

(9)科技小院目前的发展模式有没有进一步推广出新模式的可能？

(10)可以请您为我们介绍一下蜜梨科技小院在未来的研究发展中有什么计划吗？在实现全方位乡村振兴方面有什么规划吗？

(二)有机肥施用调查问卷

### 有机肥施用调查问卷

尊敬的农户朋友，您好！我们正在开展有机肥使用情况的调查，旨在了解您在农作物种植过程中对有机肥的认知、使用习惯以及对有机肥的期望和反馈。您的参与对于推动有机农业的发展和改进有机肥产品的质量非常重要。请您抽出几分钟时间填写以下问卷，我们承诺您的回答将被严格保密，谢谢！

农户编号：________　农户姓名：________　联系电话：________

调研地点：______县(区)______乡(镇)______村

地理坐标：______E；______N；海拔______米

调查时间：______年______月___日　调查人：________

Q1. 种植基本情况

主要种植农作物：________________

Q2. 立地条件

土壤质地：沙壤、壤土、黏壤；　地形：平原地、山坡地

Q3. 有机肥了解情况

□了解：(对于有机肥的理解)________________

□不了解：(是否愿意接受相关宣传教育)____________

Q4. 是否施用有机肥料

□是　□否(说明原因)________________

有机肥料与化学肥料投入比例(施用量)：____________

选择这种比例的原因：________________

Q5. 有机肥料的施用是否为您带来好处？

□改善土壤、利于土地可持续使用　□农产品品质提高，市场销售价格更好

□有机农产品生产流程指定必须使用　□有政府补贴

□成本低，成效好

□自身有养殖产业，有利于粪污资源循环使用

□有机肥资源易得

□其他：________________

Q6. 您对于现有的有机肥产品是否满意？

□满意(满意的原因)：________________

□不满意(说明不满意的地方，并提出您期望改进的地方)：________________

Q7. 在购买有机肥时您看重的方面(对以下方面进行排名)

□产品价格　□有机认证　□品牌信誉

□使用效果　□销售渠道便利性

Q8. 您认为有机肥在未来的发展前景如何？您是否愿意继续施用有机肥？

□是(说明原因)：________________

□否(说明原因)：________________

Q9. 您是否了解有机农业的认证体系(如有机农产品认证标志)

有机产品标志　绿色食品标志　无公害农产品标志

□是(简要说明您对认证体系的看法和对标志的认知程度)：________________

□否

Q10. 在使用有机肥的过程中，您遇到过的困难或问题有哪些？

□有机肥价格较高，导致种植成本升高　□有机肥效果不明显，性能不稳定

□有机肥施用不方便，需要的人力物力较大

□有机肥营养成分没有满足作物生长需要

□有机肥质量不过关，高质量的有机肥难寻

□使用周期长，易受洪水冲走等意外因素影响

□其他：________________

□没有问题

Q11. 您是否有意愿参加有机肥使用培训课程或相关农业技术培训活动？

□是(您最感兴趣的培训内容是什么)：________________

□否(说明您对这类培训的看法、顾虑或期望)：________________

Q12. 您对于有机肥的推广与使用是否有什么意见与建议？

非常感谢您参与本次问卷调查，您的宝贵意见对于有机肥的推广和发展具有重要意义。如有任何疑问或需要进一步了解，可以留下您的联系方式，我们将尽快与您沟通。祝您丰收，生活幸福！

（三）其他现场访谈问题

（1）农药化肥废料是否统一处理？

（2）对包装进行回收时是否清洗？

（3）果农合作社的社会化服务是怎样的？是否开创了数字平台用于了解气候信息、价格波动等问题？

（4）购买农药是否注意其毒性等级？

（5）打药的模式如何？全部为人工打药吗？

（6）农业问题交流群的人员组成是怎样的？

（7）目前农场存在的最大问题是什么？

（四）调查结果

**1. 蜜梨科技小院相关建设发展情况**

通过研究生院院长付浩然、三水果业公司总经理陈梅生对科技小院建成、发展的讲解以及与其的访谈内容中可了解到该小院立足于蜜梨产业，将产业问题转化为科学技术问题，将优良科学技术转化落地，并在此过程中培养和锻炼学生综合素质。在以吴良欢教授为主的专家技术团队的带领下，小院针对蜜梨产业产量不高、质量不稳定等问题，先后开展了多项研究调查，为其制定针对性策略、技术措施等，并取得了良好成效。

小院从政府单位、高校科研机构、企业、农民四方面入手，找到五个脱节问题（图1）。解决方案：驻扎在农村和生产第一线，与农民、企业和政府“零距离”开展科技创新、技术服务和人才培养新模式，做到人才培养、科学研究、社会服务一体化。建设四零服务：在生产一线培育人，培养—就业零距离；在农民地里做科研，研究—应用零距离；在农民身边做服务，专家—农民零距离；在龙头企业做服务，技术—产业零距离。

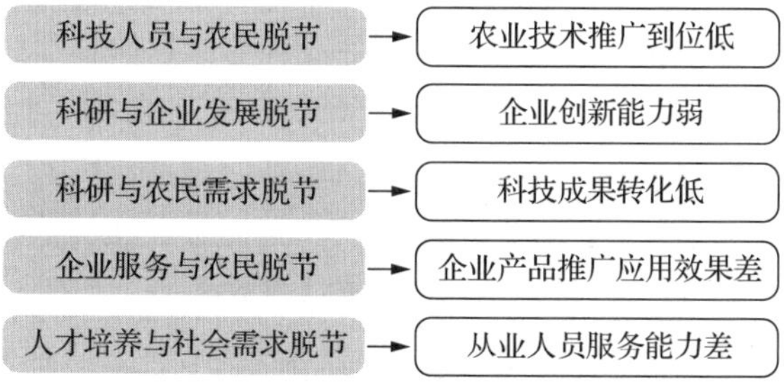


**图1　五个脱节问题**

小院作为余杭区科普教育示范基地、浙江大学环资学院实践教育基地等完成学生科普宣传、农户培训、本科生暑期社会实践等70余次,累计5 000余人。小院成立至今,中国工程院院士周卫、浙江省政协副主席周国辉、中国农技协理事长柯炳生、农工党中央副主席王路、浙江省科协副主席武传宇、刚果(金)驻华大使巴卢穆埃内等莅临指导91次。

**2.蜜梨科技小院针对农户土肥管理相关举措**

吴良欢教授作为首席专家,积极引入与梨果管理相关的土壤肥料、品种栽培、植物保护、农旅文化等方面专家协作攻关,多维度提升鸬鸟蜜梨效益。经过土壤调查及肥力测试,吴教授的团队发现鸬鸟镇蜜梨园区土壤pH均偏酸,有机质含量中等,碱解氮和速效钾的含量相对较高,有效磷含量极高(图2),需调整施肥的整体策略,具体措施有:调节土壤pH,减少土壤中氮、磷、钾元素,施用含钙、镁的相关肥料。对应取土农户的土壤数据已通过农户回访、农户培训等将数据结果和施肥管理方案推荐给种植户,做到了信息及时反馈,减少了农民需求与科技脱节现象,提高了农业发展的科技力量。

| 位置 | 编号 | pH | 有机质/mg/kg | 碱解氮/mg/kg | 有效磷/mg/kg | 速效钾/mg/kg | 交换性镁/mg/kg |
|---|---|---|---|---|---|---|---|
| 前庄村 | 蔡国基 | 5.51 | 21.25 | 109.55 | 110.58 | 138.50 | 22.40 |
| | 蔡全根 | 5.83 | 27.96 | 112.00 | 152.67 | 414.50 | 67.40 |
| 雅城村 | 蔡生根 | 6.03 | 31.13 | 138.95 | 120.42 | 481.15 | 86.70 |
| | 蔡欣忠 | 6.00 | 33.29 | 119.70 | 251.83 | 143.50 | 38.00 |
| 雅城村 | 查建平 | 4.92 | 39.81 | 154.00 | 354.42 | 499.00 | 37.60 |
| 雅城村 | 陈妙贤 | 6.58 | 39.07 | 143.50 | 291.42 | 431.00 | 100.90 |
| 雅城村 | 陈荣良 | 5.88 | 32.81 | 111.30 | 278.17 | 334.00 | 82.60 |
| | 陈杏法 | 5.25 | 47.03 | 165.90 | 294.33 | 559.00 | 86.70 |
| | 陈尧 | 6.34 | 27.67 | 119.00 | 146.25 | 390.00 | 118.00 |
| 雅城村 | 程义全 | 5.14 | 23.21 | 134.40 | 133.58 | 195.50 | 51.80 |
| 雅城村 | 程忠民 | 5.62 | 24.17 | 117.25 | 47.83 | 76.50 | 61.10 |
| 太平山村 | 丁校银 | 6.06 | 27.29 | 117.60 | 182.50 | 272.00 | 101.60 |
| 太平山村 | 董兵 | 5.55 | 27.62 | 138.60 | 359.75 | 267.00 | 79.50 |
| 前庄村 | 董炳信 | 6.28 | 37.80 | 140.70 | 353.92 | 754.00 | 158.00 |
| 雅城村 | 董菊娣 | 5.05 | 24.71 | 170.10 | 277.17 | 286.00 | 42.70 |
| | 方荣根 | 5.23 | 30.10 | 136.50 | 558.00 | 226.50 | 44.40 |
| 雅城村 | 冯妙福 | 5.07 | 37.43 | 138.95 | 137.00 | 412.65 | 77.20 |
| 前庄村 | 高宜标 | 5.25 | 51.78 | 172.90 | 318.33 | 75.50 | 25.20 |
| 雅城村 | 华炳法 | 5.14 | 24.54 | 123.20 | 97.58 | 162.50 | 39.50 |
| 雅城村 | 华树法 | 5.60 | 28.03 | 131.95 | 193.33 | 388.50 | 86.10 |
| | 江建华 | 5.41 | 29.04 | 140.70 | 337.17 | 492.00 | 104.80 |
| 雅城村 | 蒋永忠 | 5.35 | 36.23 | 98.70 | 131.42 | 264.00 | 79.70 |

**图2 返回农户的土壤数据**

除此之外,吴教授带领的团队对农户产量限制因子进行解析,发现氮肥投入量(16.0%)是最主要的产量限制因子;土壤碱解氮含量、土壤可溶性钙含量、叶片镁含量是重要的产量限制因子，农户管理需要以减氮为重，适当补充增加土壤钙、叶片镁含量；调整土壤管理方式，推行肥料机械化深施，提高养分利用效率。

应用梨园测土配方施肥技术，在减肥 20%～33%的情况下，实现增产 12%～23%，增加糖度 0.3～0.5 度，间接提高经济收益 18 000～19 000 元/$hm^2$(已制定鸬鸟蜜梨生产技术规程 1 项)，与测土配方施肥相比，NE 养分专家系统可以进一步增产 17%～24%；NE 养分专家＋镁(水肥一体化)增产 23%～31%，经济收益增加 31 000～35 000 元/公顷。

为提高堆肥效率和肥料品质，团队利用气流膜堆肥发酵装置，采用多种高精度光敏探头和检测仪，根据设备使用环境开发简易可移动式装置，强化堆肥发酵的移动性和气体污染控制能力，有效地解决了堆肥后使用不便、品质不稳定等问题。根据鸬鸟当地农副产品废弃物特点，开展试验研究。不同废弃物配比进行堆置营养土和有机肥，与市售营养土、商品有机肥的标准基本一致且差异不显著。后续开展了厨余垃圾、羊粪和梨树枝条联合堆肥技术及其腐熟度评价，餐厨垃圾与羊粪以 1∶4，1∶2，1∶1 的比例混合，并各加入质量比为 5%的梨树枝条碎屑作为辅料疏松物料。羊粪∶餐厨垃圾比为 1∶1 的原料配比可得到较为优质的有机肥产品。

**3.蜜梨科技小院新型种养结合模式**

小院采用梨-羊-草的结合模式。这种生态循环模式使土壤养分含量更加趋于合理范围，提高了梨果的产量和农民的经济收入，降低了成本，实现经济效益增加，并同时减少了环境污染，实现了产量增收与种养结合的良性互动。一方面，通过选择适宜的梨树品种，合理安排种植布局，能够提高土壤的肥力和水分利用效率，从而提高农作物的产量和品质；另一方面，充分利用畜禽养殖的有机废弃物，作为农田的有机肥料，可以改善土壤质量，增加农作物的产量，并减少化肥的使用。

除了直接的产量增长，新型种养结合模式还有助于降低农民的生产成本，提高农产品的附加值，从而实现更高的经济收入。畜禽养殖与农作物种植的相互补充，可以形成生态循环，降低农业生产中的运营成本，提高经济效益。同时，农民可以通过直接销售优质的生态农产品，获得更高的市场价格，进一步增加收入。

除此之外，新型种养结合模式的实施还带来了诸多环境效益。有机肥料的使用可以减少化学农药和化肥的使用，改善土壤生态环境，降低农业对环境的污染程度。此外，合理的种植和养殖布局还能够控制水土流失、保护水资源，维持生态平衡。这种新型种养结合模式在余杭蜜梨科技小院的实践中取得了积极成效。

**4.果农合作社绿色环保模式**

合作社果园基地和产品获得无公害产地认证、产品认证和绿色产品认证。在致力于生产绿色水果的同时，他们还采取了多项创新举措，实现了生态农业的可持续发展。

(1)果园生产、猪养殖，形成循环生产(图 3)　以猪养殖、果酒生产、果园生产三者为循环链，形成循环生产模式。这一系列的绿色生态和循环利用举措，为果农提供了更多的收入来源，提升了果园的经济效益。同时，这种可持续发展的经营模式对保护环境发挥了积极作用，创造了更加绿色、健康的农业生态环境。

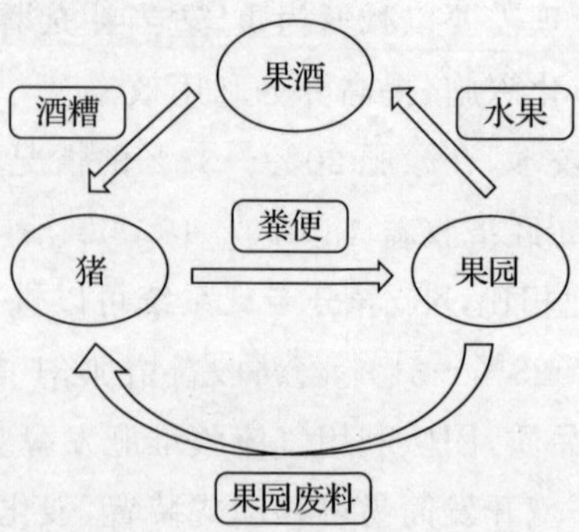


**图3　果农生产合作社循环生产模式示意图**

(2)利用梨木种植黑木耳　产业优势在于将木耳加工为干货,可贮存18个月,时间较长,无须担心变质前无法出售等问题。局限在于销售量较小,黑木耳食用量较小,需求不大,故后续木耳种植规模可缩小。

(3)果酒生产　利用桃、梨、葡萄、樱桃等水果次品(如有疤痕、虫洞、磕碰等问题)粉碎进行果酒生产,年产白酒(烧酒)2 000～5 000斤。果酒生产产生万斤酒糟,可进行二次利用。

(4)多种经济作物配合种植　桃、梨、葡萄、樱桃、柿,多种经济作物配合种植,经济效益最大化。

(5)合作社培训及统一管理工作　每年进行5～6次服务交流培训,设置75 $m^2$场地对农户进行专业知识培训,答疑解惑。实行流动股东制,对农户提供统一打药、配肥等服务。

(6)果园养鸡　肉鸡产出及鸡蛋售卖明显提高收益,鸡价高,销路好,供不应求。购买农场鸡需提前预订(鸡为梨园散养,不易抓,耗时耗力)。主要问题是鸡会生病,需耗费人力财力照顾。蛋产量控制在每年1 000～2 000斤,规模缩小后每年300～500斤。

**5.其他访谈问题及答案总结**

(1)农药化肥废料是否统一处理?

余杭区是整个杭州市区域内做得最好的,农药化肥包装农资店会进行回收,且回收价格高于其他区域。

(2)对农药包装进行回收时是否清洗?

不清洗。有关人员将对农药包装统一进行处理,农户只需将农药包装送到相应的农资店即可。

(3)果农合作社的社会化服务是怎样的?是否开创了数字平台用于了解气候信息、价格波动等问题?

气候方面:①村内设有气象站,小气象站分布在果园的各个位置,信息获取方便。②设有微信群,群内有气象员提供实时气候信息。

数据方面:政府方面会对农户提供的打药施肥、价格波动等数据进行统计处理,通过大数据反馈给农户并向消费者公开。

(4)购买农药是否注意其毒性等级?

农户只购买低毒性农药，全员购买时进行登记，取消中毒性及以上的农药使用。

(5)打药的模式如何？全为人工打药吗？

无人机打药存在相应弊端，如打药不均匀，梨果内侧无法上药，套袋后打药不均匀，故需配合一些简单机械，主要使用人工打药，5 亩以上使用机械。现已申报数字农业项目，与浙江理工大学及浙江机械工业学校合作生产巡检机，进行病虫扫描，其敏感性高，效率明显提高。未来将设计生产不同于无人机农药喷洒模式的机器人，从下向上喷洒农药。

(6)农业问题交流群的人员组成是怎样的？

95%为果农，5%为技术人员(包括气象预报员、保险公司相关人员)。设主要负责人，负责农户家中发生病虫害时进行报案、反馈、索赔，以及配制农药等。

(7)目前农场存在的最大问题是什么？

翠冠梨的产量不稳定，受气候雨水影响，大小年现象严重，有黄叶、落叶问题。目前黄叶、落叶问题没有合理的科学解释，也未解决。

**6. 有机肥调查**

有机肥的推广和应用是一个动态的发展过程，是一个打破农民传统认知、输入新认识的过程。通过对调查问卷的汇总、分析，并与访谈结果相结合，对余杭蜜梨科技小院附近农户有机肥施用情况作出如下总结。

(1)有机肥使用比例高　经过对调查问卷的分析，我们发现 94.7%的村民都使用过有机肥(图 4)。

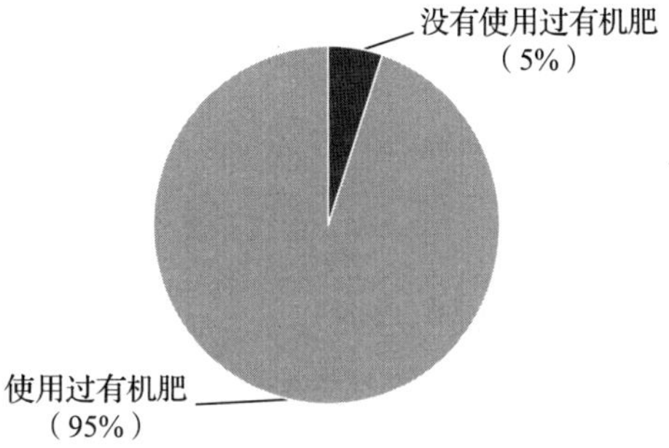


**图 4　农民在生产时使用有机肥情况**

询问原因得知，许多农民在小院举行的科普宣传、技术培训会中了解了有机肥的概念和优势，增加了他们对有机肥的兴趣和使用意愿。科技小院的努力促使农民们深入了解和认可有机肥的价值，并且农民们也逐渐认识到使用化肥可能存在的问题和隐患。长期大量使用化肥会导致土壤质量下降，造成土壤酸化、养分流失等问题，对农田生态环境带来负面影响，进而推动有机肥在农业生产中的广泛应用。

结合访谈得知，村民全年使用有机肥与化肥的比例为 7∶3。基肥一般为有机肥，化肥主要用作追肥，特别是叶面肥。这是因为在作物的生长期间，作物对养分的需求量相对较大，使用化肥能够更快地满足作物的养分需求，并带来更高的效益。

(2)有机肥来源广　问卷调查的结果显示，村民使用有机肥的来源很广(图 5)，有 60%的村民使用畜禽粪便，畜禽粪便是农村地区最常见且易得的有机资源之一。农民们通过合理收集和储存家禽、牲畜的粪便，并将其应用在农田中，充分利用了这种天然肥料提供的营养。

21%的农民使用食品加工类残留废弃物作为有机肥，这些废弃物包括果皮、蔬菜渣滓、米糠等来自农产品加工的副产品或剩余物。农民们通过收集这些残留废弃物，并进行堆肥处理，将其转化为有机肥料。这样既能减少环境污染，又能有效地利用可再生资源，

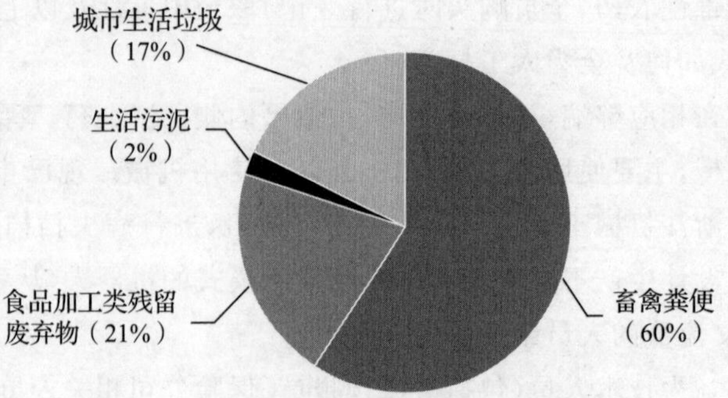


**图 5　农民在生产作业时使用的有机肥来源**

实现废物资源化的循环利用。17％的村民使用生活垃圾作为有机肥，这些垃圾可以包括厨余垃圾、植物枝叶等来自日常生活的有机废弃物。农民们通过分类、储存和堆肥处理，将这些废弃物转化为有机肥料。2％的村民使用生活污泥作为有机肥，由于生活污泥处理涉及一定的技术和环境要求，因此在实际应用中使用较少。

(3)农民注重有机肥价格　根据对调查问卷的分析(图 6)得出，在选择有机肥时有45％的农民更看重价格，说明农民对于有机肥的价格敏感性较高；有 20％的村民更看重品牌信誉，他们倾向于选择那些有良好口碑和可信度的品牌；有 15％的村民更看重使用效果；有 10％的村民更看重销售渠道的便利性，结合访谈结果可知道村民在购买有机肥时是统一购买，较为便利；有 5％的村民更看重有有机认证的有机肥。

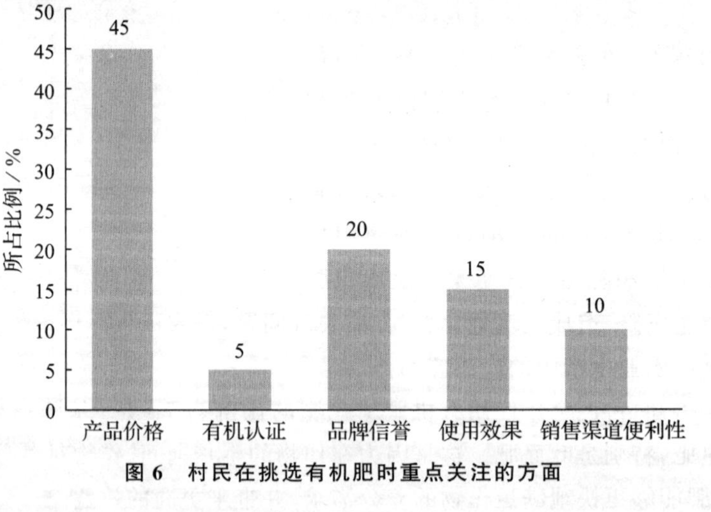


**图 6　村民在挑选有机肥时重点关注的方面**

(五)具体问题分析及对策建议

**1.存在的问题**

(1)科技小院践行过程中存在的问题

①运营状况：仍处于理论阶段，建成时间较短，与农户交流合作较少，对企业针对性较强；未将理论落实到各农户生产情况当中；培训情况一般，仍需继续贯彻落实。

②经营模式：梨-羊-草种植模式的适宜性有待考量，主要问题集中在黑麦草消耗土壤

肥料，且黑麦草收割必须人工进行，对农户来说成本提高，人员浪费。人工多为老年人，村内劳动力不足。

③土壤理化性质测定：对各农户已采土样，测定结果未返回农户，未进行下一步配肥工作，只进行了相关的宣传工作。

(2)有机肥施用中存在的问题

有机肥在农业生产中起着重要作用，但根据问卷调查的结果，村民在使用有机肥的过程中遇到了多种困难(图7)，可以将原因归为以下几类。

①生产、使用有机肥的相关配套技术落后。有机肥在施用过程中通常需要进行堆肥、发酵或混合处理，生产过程较为复杂，这些步骤需要农民投入更多的时间和劳动力；有机肥加工成本较高，农业比较利益偏低，不能激发农民务农的积极性和生产热情。此外，因机械自身的局限性，目前仍然以人工施肥为主，成本增加，当地多为老年人，劳动力不足。

②有机肥效果慢，性能不稳定。与传统化肥相比，有机肥能够增加土壤有机质、改善土壤结构，但其养分释放速度较慢，需要一定时间才能被作物吸收利用，故常作为基肥施加。这就需要农民在施肥过程中有更好的耐心和长期的规划，不能期望有立竿见影的效果。同时，有机肥的性能也较不稳定，不同批次的有机肥可能存在养分含量差异，这也增加了农民使用的风险。

③有机肥的管理工作不到位。当地补贴门槛高，农户经营规模受限。目前，我国尚未建立完善的有机肥管理体系，导致管理工作的执行不够有力。首先，缺乏统一的标准和准确的养分含量信息，农民很难根据实际需要选择适合的有机肥产品。其次，由于有机肥的生产工艺相对复杂，原料供给不稳定，使得市场上优质有机肥的供应相对稀缺，价格较高。最后，缺乏有效的监管和检验机制，一些劣质或不合格的有机肥产品也可能流入市场。

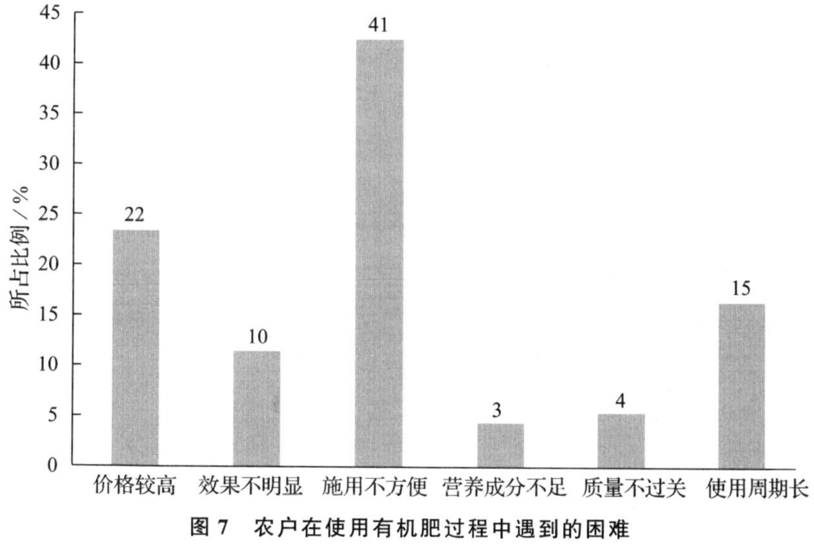


**图7　农户在使用有机肥过程中遇到的困难**

(3)限制果农专业合作社发展的因素

①产品销售途径狭窄。农民主要在当地进行销售，产品暴露面较窄，无法触达更广大的消费者群体，造成品牌知名度较低，消费者对鸬鸟水果和产品缺乏了解，销售量不稳定

且增长缓慢，限制了合作社的经济收益和发展空间。

②劳动力问题。缺少帮手和接班人，劳动力老龄化严重。农民劳动力文化程度受限，部分存在数字鸿沟。

③科学技术问题。机械化技术较落后、地形等因素影响先进机械进入农户。果树种植园不方便机械进入，果树抚育管理耗时耗力。无人机打药出现不均匀等问题尚未解决。因气候因素等出现的大小年、产品质量参差问题尚未解决。

**2.对策建议**

(1)科技小院应加快研究成果转化

①定期与果农开展交流会，提供专业技术指导。科技小院应将测土配方尽快对接当地农户，让试验成果惠及更广泛的农户群体，包括有机肥的选择、使用方法、施肥量计算等方面的知识。加强果农与专家之间的互动交流，通过专业指导，果农可以更好地理解和掌握有机肥的使用技巧，提升施肥效果。进一步增强科技小院与当地果农的黏性，定期与农户进行交流，让优秀种植户分享种植经验，收集“新问题”，找准科研点，促进增产增收。

②加强有机肥产品质量监测与评估，确保有机肥产品的质量稳定和合格。通过对有机肥的质量监测，可以及时发现问题并采取相应的措施。推广优质的有机肥资源，有助于确保农民使用的有机肥符合标准，促进有机肥利用效率，提升作物产量。加强有机肥质量监测与评估，确保有机肥产品的质量稳定和合格。

③提供需求建议，助力当地科协设备研究。提高机械化程度，加快智能化施肥设备在新梨园种植区的应用，老园区根据种植年限进行场地改造或更新施肥设备，与高校产业合作，推进收割、摘果、农药喷洒的机械现代化。

④与相关单位合作，带动地标产品蜜梨等农产品宣传。可通过品牌建设与故事讲述、市场推广和宣传活动、合作伙伴关系和渠道拓展等举措提高产品的知名度，吸引更多消费者的关注。扩大产品的流通渠道，增加产品曝光率和销售机会。

(2)果农合作社及优秀企业要树立典型，起好带头作用

通过示范种植管理、可持续农业实践、技术培训、品牌建设、社会责任等多方面的举措，果农合作社和优秀企业可以树立典型，为整个农业产业链的发展提供积极影响和带头作用。

(3)政府提供资金支持和政策帮扶　政府可以设立专项资金，向有发展潜力的地标产品生产者提供创业资金拨款，帮助他们启动生产、改进产品质量、拓展市场。为农户提供产业培训和技术支持，设立培训计划，为地标产品生产者提供专业技术和管理培训，帮助他们提升生产工艺、管理能力和市场营销策略。

政府也可考虑减免税收，增加市场准入优惠，如设立税收减免政策、降低地标产品生产者的税负、鼓励其持续投入和发展。同时，简化市场准入手续，为地标产品提供更便利地进入市场的条件。促进产品质量的提升，扩大市场份额，推动地区产业发展。

(4)果农要积极响应新政策、新技术

①果农要积极参与学习和培训。及时了解政府发布的新政策和农业技术，参与科技小院或农业合作社开展的培训和学习活动。了解政策内容和技术原理，以便更好地应用于实际生产。

②果农要实地试验和应用。在小范围内进行试验，尝试新的农业技术或方法。通过实地应用，了解新技术对产量和质量的影响，逐步调整种植模式，科学规范地实现增产增收。

## 【悟·院】

### 强农有我，科技创新引领农业现代化

“请党放心，强农有我”，这句简短而深刻的口号，寓意着农学学子对于农业发展的高度关注和承诺。习近平总书记给中国农业大学科技小院学生的回信，更是进一步强调了对农业工作的重视和支持。

作为西北农林科技大学的一名学生，我努力将习近平总书记回信精神与实际工作相结合，参加了资环学院赴浙江余杭蜜梨科技小院调研队，前往小院参观学习，调研交流。

余杭蜜梨科技小院致力于解决蜜梨产业中的关键技术难题。在这里，我们了解了浙江余杭蜜梨科技小院的基本情况以及取得的科研成果，对于科技小院的发展历程也有了一定的了解。

我们参观了梨园种植园区，实地了解了科技小院研究成果在梨园园区系统中的应用，如分子膜“好氧堆肥发酵工艺”系统、自动灌溉系统、废水一体化系统等。在参观科技小院的过程中，我逐渐理解到科技创新对于农业发展的重要性。习近平总书记在回信中强调的“自找苦吃”的精神，深深地感染着我。

在实践过程中，我也深刻感受到了团队合作的重要性。科技创新绝非孤军奋战所能成就的，需要团队的共同努力和智慧。每个人的智慧和贡献都是宝贵的，只有通过团结合作，才能够取得更好的成果。

在回信中，习近平总书记提到：“党的二十大对建设农业强国作出部署，希望同学们志存高远、脚踏实地，把课堂学习和乡村实践紧密结合起来，厚植爱农情怀，练就兴农本领，在乡村振兴的大舞台上建功立业，为加快推进农业农村现代化、全面建设社会主义现代化国家贡献青春力量。”这句话深深触动着我，让我认识到自身的使命和责任。未来，如果作为一名农业科技工作者，不仅要具备科学研究的能力，还要有高尚的道德品质和对农业事业的热爱。只有这样，才能够更好地为推动农业现代化的进程贡献自己的力量。

通过参与浙江余杭蜜梨科技小院的实践，我收获颇多。首先，我意识到科技创新对于农业发展的重要性，要利用现代科技手段推动农业现代化。其次，团队合作的经历让我明白了集体智慧和协作的力量，懂得了团队精神的重要性。最后，习近平总书记回信中强调的德才兼备的培养目标，让我有了更清晰的人生方向和目标。

在未来的学习和工作中，我将秉持“请党放心 强农有我”的理念，不忘初心，继续努力学习和实践。我相信，只要我们紧密团结在以习近平同志为核心的党中央周围，坚持科技创新、团队合作和德才兼备，中国农业一定有更加光明的未来！

（西北农林科技大学 20级本科生 董淑蕾 文）

# 请党放心,强农有我

为深入学习贯彻习近平总书记给中国农业大学科技小院同学们的回信精神,以厚植爱农情怀、练就兴农本领为行动主题,西北农林科技大学资源环境学院组建了资环学院赴浙江余杭蜜梨科技小院调研队,开展乡村产业发展助力和涉农企业、涉农项目发展咨询等活动;同时依托学院特色,就当地有机肥使用情况开展沟通交流,分析具体问题并给出对策建议。

作为一名农业大学的学生,我深知乡村振兴是国家建设的重要任务。通过学习习近平总书记回信,我更加明确地树立起知农爱农的情怀。我参加了赴浙江余杭蜜梨科技小院的社会实践项目,在那里,小院学生院长付浩然给实践团详细介绍了小院的发展历程和他本人的经历。我了解到,三年来科技小院立足于社会服务、科技创新、人才培养三位一体的总体布局,在以吴良欢教授为主的专家技术团队带领下,逐步解决了影响蜜梨增产增收的限制因素,打通了科技进村入户的"最后一公里",实现了零距离、零门槛、零时差、零费用的"四零"服务新模式。我们前往种植区查看了蜜梨的生长情况,实地参观了一些机械化设备和湖羊养殖区。在实践过程中,实践团走访了鸬鸟果农专业合作社负责人任含生和科技小院依托单位三水果业老板陈梅生,他们依次介绍了合作社在当地的作用和蜜梨的发展历程,并肯定了科技小院发挥的作用。耳闻目睹,我更加深刻地理解到科技小院在提供创新创业平台、促进技术和知识的创新、推动创新创业生态系统的发展、培养创新创业人才方面发挥的重要作用。

习近平总书记在回信中强调了"学以致用、知行合一"的重要性。我积极参与了农田调研和技术培训,通过走进田间地头,我深刻认识到农业科技的重要性。我参观学习了现代农业技术,如精准施肥、智能灌溉等,将这些技术运用到实际生产中,帮助农民提高了种植效益。通过调查,我们发现当地村民的有机肥使用情况较好,使用有机肥的来源很广,94.7%的村民都使用过有机肥,这得益于小院举行的科普宣传、技术培训会,使农民们接触到了有机肥的概念和优势,增加了他们对有机肥的兴趣和使用意愿。科技小院的努力使农民们深入了解和认可了有机肥的价值,并且农民们也逐渐认识到使用化肥可能存在的问题和隐患。当然,有机肥的使用也存在着生产、使用有机肥的相关配套技术落后,有机肥效果慢、性能不稳定,有机肥的管理工作不到位等问题。未来应在推广建设农业服务体系、研发新产品和新技术、优化配方和工艺、建立有机肥料工厂化生产基地、充分发挥政府作用等方面继续努力。

通过学习习近平总书记的回信精神并将其运用到社会实践中,我深刻体会到了农业事业的伟大和光荣。乡村振兴是实现中华民族伟大复兴的重要组成部分,我们每个人都应该为之贡献自己的力量。我相信,在习近平总书记的领导下,中国的农业事业必将迎来更加美好的明天。

请党放心,强农有我!

(西北农林科技大学 20级木科生 付泽迅 文)

# 蜜梨之乡绽放强农之花

尝了一口梨子，冰凉的果肉触碰嘴唇，细腻入口，清甜入喉，这份甜蜜可是鸬鸟镇希望的火种。

他们是一帮“自找苦吃”的年轻人，深入田间地头和村屯农家，在服务乡村振兴中解民生、治学问，带着满腔热血，怀揣“三农”情怀来到了这个寄托着美好传说的小镇。小镇像一幅铺展开来粉墨丹青但未细致点缀的画卷，他们来这里就是为了亲手在这画卷上勾勒农业之美。他们的笑声给这个小镇增添生机，他们带来的，不只是活力，更是推进农业产业前进的推动力。

每家每户都知道他们，不准确知道这些孩子的名字，但知道有一批大学生时常来家里采土样、测水质、配肥料，他们的名字统一都叫作“科技小院”。他们关注地上，又关注地下，和农户一样，扛着烈日高温在土壤中探寻致富的规律。他们做理论研究，农户做生产实践，将汗水化为养料，他们把青春灌注在这片土地上。以大地为纸，梨树为笔，撰写着属于这片大地的论文。

摘下的一颗颗梨子像用双手托举起的小太阳，照亮了鸬鸟镇发展的希望。最专业的人，到了最需要的地方，在鸬鸟最需要帮助的时候，张福锁院士开创了最先进的助农强农模式，将论文中的知识转化成真实的力量。就像张福锁院士所说，不谈宏大的理想，现在我们在小院还有很多可以做的事儿。浙江这片沃土，已经准备好了。基础研究真正变为了农户土地上的基础，英文论文对于农户来说也不再是天书，一串串英文字母也走进了田间地头，把知识浸润在土壤里，肥沃了鸬鸟的土地。开创新的农业模式，产出效益大大提高，科研与农民的需求不再脱节，应用型论文也不再是凤毛麟角，学生的学习激情也随之提高，他们更加热爱脚下这片土地，把肚子里的墨水变成了梨子香甜的汁水。他们是快乐的，为农户带去希望是快乐的。

从事农业的孩子越来越多，鱼虾养在了池塘里，稻谷种在了田里，不光出现在黑板上。知农、爱农、兴农，刻在了每一个农学生的骨子里。小院为学生找到了实干的新路子，再也不怕无用武之地，他们在这里找到了自己的归属。真正的农业示范效应，只有走到农民身边才最奏效，“自找苦吃”获得的成就感也是校园里、书本上寻不来的。在小院里，学生们不仅向带队老师学习，还要向农民学习，向企业技术人员学习，掌握的都是实战经验和综合知识。看着自己经手的农作物产量增加了，新苗种被农户认可了，这种踏实感背后是可感知的农业魅力。

今天清甜的是鸬鸟蜜梨，明天现代化的是中国农业。农业是基础，基础不牢大厦不稳。无论社会现代化程度有多高，14 亿多人口的粮食和重要农产品稳定供给始终是头等大事。只有把农业农村搞好了，广大农民安居乐业了，他们才有充足的获得感、幸福感、安全感。我们新时代的农学生肩负着这份使命担当，知农爱农守初心，强农兴农担使命，为加快推进农业农村现代化，为全面建设社会主义现代化国家，准备着，时刻准备着！星火传承先辈荣光，展现青年先锋力量，请习近平总书记放心，强农有我！请党放心，强农有我！

（西北农林科技大学 20 级本科生　史文甯　文）